安全科学与工程专业系列教材

雷电安全风险评估

李祥超　游志远　王　勇　主编

气象出版社
China Meteorological Press

内 容 简 介

本书介绍了自然灾害风险、风险评估基础、风险控制等内容，其中雷电灾害风险评估的理论与方法包括风险与风险管理、风险评估数理基础、风险控制、自然灾害风险评估的基本理论与方法、雷电灾害风险评估方法、IEC62305-2 风险管理、雷电灾害风险评估实例等内容。

本书可以作为高等院校雷电科学与技术以及相关专业的教材，也可作为专业雷电灾害研究机构、雷电灾害风险评估机构或从事雷电防护工作的技术人员培训与参考用书。

图书在版编目（CIP）数据

雷电安全风险评估 / 李祥超，游志远，王勇主编
. -- 北京 : 气象出版社，2023.12
ISBN 978-7-5029-8143-3

Ⅰ. ①雷… Ⅱ. ①李… ②游… ③王… Ⅲ. ①防雷－风险评价 Ⅳ. ①P427.32

中国国家版本馆CIP数据核字(2024)第025188号

雷电安全风险评估
LEIDIAN ANQUAN FENGXIAN PINGGU

出版发行：气象出版社
地　　址：北京市海淀区中关村南大街 46 号　邮政编码：100081
电　　话：010-68407112(总编室)　010-68408042(发行部)
网　　址：http://www.qxcbs.com　E-mail：qxcbs@cma.gov.cn
责任编辑：张锐锐　孔思瑶　终　　审：张　斌
责任校对：张硕杰　责任技编：赵相宁
封面设计：地大彩印设计中心
印　　刷：北京中石油彩色印刷有限责任公司
开　　本：720 mm×960 mm　1/16　印　　张：16
字　　数：300 千字
版　　次：2023 年 12 月第 1 版　印　　次：2023 年 12 月第 1 次印刷
定　　价：78.00 元

编委会

前　言

雷电灾害是一种严重的自然灾害，它威胁人身安全和财产安全，危害公共安全。雷电灾害已被联合国确定为十大自然灾害之一。随着我国现代化事业的快速发展，雷电灾害对各项事业的危害越来越大，我国对防雷减灾工作的要求也越来越高。雷电灾害是一种风险，防治雷电灾害就是管理并降低或者消除风险。风险评估是认识和评价风险的有效方法，也是风险控制和风险管理的前提和基础，准确的灾害风险评估是风险管理的决策依据。

对于防雷减灾而言，开展雷电安全风险评估工作是非常重要的。雷电安全风险评估是正确评价雷电灾害风险、科学提出防雷保护措施的基础。应能够从安全、高效以及经济合理性等方面出发，为建筑物、构筑物或电气装置系统地提出雷电防护措施，实施合理的雷电防护设计。

目前雷电安全风险评估主要依据IEC62305-2《雷电防护第2部分：风险管理》国际电工委员会提出的评估方法。IEC62305-2的适用范围是雷击大地对建筑物（包括其服务设施）造成损害的风险评估。ITU-T K.39-2019《雷电放电对电信站点造成损害的风险评估》是由国际电信联盟（ITU）发布的标准，适用范围是通信局站雷电过电压（过电流）造成的设备危害和人员安全危害的风险评估。

目前，国内许多防雷机构都开展了雷电安全风险评估工作，社会急需这方面的技术人才。为适应这种需求，南京信息工程大学对安全工程专业（原雷电科学与技术专业）课程设置进行了调整，2005年起率先在全国开设“雷电灾害风险评估”课程，在此理论与实践的基础上，结合多年从事雷电灾害风险评估的研究、实践等工作积累的经验，编写了雷电安全风险评估教材，供安全工程类相关的本科专业和研究生使用。

本书的编写得到了南京市气象局气象防灾减灾中心、南京云凯防雷科技股份有限公司、苏州吉诚检测科技有限公司的支持，在此一并表示感谢！

限于作者的能力和水平，本书难免出现错误、疏漏和不当之处，敬请读者批评指正。

李祥超

2023年5月

目　录

第1章　雷电风险评估的基础知识

1.1　雷电风险评估体系构建

雷电灾害的形成往往受到多方面因素的影响，不仅受到气候因素的直接影响，还会受到雷电发生所处环境，所处地理位置等综合影响。因此，了解雷电灾害的发生特点，是进行雷电灾害相关研究的先决条件。

1.1.1　雷电灾害的特点

(1)季节性

雷电灾害的形成受到季节的直接影响，因为雷电是由强对流天气产生的云层电流放电形成的，强对流天气的形成与季节有很大的关系。雷电通常发生在对流现象频繁的夏季，高空气流较为平缓的冬季，雷电发生的则少之又少，全年有70%以上的雷电都发生在春夏两季。

(2)突发性

雷电的放电现象迅速且十分短暂，而当云层电荷放电结束之后，并不会有雷电形成。雷电的发生往往十分突然，在经历了几分钟到几十分钟不等的放电现象后就消失了。由于其发生的突然性，往往让人措手不及，大部分雷电灾害造成的人身财产损失都是因为雷电突发，没有及时采取防护措施所致。

(3)地域性

雷电灾害的成因，很大一部分是受到地域因素的影响，包括气候、海拔、地形、自然环境以及对雷电的敏感度。雷电灾害的形成就显示出不同地区雷电灾害发生的可能性并不相同，例如建筑物较高的地区极易受到雷电袭击，存在更高的危险性。

(4)文明相关性

雷电灾害的形成与人类文明具有很高的正相关性，文明程度越高的地方，人口越密集、经济越发达、仪器设备越精良，越容易暴露在雷电现象之下造成灾害损失。随着人类社会的进步、文明程度的提高，雷电灾害的风险也将越来越高。

(5)持续性

雷电的发生往往是短促的、稍纵即逝的，但其发生之后，所带来的影响却是持续性的。雷电除了直接破坏造成建筑物损毁、家电设备损坏以外，还可能对电子设备、国家电网、卫星通信等造成非直接破坏性影响，造成人类社会的正常运作速度减慢，从而形成间接性损失，造成巨大的潜在灾害损失。

1.1.2　雷电灾害风险评估体系的构建

通常情况下，雷电灾害的形成因素主要从以下三个方面进行分析：一是孕灾环境分析，分析该地区的环境因素对灾害对应现象的发生造成什么样的影响；二是致灾环境分析，分析该地区灾害所对应现象的发生频繁程度；三是易损性分析，分析该地区对于可能发生的灾害现象，可能受其影响造成经济损失和人身伤亡的程度。上述的每一因素又是由诸多项小的因子综合形成，因此构建出以致灾环境、孕灾环境、承灾体以及三大因素下诸多风险因子构成的评估体系(图 1.1)。选取的风险因子如下：

(1)致灾因子危险性指标

1)雷电密度 T_ρ(单位：$q^{-1} \cdot km^{-2}$)：该因子表示的是某地区每平方千米范围内，每年平均发生的雷电次数，反映了雷电活动的频繁程度；

2)雷电日 D(单位：$d \cdot a^{-1}$)：该因子表示的是某地区每年有多少个雷电日，对应数值越大，则该地区每年观测到的雷电日越多，雷电活动越频繁，发生雷电灾害的可能性越大；

3)雷电流强度 I(单位：kA)：该因子表示的是某地区内观测到雷电现象发生时，所产生的雷电强度的绝对值之和(雷电分为正雷电和负雷电)。

(2)孕灾环境风险性指标

1)区域地形海拔 A：表示区域内整体的地势特点，反映区域的海拔高度，对应的值越大表明区域地势越高，地势差越大，发生强对流现象的可能性越大；

2)区域建筑用地占比 P_1：区域内城镇建筑用地、交通运输用地等面积占区域总面积的百分比；

3)区域水域面积占比 P_2：区域内河流、湖泊、水库、坑塘、沿海滩涂、内陆滩涂、沟渠、水工建设用地等面积占区域总面积的百分比；

4)区域农林面积占比 P_3：区域内耕地、园地、林地、草地等面积占区域总面积的百分比。

(3)承灾体敏感性指标

1)人口密度 P_ρ(单位：人 $\cdot km^{-2}$)：该因子表示每平方千米范围内的人口数；

2)区域单位面积生产总值 V(单位：万元)：该因子表示某一区域内单位面积的生产总值。

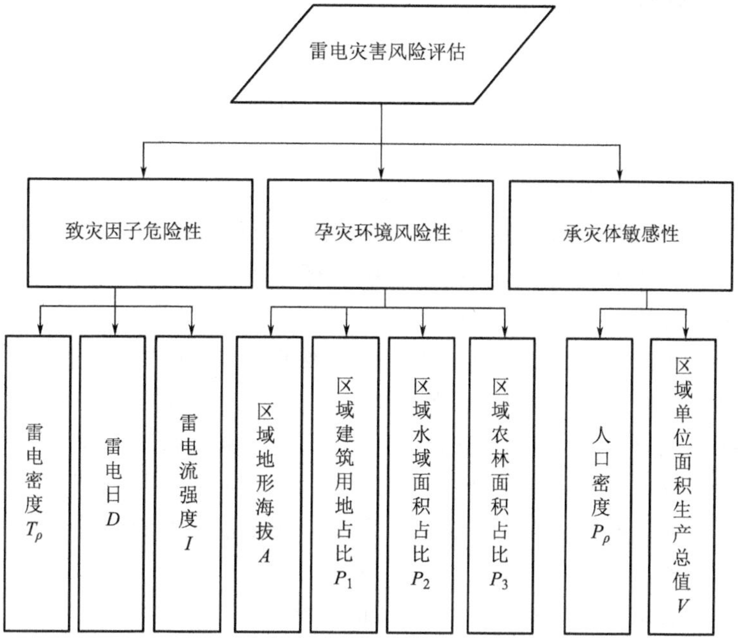

图 1.1　雷电灾害风险评估体系框架图

1.2　雷电风险评估区划模型

1.2.1　气象学分级统计方法

对于雷电灾害的风险评估区划，最为传统的方法是气象学分级统计方法。按照灾害学统一量纲化的方法，对风险因子进行等级划分：极高等级为 1.0，高等级为 0.8，中等级为 0.5，低等级为 0.2。采用气象学统计分析中的分级统计方法，其核心思想是将大的待评估划分区域内的各项评价指标按从小到大的顺序排列，以此将原始数据划分为 4 组，然后第 $n(n=1,2,3)$组的最大值和第 $n+1$ 组的最小值的平均值作为第 n 级的最大值和第 $n+1$ 级的最小值。在对雷电灾害风险因子分级完成以后，再对待评估划分区域内的雷电风险评估指标 LRAR 进行计算，这样就可以得到待评估划分区域的风险分布情况(其中，$\mathrm{LRAR}=\dfrac{(T_\rho+D+I+A+P_1+P_2+P_3+P_\rho+V)}{9}$)。

1.2.2 熵值赋权的主成分分析法

1.2.2.1 主成分分析法

在选取了诸多合适的雷电灾害风险评估指标之后，利用这些与雷电灾害密切相关的指标，对雷电灾害风险的大小进行综合性描述，然而原始指标变量所包含的信息可能存在着部分重复信息，因此需要将含有重复信息的多指标转换为能包含原始数据信息的综合指标。而统计学中的主成分分析法就能解决统计数据的信息重叠问题，因此，在现阶段对于雷电灾害风险评估研究中，一种较为常见的可行的方法是主成分分析法。

主成分分析法是多元统计分析中一种重要的方法，其基本原理是通过测算各个指标在样本之间的相对差距，简化方差—协方差的结构，考虑以此来实现对原始数据的降维处理，即在一定的约束条件下，对原始数据进行正交变换，将原始数据转换为具有良好差特性的新变量。转化成的新变量所具有的特性是彼此之间互不相关且在所对应的特征方向上存在最大方差。新变量具有原变量的所有信息，将所含有信息量的大小进行排序，选取信息量较大的几个变量代替原变量，当所具有的累计信息量满足要求以后，说明新变量的解释力度已经足够强了，此时计算这几个主要变量的权重，以此加权结合构成综合指标。

通常情况下，原始数据各变量的量纲可能不同，需要先对原始数据进行标准化处理，使变量的平均值为 0，标准差为 1。这样就可以消除不同量纲对分析过程的影响。先对 i 个待评估划分区域进行分析，每个区域都对应着 j 个评价因子，那么对原始数据标准化后的数据，可用矩阵形式表示为：$\boldsymbol{N}=(\boldsymbol{n}_{ij})$。计算矩阵 $\boldsymbol{N}$ 的相关矩阵 $\boldsymbol{R}$，求 $\boldsymbol{R}$ 的 j 个特征值：$\lambda_1,\lambda_2,\cdots,\lambda_j>0$，以及对应的特征向量 $\boldsymbol{e}_i=(\boldsymbol{e}_{1j},\boldsymbol{e}_{2j},\cdots,\boldsymbol{e}_{ij})$，其中特征值能够反映出对应的主成分所包含原始数据的信息量大小，统计学称其为对应特征值的贡献率，当较大的若干特征值对应的累计贡献率 $C=\sum_{k=1}^{m}\alpha_k$ 达到 85%（通常情况下取 85%，具体要求可能不同）以上时，就认为这前 m 个主成分能够综合反映所有指标。一般就可以用 m 个主成分来提炼原始数据的信息量。第 i 个区域的第 k 个主成分 $Z_k=\sum_{1}^{j}(\boldsymbol{n}_{ij}\times\boldsymbol{e}_k)$，$k=1,2,\cdots,m$，（其中 $m<j$）这 k 个主成分之间彼此不相关，$\boldsymbol{e}_k$ 是原始数据矩阵对应相关阵的特征向量。例如，若相关矩阵的特征值分别为 2.865601、1.208949、0.642121、0.185522、0.097805 对应的贡献率为 57.31%、24.18%、12.84%、3.71%、1.96%，可以看出当主成分的个数是 $m=3$ 时，3 个主成分的累计贡献率 $C=57.31\%+24.18\%+12.84\%=94.33\%>85\%$，因此取 3 个主成分就已经能够充分反映原始数据信息。

传统的主成分分析中将主成分的方差贡献率作为权重，来计算综合评价值，第 j 个样本的综合评价值为 $F_i = \sum_{k=1}^{3}(\alpha_k \times Z_{ik})$，$i=1,2,\cdots,13$。

1.2.2.2　熵值赋权主成分分析法

传统的主成分分析法在计算综合评价值时采用的方法是使用各个主成分的方差贡献值作为权重，在对于权重的选择问题上存在主观成分，并且相关学者对其理论的合理性进行论证，已证明了该权重的选取方法缺乏理论的科学性。所以利用传统的主成分分析法进行区域雷电灾害风险评估，利用原始指标变量构建新的变量进行综合分析，虽然在一定程度上能够实现雷电灾害风险多指标评估，但其评估结果的准确性受到制约。因此，利用熵值赋权法主成分分析计算综合评价值，使得结果更加具有客观性。

利用主成分分析法可以提取 m 个主成分，并分别得出了这 m 个主成分的得分情况，选取合适的主成分权重就可以得出区域雷电灾害风险综合评估值，再利用熵值法进行权重的选取。

熵值法是一种客观的赋权方法，它是依据各项指标参数所提供的信息量的大小来确定指标权重的。假设现有 M^* 个待评测的样本，每个样本对应着 N^* 项评价指标，那么原始的数据指标矩阵可以记为 $\boldsymbol{X}^* = (\boldsymbol{x}_{ij}^*)_{\mathrm{mxn}}$，对于某项指标参数 $\boldsymbol{x}_j^*$ 而言，指标值之间的差值越大，那么就意味着该指标在综合评价的过程中就起到的作用越大；如果出现某项指标的指标评价值全部相等的情况，那么就说明该指标在综合评价中将不起任何作用。因此，可以通过计算熵值来判断一个方案所具有的随机性以及无序程度，也可以用熵值来判断某个指标的离散程度，若某项指标数据的离散程度越大，那么说明该指标参数对综合评价的影响程度越大。通过各项指标的变异程度，就可以利用信息熵这一工具实现权重的计算，为多指标综合评价问题提供解决方案。

在信息论中，熵表示的是对事物不确定性的一种度量，对于熵值的定义为 $E = -\sum_{i=1}^{n} p_i \ln p_i$，其中 p_i 为每种状态出现的概率。若某个变量所具有的信息熵越小，则该变量的变异程度越大，在指标评价中的作用就越大，权重也越大，反之，信息熵越大则其指标权重越小。

由于熵值法计算时采用的是各个方案某一指标占同一指标值综合的比值，因此不存在量纲的影响，不需要进行标准化处理，若数据中有负数，就需要对数据进行非负化处理。此外，为了避免在熵值求得过程中出现负数或 0 的对数的情况，需要先进行数据平移：

对于越大越好的指标采取的处理方式是

$$X'_{ij}=\frac{X_{ij}-\min(X_{1j},X_{2j},\cdots,X_{nj})}{\max(X_{1j},X_{2j},\cdots,X_{nj})-\min(X_{1j},X_{2j},\cdots,X_{nj})}+1 \tag{1.1}$$

其中 $i=1,2,\cdots,n;j=1,2,\cdots,m$。

对于越小越好的指标采取的处理方式是

$$X'_{ij}=\frac{\max(X_{1j},X_{2j},\cdots,X_{nj})-X_{ij}}{\max(X_{1j},X_{2j},\cdots,X_{nj})-\min(X_{1j},X_{2j},\cdots,X_{nj})}+1 \tag{1.2}$$

其中 $i=1,2,\cdots,n;j=1,2,\cdots,m$。

为了方便起见,将经过非负化处理后的数据仍然记为 X_{ij}。

根据 1.2.2.1 节中对于可以得到各个样本的诸多个主成分的得分情况,将主成分得分进行非负化处理变换,将变换后主成分的得分矩阵记为 $F=(f_{ij})_{n\times m}$ 然后利用熵值法求主成分权重,计算步骤如下:

(1)计算第 j 项指标下的第 i 个样本的比重

$$p_{ij}=F_{ij}\Big/\sum_{i=1}^{n}F_{ij}\ (\text{其中 } j=1,2,\cdots,m) \tag{1.3}$$

(2)计算第 j 项指标的熵值

$$e_j=-\frac{1}{\ln n}\Big/\sum_{i=1}^{n}p_{ij}\ln p_{ij} \tag{1.4}$$

(3)计算第 j 项指标的权重

$$a_j=(1-e_j)\Big/\sum_{j=1}^{m}(1-e_j) \tag{1.5}$$

对于第 j 项指标,指标值 X_{ij} 的差异越大,说明对方案评价的作用越大,熵值就越小。

(4)计算第 i 个样本的综合值

$$v_i=\sum_{j=1}^{m}a_j p_{ij}\ (\text{其中 } i=1,2,\cdots,n) \tag{1.6}$$

这样计算就得到了风险评估综合评价值,可以根据综合评价值进行区划分类。

利用熵值赋权主成分分析法,保留了主成分分析法与熵值法在处理雷电灾害风险区划这一问题上的优点:(1)根据原始指标构建新的指标变量,实现了保留绝大部分原有数据信息,能够较为完整地将构建的指标体系转化为雷电灾害风险评估的依据;(2)消除了原始数据指标之间的相互影响,构建形成的新的指标变量彼此之间相互独立,避免了变量信息的重叠;(3)在保留原始信息量的基础上,实现了维数的降低,减少了信息处理的工作量;(4)由信息的变异程度来确定权重,能够科学客观地进行权重的选取,所得到的结果能够避免人为因素造成的偏差。

1.3 雷电风险区域评估

自然灾害指自然变异超过一定的程度，对人类和社会经济造成损失的事件。关于自然灾害形成机制，国内外主要存在以下几种理论：致灾因子论、孕灾环境论、承灾体及区域灾害系统论。

致灾因子论认为，灾害的形成是致灾因子对承灾体作用的结果，没有致灾因子就不会形成灾害。致灾因子论研究内容主要包括致灾因子的分类、致灾因子产生机制、致灾因子预警预报和致灾因子风险评价等内容。

孕灾环境包括灾害产生的自然环境和人为环境。孕灾环境论认为，近年来灾害发生频繁，灾害损失与日俱增，其原因与区域环境变化有密切关系，其中最为主要的是气候与地表覆被的变化和物质文化环境的变化。由于不同的致灾因子产生于不同的孕灾环境系统，因此研究灾害可以通过对不同孕灾环境的分析，研究不同孕灾环境下灾害类型、频度、强度、组合类型等，建立孕灾环境与致灾因子之间的关系，利用环境演变趋势分析致灾因子的时空强度特征，预测灾害的演变趋势。

承灾体论认为，承灾体即为灾害作用对象，是人类活动及其所在社会中各种资源的集合。一般包括生命和经济两个部分。承灾体的特征主要包括暴露性和脆弱性两个部分。承灾体暴露性描述了灾害威胁下的社会生命和经济总值，脆弱性描述了暴露于灾害之下的承灾体对灾害的易损特征。通过对承灾体研究，确定区域经济发展水平和社会脆弱性，为防灾减灾、灾后救助提供指导。

综上所述，可以看出，致灾因子、孕灾环境与承灾体的相互作用都对最终灾情的时空分布、程度大小造成影响。灾害形成就是承灾体不能适应或者调整环境变化的结果。所以，在灾情形成过程中，致灾因子、孕灾环境与承灾体缺一不可。上述三种灾害理论都有其突出的特点，即强调主导因素忽略次要因素，因而具有片面性。实际上，对于区域灾情的发展来说，这三种因素在不同时空条件下，对灾情形成的作用会发生改变。在灾害形成的过程中，致灾因子、孕灾环境、承灾体缺一不可，灾害是它们综合作用的结果。

雷电灾害风险同其他自然灾害风险相同，也是多种因素相互作用的产物，它受到一个区域自然系统、社会系统及其组合关系的影响。同一区域内，雷电风险的成灾机制大致相同，孕灾环境也差别不大，可以使用同一种风险评价方法反映这个区域内雷电风险的大小和对比关系。利用历史气象灾害统计数据，可以采用模糊数学方法、灰色系统法等数学方法对当前的雷电风险做出一个预测，不过由于孕灾环境的变化，仅利用历史数据不能保证评价的准确性。人类生存环境风险评价方法(LEC 评价法)，是一种评价具有潜在危险性环境中作业的危险性半定量评价方法。

根据目前比较公认的自然灾害风险形成机制，一定区域自然灾害风险是由自然灾害危险性(H)、暴露(E)、承灾体的易损性(V)、防灾减灾能力(C)4个风险因素相互交链形成，用公式表达：$R=H \cdot E \cdot V \cdot C$。由于4个风险因素为比较笼统的抽象概念，需要结合雷电灾害的成灾机制，利用一些数学方法对其量化(多元统计或者层次分析法)然后得到这个区域雷电灾害风险评估的计算公式。这种针对某一区域雷电灾害风险的评价方法，更加准确，而且更具有操作性。

1.4　雷电风险评估过程

1.4.1　概述

通过风险评估，决策者及各有关单位可以更清楚地了解那些可能造成的灾害，以及现有风险控制措施的充分性和有效性，为确定最合适的风险应对方法奠定基础。风险评估的结果可作为组织决策过程的依据。

风险评估是由风险识别、风险分析和风险评价构成的一个完整过程(图1.2)。风险评估活动内嵌于风险管理过程中，与其他风险管理活动紧密融合并互相推动。

考虑到不同类型的风险差异较大，因此风险评估通常涉及多学科方法的综合应用。风险评估活动的开展形式，不仅依赖于风险管理过程的背景，还取决于所使用的风险评估技术与方法。

1.4.2　风险识别

风险识别是发现、列举和描述风险要素的过程。

风险识别的目的是确定可能影响系统或组织①目标得以实现的事件或情况。一旦风险得以识别，应对现有的控制措施(诸如设计特征、人员、过程和系统等)进行识别。

风险识别过程包括对风险源、风险事件及其原因和潜在后果的识别。风险识别方法包括：

(1)基于证据的方法，例如检查表法以及对历史数据的评审；

(2)系统性的团队方法，例如一个专家团队遵循系统化的过程，通过一套结构化的提示或问题来识别风险；

注：①组织指的是为评估某一风险或解决某一风险产生的问题而形成的整个组织团队(根据不同目的形成的组织团队的组织目标可能不同)。

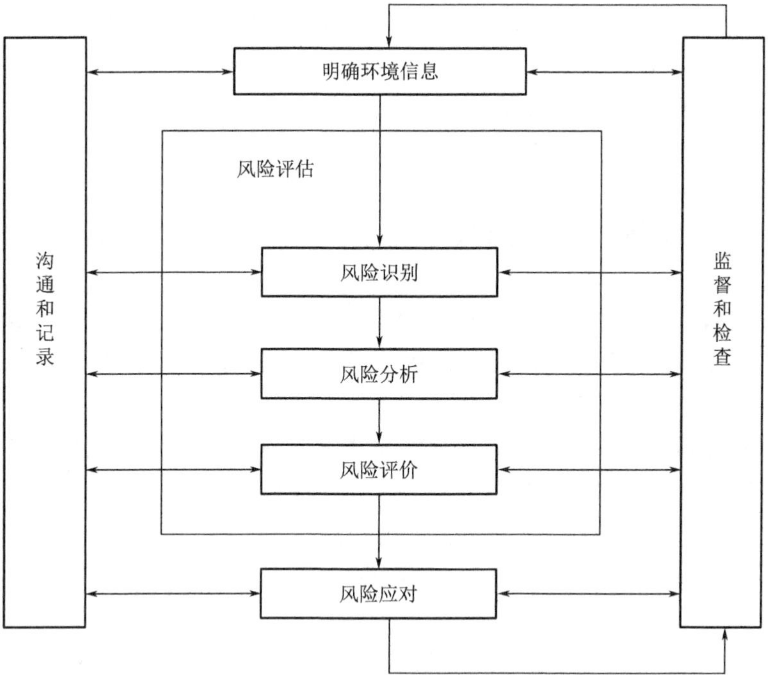

图 1.2　风险评估对风险管理过程的推动作用

(3)归纳推理技术,例如危险与可操作性分析方法(Hazard and operability study,HAZOP)等。

组织可利用各种支持性的技术来提高风险识别的准确性和完整性,包括头脑风暴法和德尔菲法等。无论实际采用哪种技术,关键是在整个风险识别过程中要认识到人的因素和组织因素的重要性。因此,偏离预期的人为及组织因素也应被纳入风险识别的过程中。

1.4.3　风险分析

(1)概述

风险分析是要增进对风险的理解。它为风险评价、决定风险是否需要应对以及最适当的应对策略和方法提供信息支持。

风险分析需要考虑导致风险的原因和风险源、风险事件的正面和负面的后果及其发生的可能性、影响后果和可能性的因素、不同风险及其风险源的相互关系以及风险的其他特性,还要考虑控制措施是否存在及其有效性。

为确定风险等级,风险分析通常包括对风险的潜在后果范围和发生可能性的估计,该后果可能源于一个事件、情景或状况。然而,在某些情况下,如后果很不重要,或发生的可能性极小,这时单项参数的估计可能就足以进行决策。

在某些情况下,风险可能是一系列事件叠加产生的结果,或者由一些难以识别的特定事件所诱发。在这种情况下,风险评估的重点是分析系统各组成部分的重要性和薄弱环节,检查并确定相应的防护和补救措施。

用于风险分析的方法可以是定性的、半定量的、定量的或以上方法的组合。风险分析所需的详细程度取决于特定的用途、可获得的可靠数据以及组织决策的需求。

定性的风险分析可通过重要性等级来确定风险后果、可能性和风险等级,如"高""中""低"3个重要性程度。可以将后果和可能性两者结合起来,并对照定性的风险准则来评价风险等级的结果。

半定量的风险分析可利用数字评级量表来测度风险的后果和发生可能性,并运用公式将二者结合起来,确定风险等级。量表的刻度可以是线性的、对数的或其他形式。

定量的风险分析可估计出风险后果及其发生可能性的实际数值,并产生风险等级的数值。

由于相关信息不够全面、缺乏数据、人为因素影响等,或因为定量分析难以开展或没有必要,全面的定量分析未必都是可行的、值得的。在此情况下,由具有专业知识和经验的专家对风险进行半定量或者定性的分析可能已经足够有效。

如果是定性分析,那么应该对使用的术语和概念进行清晰的说明,并记录所有风险准则的设定基础。

即使已实现全面的定量分析,还应注意到,此时计算获得的风险等级值是估计值,应谨慎地确保其精确度不会与所使用的原始数据及分析方法的精确度存在偏差。

风险等级应当用与风险类型最为匹配的术语表达,以利于进一步的风险评价。在某些情况下,风险等级可以通过风险后果的可能性分布来表述。

(2)控制措施评估

风险的等级水平不仅取决于风险本身,还与现有风险控制措施的充分性和有效性密切相关。在进行控制措施评估时,需要解决的问题包括:

1)对于一个具体的风险,现有的控制措施是什么;

2)这些控制措施是否足以应对风险,是否可以将风险控制在可接受范围之内;

3)在实际中,控制措施是否以已预定方式正常运行,当需要时,能否证明这些控制措施是有效的。

对于特定的控制措施或一套相关控制措施的有效性水平,可以进行定性、半定量或定量的表述。但在大多数情况下，难以保证高度的精确性。然而，表述和记录测量风险控制效果的有效性是有价值的。因为在改进现有控制措施以及实施不同的风险应对措施时，这些信息有助于决策者进行比较和判断。

(3)后果分析

通过假设特定事件、情况或环境已经出现，后果分析可确定风险影响的性质和类型。某个事件可能会产生一系列不同严重程度的影响，也可能影响到一系列目标和不同利益相关方。在明确环境信息时就应当确定所需要分析的后果的类型和受影响的利益相关方。

后果分析的形式较为灵活，可以是对后果的简单描述，也可以是制定详细的数量模型等。

风险影响可能是轻微后果高概率，或严重后果低概率，或某些中间状况。在某些情况下，应关注具有潜在严重后果的风险，因为这些风险往往是决策者最关心的。在其他情况下，同时分析具有严重后果和轻微后果的风险是很重要的。例如，频繁而轻微的问题可能具有很大的累积或长期效应。另外，处理这两类截然不同的风险的应对措施往往有很大的区别，因此分别分析这两类风险是必要的。

后果分析应包括：

1)考虑应对后果的现有控制措施，并关注可能影响后果的相关因素；

2)将风险后果与最初目标联系起来；

3)对马上出现的后果和那些经过一段时间后可能出现的后果两种情况要同等重视；

4)不能忽视次要后果，例如那些影响相关系统、活动、设备或组织的次要后果。

(4)可能性分析

通常主要使用三种方法来估计可能性。这些方法可单独或组合使用，包括：

1)利用相关历史数据来识别那些过去发生的事件或情况，借此推断出它们在未来发生的可能性。所使用的数据应当与正在分析的系统、设备、组织或活动的类型有关。如果某些事件过去的发生频率很低，则任何可能性的估计都是不确定的。这一点尤其适用于从未发生过的事件、情况或环境，人们无法推测其将来是否会发生。

2)利用故障树和事件树等技术来预测可能性。当历史数据无法获取或不够充分时，有必要通过分析系统、活动、设备或组织及其相关的失效或成功状况来推断风险发生的可能性。

3)系统化和结构化地利用专家观点来估计可能性。专家判断应利用一切现有的相关信息，包括历史的，特定系统的、具体组织的、实验及设计等方面的信息。获得专家判断的正式方法众多，常用的方法包括德尔菲法和层次分析法等。

(5)初步分析

应对风险进行全面的筛选,以识别出最重大的风险或把不太重要和次要的风险排除,便于进一步地分析,由此确保组织资源能集中应对最严重的风险。进行筛选时,应注意不要漏掉发生频率低但有重大累积效应的风险。

以上筛选活动应在明确环境信息时所确定的风险准则基础上进行。依据初步分析的结果,可能采取以下某个行动方案:

1)无须进一步评估,立即进行风险应对;

2)搁置暂不需应对的不重要风险;

3)继续进行更细致的风险评估。

应记录最初的假定及结果。

(6)不确定性及敏感性

在风险分析过程中经常会涉及相当多的不确定性。认识这些不确定性对于有效地解释和沟通风险分析结果是必要的。这些不确定性与在风险识别和风险分析时所使用的数据、方法及模型有关。不确定性分析包括明确风险分析结果的方差或不准确性,它们可能来自用于确定结果的参数和假设的共同偏差。

与不确定性分析密切相关的是敏感性分析。敏感性分析是确定某个参数的变化对风险等级的影响。这项分析可用来识别哪些数据是对结果影响较大的,从而更应确保其精确性。

应尽可能充分阐述风险分析的完整性及准确度。如有可能,应识别不确定性的起因,并阐述所使用数据、方法及模型的不确定性。敏感的参数及其敏感性程度应予以说明。

1.4.4 风险评价

风险评价包括将风险分析的结果与预先设定的风险准则相比较,或者在各种风险的分析结果之间进行比较,确定风险的等级。

风险评价利用风险分析过程中所获得的对风险的认识,对未来的行动进行决策。道德、法律、经济以及包括风险感知在内的其他因素,也是决策的参考信息。

决策包括:

(1)某个风险是否需要应对;

(2)风险的应对优先次序;

(3)是否应开展某项应对活动;

(4)应该采取哪种途径。

在明确环境信息时,需要做出决策的性质以及决策所依据的准则都已得到确定。但是在风险评价阶段,需要对以上问题进行更深入的分析,毕竟此时对于已识别的具体风险有更为全面的了解。如果该风险是新识别的风险,则应当制定相应的风险准则,以便评价该风险。

最简单的风险评价结果,是仅将风险分为两种:需要应对与无须应对的。这样的方式无疑简单易行,但是其结果通常难以反映出风险估计时的不确定性,而且两类风险界限的准确界定也绝非易事。

是否以及如何应对风险的决策,也可能取决于承担风险的成本与收益以及实施应对措施的成本与收益。

依据风险的可允许程度,可以将风险划分为如下3个区域:

(1)不可接受区域。在该区域内无论相关活动可以带来什么收益,风险等级都是无法承受的,必须不惜代价进行风险应对;

(2)中间区域。对该区域内风险的应对需要考虑实施应对措施的成本与收益,并权衡机遇与潜在后果;

(3)广泛可接受区域。该区域中的风险等级微不足道,或者风险很小,无须采取任何风险应对措施。

安全工程领域的"最低合理可行"或ALARP(As Low As Reasonably Practicable,在合理可行的范围内尽量低)准则即遵循了这一风险分级方式。在中间区域(或称ALARP区域)中,对于较低的风险可以直接进行应对措施的成本收益分析:如果增加安全的投入对安全效益的贡献不大,则可认为风险是可允许的;对于其中较高的风险,则需进一步实施应对措施,以使风险尽量向广泛可接受区域靠拢,直至风险降低的成本与获得的安全收益完全不成比例。

风险评价的结果应满足风险应对的需要,否则应做进一步分析。

1.4.5 文件的归档

风险评估的过程和结果都应进行记录。风险应以可理解的术语来表达,同时风险等级的单位也应得到清晰表述。

风险评估记录文件的内容将取决于评估工作的目标及范围。除非进行很简单的评估,否则记录文件需包括:

(1)目标及范围;

(2)系统相关部分的说明及它们的功能;

(3)组织的内外部环境描述以及被评估对象与内外环境的关联情况;

(4)所使用的风险准则及其合理性;

(5)局限性、假定及假设的合理性;

(6)评估方法;

(7)风险识别的结果；

(8)数据的来源与校验；

(9)风险分析的结果及评价；

(10)敏感性及不确定性分析；

(11)关键的假定和其他需要加以监测的因素；

(12)结果的讨论；

(13)结论和建议；

(14)参考资料。

1.4.6 风险评估的监督和检查

风险评估过程强调环境因素和其他因素，这些因素可能会随时间变化，并且可能使风险评估改变或失效。应当识别出这些因素进行持续的监督和检查，以便在必要时更新风险评估的信息。

应当识别和收集为改进风险评估而监测的数据。还应当监测和记录风险控制措施的效果，以便为风险分析提供数据。应当明确证据、文件的建立和检查的责任。

1.5 雷电风险评估技术的选择

选择合适的风险评估技术和方法，有助于组织及时高效地获取准确的评估结果。在具体实践中，风险评估的复杂及详细程度千差万别。风险评估的形式及结果应与组织的自身情况相适应。

技术的选择一般来说，合适的技术应具备以下特征：

(1)适应组织的相关情况；

(2)得出的结果应加深对风险性质及如何应对风险的认识；

(3)应能按可追溯、可重复及可验证的方式使用。

应从相关性及适用性角度说明选择技术的原因。在综合不同研究的结果时，所采用的技术及结果应是可比较的。

一旦决定进行风险评估并且确定了风险评估的目标和范围，那么就可以依据如下因素，选择一种或多种评估技术：

(1)风险评估的目标，这对于使用的评估方法有直接影响；

(2)决策者的需要：某些情况下做出有效的决策需要充分的评估细节，而某些情况下可能只需要对总体情况进行大致了解；

(3)所分析风险的类型及范围；

(4)后果的潜在严重程度；

(5)专业知识、人员以及所需资源的程度；

(6)信息和数据的可获得性；

(7)修改/更新风险评估的必要性：一些评估结果可能在将来需要修改或更新。在这方面，某些方法比其他方法更易于调整；

(8)法律法规及合同要求等。

只要满足评估的目标和范围，简单方法应优先于复杂方法被采用。

此外，其他几类因素对风险评估技术选择的影响也值得关注，例如资源的可获得性、现有数据和信息中不确定性的性质和程度，以及在应用方面的复杂性。

资源的可获得性可能影响风险评估技术选择的资源和能力包括：

(1)风险评估团队的技能、经验及能力；

(2)信息及数据的可获得性；

(3)时间和组织内其他资源的限制；

(4)需要外部资源时的可用预算。

不确定性的性质和程度，组织内外部环境中常存在着不确定性。可获得的信息和数据并不总是可以对未来的预测提供可靠的基础。不确定性可能产生于信息的质量、数量和完整性，例如较差的数据质量或缺乏基本的、可靠的数据；某些风险可能缺少历史数据；数据收集方式的有效性；或者是不同利益相关方会对现有数据做出不同的解释。进行风险评估的人员应理解不确定性的类型及性质，同时认识到风险评估结果可靠性的重大意义，并向决策者说明这些情况。

复杂性，风险自身经常具有复杂性的特征。例如，在复杂的系统中进行风险评估时，应对其系统总体进行评估，而不是孤立地对待系统中的每个部分，并忽视各部分之间的相互关系。在某些情况下，对某一风险采取应对措施可能会对其他活动产生影响。需要认识后果之间的相互影响和风险之间的相互依赖关系，以确保在管理一个风险时，不会导致在其他地方产生另一个不可允许的风险。理解组织中单个或多个风险组合的复杂性，对于选择适当的风险评估技术和方法至关重要。

风险评估在生命周期各阶段的应用。许多活动、项目和产品被认为具有生命周期，从最初的概念和定义、实现到最终的完结。风险评估可以应用于生命周期的所有阶段，而且通常以不同的详细程度被应用多次，以便为每一阶段需做出的决策提供帮助。

生命周期各阶段对风险评估有不同的需求，并需要不同的评估技术。例如，在概念和定义阶段，当识别一个机会时，可以使用风险评估来决定是继续还是放弃。在有多个方案可供选择时，风险评估可以用于评价替代方案，帮助确定哪种方案能够提供最好的风险平衡。

在设计和开发阶段,风险评估有助于:

(1)保证系统风险是可接受的;

(2)精细化设计过程;

(3)成本的有效性研究;

(4)识别在后续阶段可能出现的风险。

在生命周期的其他阶段,可以用风险评估提供必要的信息,以便为正常情况和紧急情况制定程序。

第 2 章　雷电风险评估的基本方法

2.1　预先分析法

预先危险性分析(Preliminary Hazard Analysis,PHA)也称初始危险分析,是安全评价的一种方法。在雷电灾害风险评估中,可以有效的发现潜在的危险,且具备识别范围广、方法简单易操作、价格低廉、用时较短就可以轻松发现潜在风险并实现改进等优点;不但可以根据不同建筑物各种风险进行分等级,而且可以根据等级有针对性地提出消除或控制危险性因素的管控措施,在现实操作中具有很强实践意义。

2.1.1　概述

PHA 是一种简单易行的归纳方法,其目标是识别危险以及可能给特定活动、设备或系统带来损害的危险情况及事项。

2.1.2　用途

PHA 是一种在项目设计和开发初期最常用的方法。因为项目初期有关设计细节或操作顺序的信息很少所以这种方法经常成为进一步研究项目的前奏,同时也为系统设计规范提供必要信息。在分析现有系统,将需要进一步分析的危险和风险进行排序时,或是由于现实环境使其他更全面的技术无法使用时,这种方法会发挥更大的作用。

2.1.3　输入

PHA 的输入包括:

(1)被评估系统的信息;

(2)可获得的与系统设计有关的细节。

2.1.4　过程

通过考虑如下因素来编制危险、一般性危险情况及风险的清单。

(1)使用或生产的材料及其反应性;

(2)使用的设备；

(3)运行环境；

(4)布局；

(5)系统组成要素之间的分界面等。

对不良事项结果及其可能性可进行定性分析，以识别那些需要进一步评估的风险。若需要，在设计、建造和验收阶段都应展开预先危险分析，以探测新的危险并予以更正。获得的结果可以使用诸如表格和树状图等不同形式进行表示。

2.1.5　输出

PHA 的输出包括：

(1)危险及风险清单；

(2)包括接受、建议控制、设计规范或更详细评估的请求等多种形式的建议。

2.1.6　优点及局限

PHA 的优点包括：

(1)在信息有限时可以使用；

(2)可以在系统生命周期的初期考虑风险。

PHA 的局限包括：

只能提供初步信息，并且不够全面也无法提供有关风险及最佳风险预防措施方面的详细信息。

2.2　失效模式分析法

故障模式和失效分析(Failure mode and effect analysis，FMEA)由 NASA(美国航空航天局)于 20 世纪 60 年代首次实施，主要用于评估系统和设备故障对任务成功和人员或设备安全的影响。在雷电灾害领域，可以针对建筑物周边环境、建筑物特征、建筑物内外部线路等参数识别已知的和潜在的故障风险模式，分析出故障发生的原因以及对系统和终端用户的影响，用以评估出故障模式的风险，并对其进行优先排序以采取架设避雷针避雷带、使用电涌保护器等雷电防护手段主动干预，以提高产品或生产流程、设计流程以及服务行业的安全性和可靠性。FMEA 可在雷电灾害风险评估领域作为一种强有力的工具来评估产品潜在故障的风险排序。

2.2.1　概述

FMEA 是用来识别组件或系统是否达到设计意图的方法，广泛应用于风险分析和风险评估中。FMEA 是一种归纳方法，其特点是从元件的故障开始逐级分析其原因、影响及应采取的应对措施，通过分析系统内部各个组件的失效模式并推断其对于整个系统的影响，考虑如何才能避免或减小损失。

FMEA 用于识别：

(1)系统各部分所有潜在的失效模式；

(2)这些故障对系统的影响；

(3)故障原因；

(4)如何避免故障及/或减弱故障对系统的影响。

失效模式、效应和危害度分析(Failure mode and effect and criticality analysis，FMECA)拓展了 FMEA 的使用范围。根据其重要性和危害程度，FMECA 可对每种被识别的失效模式进行排序。如将 FMEA 和 FMECA 联合使用，其应用范围更为广泛。

FMEA 分析通常是定性或半定量的，在可以获得实际故障率数据的情况下也可以定量化。

2.2.2　用途

FMEA 方法大多用于实体系统中的组件故障，但是也可以用来识别人为失效模式及影响，该方法有几种应用：用于部件、产品的设计(或产品)FMEA；用于系统的系统 FMEA；用于制造和组装过程的过程 FMEA；服务 FMEA 和软件 FMEA。

FMEA/FMECA 可以在系统的设计、制造或运行过中使用，而为了提高可靠性，改在设计阶段更容易实施。FMEA/FMECA 也适用于过程和程序。例如，FMEA/FMECA 被用来识别潜在医疗保健系统中的错误和维修程序中的失败。FMEA/FMECA 可以为其他分析方法，如定性及定量的防障分析提供参考数据。

FMEA/FMECA 可用来：

(1)协助挑选具有高可靠性的替代性设计方案；

(2)确保所有的失效模式及其对运行的影响得到分析；

(3)列出潜在的故障并识别其影响的严重性；

(4)为测试及维修工作提供依据；

(5)为定量的可靠性及可用性分析提供依据。

2.2.3　输入数据

FMEA/FMECA 需要有关系统组件的充分信息，以便对各组件出现故障的方式进行详细分析，信息可能包括：

(1)正在分析的系统及系统组件的构成图，操作过程步骤的流程图；

(2)了解过程中每一步或系统组成部分的功能;

(3)可能影响运行的过程及环境参数的详细信息;

(4)对特定故障结果的了解;

(5)有关故障的历史信息,包括现有的故障率数据。

2.2.4 过程

FMEA 的步骤包括:

(1)确定分析对象;

(2)组建研究团队;

(3)将系统分成组件或步骤,确认:

1)各部分出现明显故障的方式是什么;

2)造成这些失效模式的具体机制;

3)故障可能产生的影响;

4)失败是无害的还是有破坏性的;

5)故障如何检测。

(4)确定故障补偿设计中的固有规定。

对于 FMECA,研究团队需根据故障结果的严重性,将每个识别出的失效模式进行分类。可以通过几种方法完成,常用方法包括:

1)模式危险度指数;

2)风险等级;

3)风险优先数。

模式危险度是对所考虑的失效模式将导致整个系统发生故障的概率测量,其定义为故障影响率、失效率、系统操作时间三者的乘积。此定义经常应用于设备故障,其中每个术语可以定量地分析,而且失效模式都有同样的后果。

风险等级可通过故障模式的后果与失效概率的组合获得。风险等级方法可应用于不同失效模式产生的不同后果,并且能够应用于设备系统或过程。风险等级可以定性地、半定量地或定量地表达。

风险优先数是一种半定量的危害度测量方法,其将故障后果、可能性和发现问题的能力(如果故障很难发现,则认为其优先级较高)进行等级赋值(通常在 1～10)并相乘来获得危险度。这个方法经常用于质量保证的应用实践中。

一旦确定失效模式和机制,就可以界定和实施针对更重大失效模式的纠正措施。失效模式报告记录的内容包括:

(1)所分析系统的详细说明;

(2)开展分析的方式;

(3)分析中的假设；

(4)数据来源；

(5)结果，包括完成的工作表；

(6)危害度(如果完成的话)以及界定危害度的方法；

(7)有关进一步分析、设计变更或者计划纳入测试计划的特征等方面的建议在完成了上述行动之后，可通过新一轮 FMEA 重新评估系统。

2.2.5 输出结果

FMEA 的主要输出结果是失效模式、失效机制及其对各组件、系统或过程步骤影响的清单(可能包括故障可能性的信息)，也可以提供有关故障原因及其对整个系统影响方面的信息。FMECA 的输出包括对于系统失效的可能性、失效模式导致的风险等级、风险等级和“探测到”的失效模式的组合等方面的重要性进行排序。

如果使用合适的故障率资料和定量后果，FMECA 可以输出定量结果。

2.2.6 优点及局限

FMEA 与 FMECA 的优点包括：

(1)广泛适用于人力、设备和系统失效模式，以及硬件、软件和程序；

(2)识别组件失效模式及其原因和对系统的影响，同时用可读性较强的形式表现出来；

(3)通过在设计初期发现问题，从而避免了开支较大的设备改造；

(4)识别单点失效模式以及对冗余或安全系统的需要；

(5)通过突出计划测试的关键特征，为开发测试计划提供输入数据。

FMEA 与 FMECA 的局限包括：

(1)只能识别单个失效模式，无法同时识别多个失效模式；

(2)除非得到充分控制并集中充分精力，否则研究工作较为耗时，且开支较大；

(3)对于复杂的多层系统来说，这项工作可能艰难枯燥。

2.3 危害分析与关键控制点法

危害分析与关键控制点体系最开始是应用于保证食品安全而建立，主要是对于食品卫生进行安全控制。在职业病防控领域，主要是通过职业卫生现场调查，从生产工艺、作业环境等方面调查，识别各种有害因素，精确地对有害因素提出改进措施，保护作业人员的健康。其已经在发电厂、水泥建工行业、采矿行业等都有广泛运用;在雷电灾害风险评估领域,它从工程防护、个人防护、管理防护等角度,可以针对雷击风险进行风险预估及改进,再确认建筑物特征,雷电防护措施,建筑物性质等关键因素,建立合适的雷电灾害风险评估体系,最终达成雷电灾害风险评估及预防的目的。

2.3.1 概述

危害分析与关键控制点法(Hazard Analysis Critical Control Point,HACCP)作为一种科学的、系统的方法,应用在从初级生产至最终消费过程中,为识别过程中各相关部分的风险并采取必要的控制措施提供了一个分析框架,以避免可能出现的危险,维护产品质量的可靠性和安全性。HACCP 其重点在于预防而不是依赖于对最终产品的测试。

2.3.2 用途

20 世纪 60 年代,美国宇航局最早开展了 HACCP,其本意是为了保证太空计划的食品质量。该方法已被广泛应用于食品产业中,在食品生产过程的各个环节识别并采取适当的控制措施防止来自物理、化学或生物污染物带来的风险。HACCP 也被用于医药生产和医疗器械方面的危害识别、评价和控制方面。HACCP 正逐渐从一种管理手段和方法演变为一种管理模式或者管理体系。

2.3.3 输入

应用 HACCP 方法,需要了解产品的生产过程流程,以及一切可能影响到产品质量、安全性或可靠性的危险因素的信息。

2.3.4 过程

HACCP 包括以下 7 项原则:

(1)进行危害分析,识别潜在危害及已有预防性措施;

(2)确定关键控制点(CCP);

(3)确定关键限值,例如每个 CCP 必须在具体的参数范围内运行,这样才能保证危险得到控制;

(4)建立一个系统以监测 CCP 的控制情况;

(5)在监测结果表明某特定 CCP 失控时,确定应采取的纠正行动;

(6)建立审核程序;

(7)对于每一步都要实施记录和归档程序。

2.3.5　输出

归档记录包括危害分析工作表及 HACCP 计划。

危害分析工作表包含下列内容：

(1)某个步骤中可能引入、控制或加剧的危害；

(2)危险是否会带来严重的风险(通过经验、数据及文献等综合因素对结果和可能性进行分析)；

(3)对严重性作出判断；

(4)各种危险可能的预防措施；

(5)该步骤能否使用监控或控制措施(例如，它是否是 CCP)。

HACCP 计划说明了后续程序，以确保对具体设计、产品、过程或程序的控制。这项计划包括一个涵盖所有 CCP 并针对各 CCP 的清单：

(1)预防措施的关键限值；

(2)监控及继续控制活动(包括开展监控活动的内容、方式、时机以及监控人员)；

(3)如果发现关键限值存在偏差，需要采取的纠正行动；

(4)核实及记录活动。

2.3.6　优点及局限

HACCP 的优点包括：

(1)结构化的过程提供了质量控制以及识别和降低风险的归档证据，重点关注流程中预防危险和控制风险的方法及位置可行性；

(2)鼓励在整个过程中进行风险控制，而不是依靠最终的产品检验；

(3)有能力识别由于人为行为带来的危险以及如何在引入点或随后对这些危险进行控制；

(4)HACCP 要求识别危险、确定它们代表的风险并认识它们作为输入数据的意义，也需要确定相应的控制措施。完成这些工作是为了确定 HACCP 过程中具体的临界控制点及控制参数。同时，还需要其他工具才能实现这个目标；

(5)如果等到控制参数超过了规定的限值时才采取行动，可能已经错过最佳控制时机。

2.4　风险指数法

风险指数法是通过对一系列指标的变动值进行标准化加权综合处理，最大限度综合各项指标的权重和贡献大小，从而合理确定风险程度的方法。在雷电灾害风险评估领域，可以针对雷电风险的主要影响因素，合理设置不同风险及权重参量，对由雷击产生的直接及次生灾害（例如对于建筑物及人的损害）进行风险评估。

2.4.1 概述

风险指数(Risk indices)是对风险的半定量测评，是利用顺序尺度的记分法得出的估算值。风险指数可以用来对使用相似准则的一系列风险进行比较。风险指数是风险评估的组成部分，主要用于风险分析。风险指数可以获得量化的结果，但本质上还是一种对风险进行分级和比较的定性方法，使用数字完全是为了便于操作。

2.4.2 用途

如果充分理解系统，可以用指数对与活动相关的不同风险分级。指数允许将影响风险等级的一系列因素整合为单一的风险等级数字。

风险指数可作为一种范围划定工具用于各种类型的风险，以根据风险水平划分风险。这可以确定哪些风险需要更深层次的分析以及可能进行定量评估。

2.4.3 输入

输入数据来源于对系统的分析，或者对背景的宽泛描述，这就要求很好地了解风险的各种来源、可能的路径以及可能影响到的方面。像故障树分析、事件树分析和一般的决策分析工具都可以用来支持风险指数的开发。

由于顺序尺度的选择在一定程度上具有任意性，因此需要充分的数据来确认指数。

2.4.4 过程

第一步是理解并描述系统。一旦系统得到确认，就要对各组件确定得分，再将这些得分结合起来以提供综合指数。例如，在环境背景中，来源、途径及接收方将被打分。在有些情况下，每个来源可能会有多种路径和接收方。根据考虑系统的客观现状，计划将单个得分进行综合。关键是系统各部分的得分（来源、途径及接收方）应在内部保持一致，同时保持其正确关系。对风险要素（例如，概率、暴露及后果）或是增加风险的因素打分。

可以设计合适的指数模型对各因素的得分进行加、减、乘或除的运算。通过将得分相加来考虑累积效果（例如，将不同路径的得分相加）。严格地讲，将数学公式用于顺序得分是无效的，因此，一旦打分系统得以建立，必须将该模型用于已知系统，以便确认其有效性。确定指数是一种迭代方法，在分析人员得到满意的确认结果之前，可以尝试几种不同的系统以将得分进行综合。

2.4.5 输出

输出结果是与特定来源有关的一系列数字（综合指数），并可以与其他来源开发的指数或按相同方式建模的一系列数字进行比较。

2.4.6 优点及局限

风险指数的优点包括：

(1)风险指数是可以提供一种有效的划分风险等级的工具；

(2)可以让影响风险等级的多种因素整合到对风险等级的分析中。

风险指数的局限包括：

(1)如果过程（模式）及其输出结果未得到很好确认，那么可能使结果毫无意义。输出结果是风险值这一点可能会被误解和误用，例如后文提到的成本效益分析；

(2)在很多使用风险指数的情况下，缺乏一个基准模型来确定风险因素的单个尺度是线性的、对数的还是某个其他形式，也没有固定的模型可以确定如何将各因素综合起来。在这些情况下，评级本身是不可靠的，对实际数据进行确认就显得尤其重要。

2.5 贝叶斯统计与贝叶斯网络法

贝叶斯网络早期用于人工智能领域，随着不断发展，贝叶斯网络在故障诊断领域也取得了较好的应用效果。在雷电灾害风险评估领域，贝叶斯网络可凭借其牢固的数学基础，在设定好建筑物位置、年平均雷暴日数、建筑物周边环境等参数情况下利用其节点间条件概率分布特点，实现对变量间确定性和不确定性的逻辑关系描述。在推理模式和推理算法方面，贝叶斯网络的选择面比较大，在赋予了数据的情况下，贝叶斯网络就能够完成建筑物雷电风险因果推理，在条件一定的情况下，通过计算可以得出雷击事件的发生概率。

2.5.1 概述

贝叶斯统计学是由英国学者贝叶斯提出的一种系统的统计推断方法。其前提是任何已知信息（先验）可以与随后的测量数据（后验）相结合，在此基础上去推断

事件的概率。贝叶斯理论的基本表达式如下

$$P(A \mid B)=\{P(A)P(B \mid A))\}/\sum_i P(B \mid E_i)P(E_i) \qquad (2.1)$$

事件 X 的概率表示为 $P(X)$；在事件 Y 发生的情况下，X 的条件概率表示为 $P(X \mid Y)$；E_i 代表第 i 个事项。

式(2.1)的最简化形式为

$$P(A \mid B)=\{P(A)P(B \mid A)\}/P(B) \qquad (2.2)$$

与传统统计理论不同的是，贝叶斯统计并未假定所有的分布参数为固定的，而是设定这些参数是随机变量。如果将贝叶斯概率视为某个人对某个事项的信任程度，那么贝叶斯概率就更易于理解了。相比之下，古典概率取决于客观证据。由于贝叶斯方法是基于对概率的主观解释，因此它为决策思维和建立贝叶斯网络(信念网、信念网络及贝叶斯网络)提供了依据。

贝叶斯网络是基于概率推理的数学模型，它是基于概率推理的图形化网络，使用图形模式来表示一系列变量及其概率关系。网络中节点表示随机变量，节点间的有向边代表了节点间的相互关系，这里母节点是一个变量，直接影响另一个子节点的变量，用条件概率进行表达关系强度，没有父节点的用先验概率进行信息表达。贝叶斯网络对于解决复杂系统中不确定性和关联性引起的故障有较大优势，由此在多个领域中获得广泛应用。

2.5.2 用途

近年来，归功于越来越多的软件计算工具，贝叶斯理论及贝叶斯网络的运用非常普及。贝叶斯网已用于各种领域，医学诊断、图像仿真、基因学、语音识别、经济学、外层空间探索以及今天使用的强大的网络搜索引擎。对于任何需要利用结构关系和数据来了解未知变量的领域，它们都被证明行之有效。贝叶斯网可以用来认识因果关系，以便了解问题域并预测干预措施的结果。

2.5.3 输入

贝叶斯网络的输入数据接近蒙特卡罗模拟的输入数据。每个贝叶斯网络应采取的步骤如下所示：

(1)界定系统变量；

(2)界定变量间的因果联系；

(3)确定条件及先验变量；

(4)增加证据；

(5)进行信念更新；

(6)获取后验信念。

2.5.4 过程

分析下列贝叶斯网络，借助于确定的先验概率，计算结 C、结 D 的条件概率，见表 2.1、表 2.2、表 2.3，其中 Y 表示正值，N 表示负值。

表 2.1　结 A 与结 B 的先验概率

$P(A-Y)$	$P(A=N)$	$P(B=Y)$	$P(B=N)$
0.9	0.1	0.6	0.4

表 2.2　在明确结 A 与结 B 的情况下，结 C 的概率

A	B	$P(C=Y)$	$P(C=N)$
Y	Y	0.5	0.5
Y	N	0.9	0.1
N	Y	0.2	0.8
N	N	0.7	0.3

表 2.3　在明确结 A 与结 B 的情况下，结 D 的概率

A	C	$P(D=Y)$	$P(D=N)$
Y	Y	0.6	0.4
Y	N	1.0	0.0
N	Y	0.2	0.8
N	N	0.6	0.4

为了确定 $P(A \mid D=N, C=Y)$ 的后验概率，首先要计算出 $P(A, B \mid D=N, C=Y)$（见表 2.4）。要得出 $P(A \mid D=N, C=Y)$)，B 的所有值必须求和。

表 2.4　在明确结 C 与结 D 的情况下，结 A 与结 B 的后验概率

A	B	$P(D\|A,C)P(C\|A,B)P(A)P(B)$	$P(A,B\|D=N,C=Y)$
Y	Y	$0.4\times0.5\times0.9\times0.6\approx0.110$	0.4
Y	N	$0.4\times0.9\times0.9\times0.4\approx0.130$	0.48
N	Y	$0.8\times0.2\times0.1\times0.6\approx0.010$	0.04
N	N	$0.8\times0.7\times0.1\times0.4\approx0.022$	0.08

使用贝叶斯规则，可以确定 $P(D \mid A, C)P(C \mid A, B)P(A)P(B)$，如图 2.1 所示。同时最后一栏表示正态概率，其和为上列得出的 1(结果四舍五入)。

表 2.5 表明，$P(A=N)$ 的先验概率已由 0.1 增加到后验的 0.12，此变化较小。同理，通过计算可以得知，$P(M=N \mid D=N, C=Y)$ 已由 0.4 增加到 0.56，

这个变化更明显。

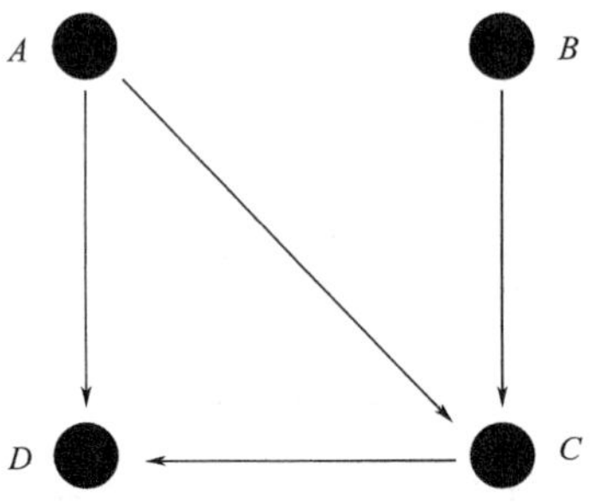

图 2.1　贝叶斯网络样图

表 2.5　在明确结 D 与 C 的情况下，结 A 的后验概率

$P(A=Y\|D=N$,P$(A\|BC=Y)$	$P(A=N\|D=N,C=Y)$
0.88	0.12

2.5.5　输出

贝叶斯方法与传统统计方法有着相同的应用范围，并会产生大量的输出结果，例如得出点估算结果的数据分析以及置信区间。贝叶斯方法最近颇为流行，而这与可以产生后验分布的贝叶斯网络密不可分。图形结果提供了一种便于理解的模式，可以轻松修正数据来分析参数的相关性及敏感性。

2.5.6　优点及局限

贝叶斯统计及贝叶斯网络的优点包括：

(1)仅需有关先验的知识；

(2)推导式证明易于理解；

(3)提供了一种利用客观信念解决问题的机制。

贝叶斯统计及贝叶斯网络的局限包括：

(1)对于复杂系统，确定贝叶斯网中所有节点之间的相互作用是相当困难的；

(2)贝叶斯方法需要众多的条件概率知识，这通常需要专家判断提供，软件工具只能基于这些假定来提供答案。

第 3 章　雷电安全防护

3.1　雷电效应

3.1.1　雷电的电动力效应

由于雷电流的峰值很大，作用时间短，产生的电动力具有冲力的特性。

首先要考虑两条平行导体流过同方向的闪电电流时相互的电动力问题。在利用钢筋混凝土墙体内的钢筋作引下线，或者一般的引下线与接地体连接就遇到这一情况。其作用力的分布如图 3.1(a)所示，是相互吸引的，所以建筑物施工时，钢筋采用金属绑线扎紧而并非焊接，从力学上看是可以允许的。这种绑扎连接有较大的接触电阻，产生局部高温，反而可能被雷电流熔接。但是也可能因表面锈蚀而接触不良产生电火花，对于有易燃物或爆炸危险的建筑物，这是危险的。在这种情况下，就应采取焊接施工法，把钢筋全部焊接。对于引下线的断接卡处，有类似情况，引下线在此处用螺栓压接，机械强度上没有问题，但要保证压接面的光洁无锈，压接后确保不产生电火花。

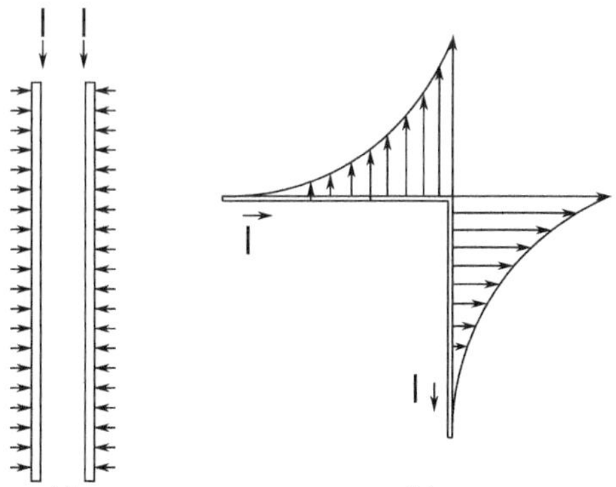

图 3.1　导线中电动力的分布

(a)平行导体；(b)弯曲导体

另一种情况是避雷针引下线、避雷线、避雷带或建筑物高楼顶上各种金属物之间作等电位联结的导体弯曲部分的电动力分布。若弯成直角，其成角处的受力最大，应力集中，电动冲力可以使该顶点折断，如图 3.1(b)所示。所以凡是闪电电流有可能流过的导体必须避免弯成直角或锐角，在弯曲处要用较牢固的机械固定法。

3.1.2 雷电的光辐射效应

雷电的强大电流使得闪电通道内的气体分子和原子被激发到高能级，从而产生光辐射，对这种光辐射可进行照相观测，从而获得地闪结构的丰富信息。可以对光辐射进行光谱观测，鉴别光谱的谱线，从而获知闪电通道中各种发光粒子的成分，对光谱谱线的强度和线宽作定量分析，就能进一步获知闪电通道的平均温度、平均电子密度、平均气压和平均气体密度等闪电通道物理参量。下面介绍一些实验观测的结果。

1968 年，R. E. Orville 观测了 10 次地闪回击的闪电光谱，其中，8 次闪电光谱的分辨时间为 5 μs，2 次闪电光谱的分辨时间为 2 μs。分析光谱获知，闪电通道的平均温度峰值变动于 2.0×10^4～3.6×10^4 K，观测误差为 10%～25%。图 3.2 表示闪电通道平均温度 $T(t)$随时间而变化的情况，在 50 μs 时，其峰值已递减至 8×10^3 K。

他还从光谱的定量分析中获知，闪电回击通道沿截面的平均气压随时间的变化。开始时气压估计值高达 8×10^3 hPa，到 20 μs 时已降到环境大气压值 1013 hPa（见图 3.3）。

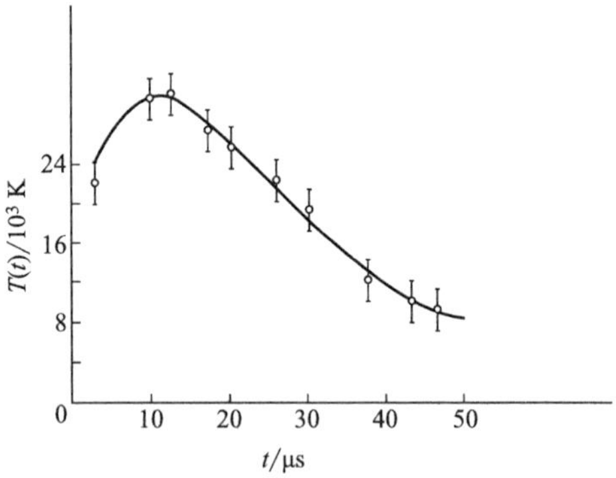

图 3.2 地闪回击通道沿截面的平均温度 $T(t)$随时间 t 的变化

3.1.3 雷电的冲击波效应

从 3.1.2 节已知，闪电回击通道的初始平均温度和气压都很高，且巨大的瞬时功率很高，所以产生爆炸式的冲击波。用实验方法直接观测冲击波波阵面的扩展速度很困难，所以研究者采用实验室内模拟雷电的观测，测得火花通道径向扩展速度 $v_r(t)$ 的结果如图 3.4 所示。运用理论也可以估算出径向扩展速度，中国科学院的孙景群于 1979 年得出的结果如图 3.5 所示。闪电通道最大径向扩展速度约为 1.6 km/s，远大于大气中的声速，但很快就会衰减，冲击波转变为声波，就听到打雷的隆隆声。冲击波的强度与闪电电流的大小密切相关，它的破坏程度与冲击波波阵面的超压（P_s-P_0）有关。其中，P_s 是冲击波波阵面的气压，P_0 为环境大气的气压。当 $P_s-P_0=7\times10$ hPa 时，只造成玻璃震碎等轻微破坏；当 $P_s-P_0=38\times10$ hPa 时，可使厚约 20 cm 的墙遭到破坏。出现强闪电时，在闪电回击通道周围几厘米至几米范围内，初始时 P_s-P_0 可达到 10^4 hPa 数量级。

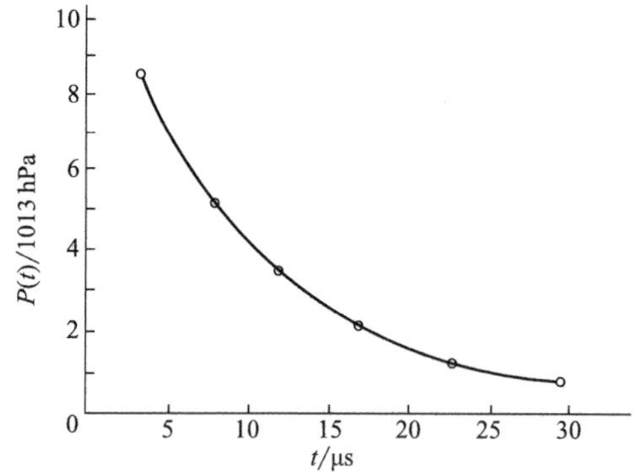

图 3.3　地闪回击通道沿截面的平均气压 $P(t)$ 随时间 t 的变化

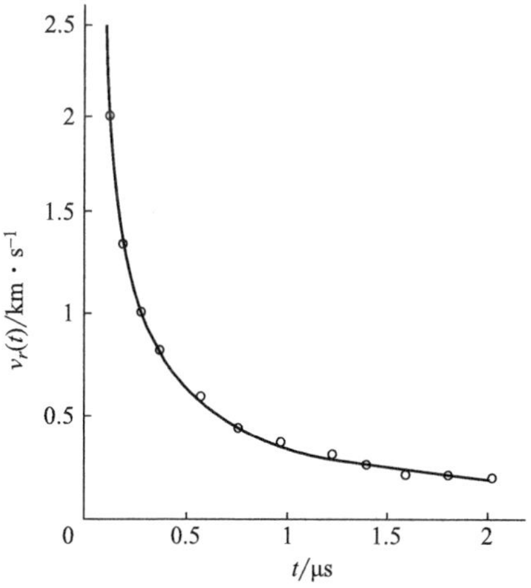

图 3.4　火花通道径向扩展速度 $v_r(t)$ 随时间 t 的变化

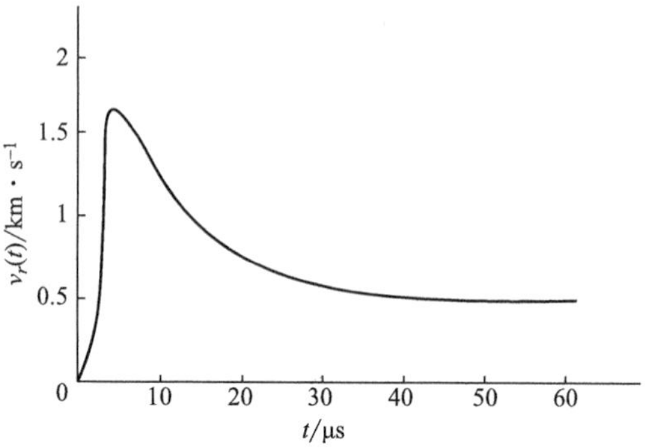

图 3.5　闪电通道径向扩展速度 $v_r(t)$随时间 t 的变化

3.1.4　雷电的热效应与机械效应

当闪电击中地面物体，闪电电流就产生焦耳-楞次热效应。虽然电流峰值很高，但作用时间很短，只能产生局部瞬时高温，可以使较小体积的金属熔化，对于大面积的金属，其破坏作用是有限的。如金属屋顶、金属烟囱、金属油罐等大型物体，都可以做接闪器，只要钢板厚度不小于 4 mm，就不会被闪电电流所熔穿。直径不小于 16 mm 的钢筋也不会熔化，除非局部接触点有较大接触电阻，这些接触点才会被熔断。

有些闪电的半峰值时间较长，则容易造成树林或木结构物的高温燃烧起火。

另一种情况是闪电电流过击中物的途径中，物体的焦耳-楞次热效应导致物体内的水分剧烈蒸发，产生气体，气体膨胀的机械作用可使树木劈裂、房屋破坏、器物爆裂爆炸等。

在 20 世纪以前，雷灾主要都是闪电的这两种物理效应所致。20 世纪 80 年代以后，逐渐发现闪电的其他物理效应造成的灾害增多，但是闪电的热效应和机械效应造成的灾害仍非常严重，不容轻视，许多新技术设备受损，特别是微电子技术的产品，如大规模和超大规模集成电路接口和模块的损坏，归根到底，仍是闪电电流的热效应所致。

3.1.5　雷电产生的高电压

在富兰克林发明避雷针以前，房屋建筑的损坏主要是由于闪电的热效应和机械效应。至于欧洲教堂里炸药的大爆炸，其起源也是直击雷的热效应所致，富兰克林发明的避雷针把闪电吸引到较粗的金属导体后，闪电电流的热效应和机械效应就难以成灾了，因为它产生的瞬时高温的热量不足以损毁避雷针及金属引下线，也保证建筑物内的固态炸药不被引爆。

但是闪电电流在避雷针的引下线中除了出现焦耳-楞次热之外，还有高电压出现，在 20 世纪以前，这一物理效应产生的灾害很难引人注意，因为成灾的概率较小。

20 世纪之后由于电力和电信事业的迅猛发展，架空导线的大范围布设，闪电电流产生的高电压成灾概率极大地增长，它直接导致电气设备的损坏、人身安全事故。而且这种高电压产生的电火花造成可燃性气体的爆炸起火，其灾害面迅速扩大，有些还是避雷针的设置不当造成的。因此闪电的这一物理效应已成为现代防雷工作特别重视的对象，不容许对它有丝毫的疏忽大意。下面介绍几种具体情况。

接触电压和跨步电压。闪电沿大树、金属架空物、避雷针引下线入地时，都会使流经途径产生电位降。因此这些物体的各部位相对于大地均有瞬时的高电压，电压值决定于闪电电流和这些部位与大地之间的电阻。当人的手或身体任何部位与它们接触时，身体的接触点与站在地面上的双脚之间就有高电压，这个电压就称为接触电压。

在闪电已流入地下时，闪电在地表之下流动，大地的电阻同样要产生电位降，闪电入地点的电位最高（如果雷电流是正的），远处雷电流几乎为零的地方电位最低，即工程上所谓的零电位。处于闪电入地点附近的人，如两腿分开站着，两脚之间就有电压，称为跨步电压，这种电压可以致命。

在闪电沿避雷针的引下线入地处，接触电压和跨步电压都足以致命，所以布设引下线和接地极时必须考虑行人的安全问题。

电力部门除了防雷接地外还有电力设备的其他接地，如保护接地、工作接地等，常因各种事故而有大电流从接地装置入地，对工作人员造成危险，为了制定安全规范，而对一些名词作了规定。所谓的跨步电压是指地面相距 0.8 m 两点间的电压。对这个电压的允许值作了限制，超过这个值，行人经过时会发生触电事故。对于接触电压也作类似规定：如地面有个接地的金属装置，它的外壳与大地等电位，但它的接地线是接到接地电极上，准确地说，它的外壳是与接地电极等电位，人的脚站在离它 0.8 m 处用手触到金属外壳时人的手与脚的电压就是接触电压。这里认定地面下的土壤电阻率处处均匀，所以电位降曲线是对称的光滑曲线。如果人直接与接地体上的引下线相碰，则接触电压的规定是：1.8 m 高处的引下线与地面之间的电压。

由于闪电电流持续时间很短，因此其跨步电压的允许值比工频电流的跨步电压允许值要大得多。另外对人和对牲畜的允许值也有很大差异，因为人的两脚着地，电流通过人体下部，不经过心脏等要害部分，而牲口则不然，电流经过心脏，而且牛、羊等大牲口的前后腿之间的距离大，所以跨步电压使牲口毙命的概率要大很多，野外落地雷使羊群毙命的事常有所闻。

在这里要澄清一个物理概念，以上是简单地把电工电路的概念借用到分析大自然复杂的闪电现象中产生的高电压，便于简洁地说明这种高电压的灾害成因，并没有细致地涉及闪电现象的实际物理机制。此处认为闪电循引下线而入地，引下线上各点对大地的电压可以用$U=IR$来估算。有人会深究一步，提出这样一个简单明了的看法：如果把引下线从接地极断开，闪电电流中断了，引下线各点对地的高电压就无从产生，岂不可以防止了这种高电压的危险。

上述看法是极端危险的，引下线的断开将产生大事故，这是避雷装置失效造成雷灾事故的重要原因之一。其原因是把简单的电路概念借用到雷电现象分析时，忘了这种借用的前提了。实际上，闪电击中避雷针时的主要物理机制是：地面的大量电荷在电场的作用下向上方闪电通道产生强烈的回击运动，引下线的断开中断不了闪电电流，向上方回击的电荷将击穿断口冲向积雨云，在中断处产生电火花或电弧，引下线各点对地产生的高电压是由于脉冲大气电磁场所致。因此，是电场的存在产生电流，并决定电压的大小。

澄清了这个概念之后就要谈闪电电流产生的极高电位对建筑物或仪器设备的反击现象，这是非常重要的问题。闪电电流（严格地说，是闪电的脉冲电磁场）在引下线、接地体或建筑物的金属管道等导体上产生非常高的电压，而没有闪电电流流过的建筑物、室内的管道、线路、设备或人体仍保持与大地等电位，即使是一些电力系统的供电线路，也只有几百伏数量级的电压，这与闪电通过的导线或防雷地线上呈现的几千、几万甚至几十万伏的高电压相比，是微不足道的。若两者的间距不够远，则两者之间就有可能发生闪络放电。

由于各种电器都要接安全地线，电子仪器、计算机均要接信号地线，这些地线与防雷地线常靠近埋设，因此闪电电流在防雷地线上的高压就可能对其他地线反击而导通，于是这些设备的地线反而成为电压很高的高压端，它与电源线之间的电位相对关系反转，两者间的高电压足以击穿各种电子元器件。这种反击，不仅损坏电器和电子设备，也会使各种室内金属管线带上高电压而造成人身事故。此外它产生的闪络、电火花或电弧还会导致火灾。

3.1.6 雷电的静电效应

古代建筑物除去为了装饰而在屋顶部分的边沿角落使用金属物外，很少用大面积的金属。现代建筑的情况有了变化，如清华大学著名的大礼堂，整个大圆顶就是铜壳。此外，还有各种储气罐、储油罐是采用很大面积的金属板壳制成。雷雨临空，它们由于静电感应而带上与积雨云下端电荷异号的电荷，这时屋顶金属面与积雨云间可组成一个电容器，电力线从云中电荷指向金属屋面，或者相反。这个电场对电容器外的地面物可以说作用很微弱，金属屋面所带的电荷是被束缚住的。但是积雨云一旦放电，对附近地区落雷，积雨云下端的电荷消失，这时金属屋顶面的电荷就可以自由移动，它的电力线就从金属屋面指向四周地面物，它与地面物之间的电场就可以产生对地面物很高的电位差（即高电压），就可能产生闪络，这被称为二次雷效应。这种形式的雷击起源于静电感应,而被称为感应雷击。要减少这种雷害,就得迅速减少金属屋面的感应电荷,为此必须架设几条够粗的金属导体,把它与金属屋面焊接之后良好地接地,以泄放电荷。

更为重要的一种静电感应现象则是发生在密布城乡的架空输电网和电信电缆等金属长导体上。当积雨云的梯式先导向大地方向伸展时,先导的通道里随之带上大量电荷,与先导通道下端靠近的长导体受到很强的电场力作用,积聚起大量的异号电荷,这些异号电荷与先导通道内的电荷之间有电力线相连,是被束缚住的。当下行的梯式先导接近地面时,产生回击放电,主放电通道的电荷迅速消失。这时长导线上积聚的电荷就可以自由运动,其产生的高电压沿导线以光速向导线两端传播,称为感应过电压波,其具有一种脉冲波形式。这个过电压波的波峰值 U_E 与先导通道里雷电流幅值 I 及导线的平均悬挂高度 h_{cp} 成正比,而与雷击点到导线的最短距离 b 成反比(见图 3.6),即

$$U_E = k_E \frac{h_{cp}}{b} I \tag{3.1}$$

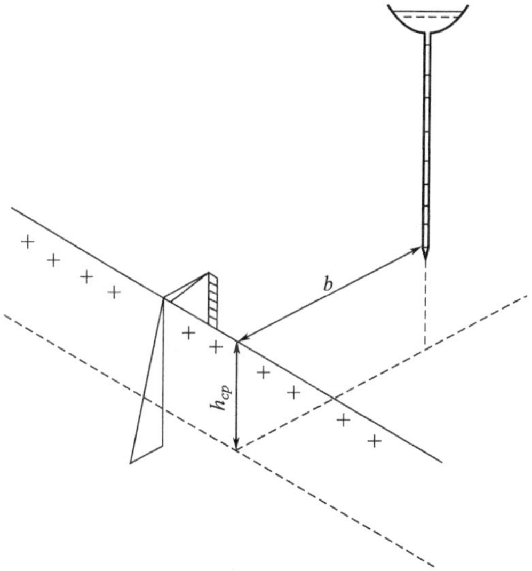

图 3.6 感应过电压的估算

式中,I 是闪电电流;k_E 是比例系数,具有电阻的量纲,它随着主放电速率的增大而减少,因为导线上的感应电荷量的大小是与放电通道内的电荷作用有关,所以放电越快感应电荷越少。但是实际上,还不能忽视主放电时闪电电流产生的磁力线与架空导线的交链作用。因为不论是输电线或电话线都会在端点有接地处,大地也是一个回路,所以闪电电流的磁力线会穿过“架线的杆塔、绝缘子串、导线及大

地”这个回路而产生磁的感应电压波。它的峰值 U_M 要小得多，一般估算，可认为约为 U_E 的 1/5，即

$$U_M = k_M \frac{h_{cp}}{b} I \tag{3.2}$$

式中，k_M 为比例系数，根据法拉第电磁感应定律可以看到它随着主放电速率的增大而增大。所以，严格地说，闪电放电在导线上所产生的感应过电压波是由静电感应和电磁感应两种原因造成的，这个脉冲电压波的峰值应为

$$U = U_E + U_M = (k_E + k_M) \frac{h_{cp}}{b} I \tag{3.3}$$

式中，系数 k_E 和 k_M 与闪电的放电速率的关系恰好相反，两者之和近似不变，根据大量观测统计，可以近似地认为等于 30 Ω。根据 1994 年水利电力出版社出版的苏联学者拉里昂诺夫著《高电压技术》一书，有

$$U \approx 30 \frac{h_{cp}}{b} I \tag{3.4}$$

这只是一个经验估计公式，但可以大概估计闪电电流对架空长导线上产生的感应过电压的强度。

此外，《高电压技术》还提供了如图 3.7 所示的概率曲线，可以估算闪电产生的感应过电压波出现的次数。图 3.7 是对 $h_{cp}=10$ m 的情况而统计的经验曲线，例如 35 kV 输电线路的绝缘强度应取为 $U_{50\%} \approx 350$ kV 时，从图 3.7 的曲线查出 $N \approx 2$，即感应电压超过该输电线路允许值的闪电每年少于 2 次。对于 110 kV 的输电线路来说，其冲击绝缘强度为 $U_{50\%} \approx 700$ kV 时，从图 3.7 的曲线查出 $N \approx 0.2$，就是说这种感应过电压每 5 年才出现 1 次。由此可见，闪电产生的感应过电压波主要危害的是城市内的普通工业用电和民用电的普通输电网络。

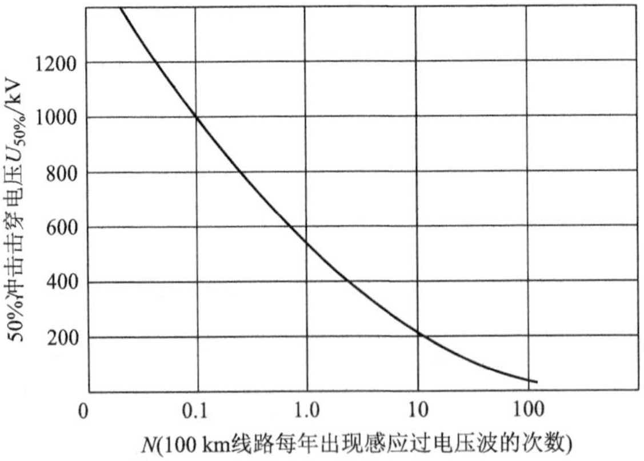

图 3.7　雷击大地时在线路上的感应过电压幅值的累计曲线

感应过电压波沿输电线或电话线传播至工厂或住宅内，就会击穿绝缘体，损坏配电系统，损害电器设备及电子设备，或者产生电弧、电火花引起火灾，1957年北京中山公园音乐堂的大火就起因于此。

3.1.7 雷电的电磁效应

强大的雷电产生静电场变化、磁场变化和电磁辐射，严重干扰无线电通信和各种设备的正常工作，是无线电噪声的重要来源，在一定范围内造成许多微电子设备的损坏、引起火灾，已成为20世纪80年代之后雷电灾害极重要的原因。但是另一方面，闪电产生的电磁场效应又是进行雷电探测的重要信息，由此可获知雷电流、雷电电荷、雷电电矩以及云中电荷分布等各种雷电学参量。此外，根据远距离雷电辐射的电场、磁场波形的观测，还可进行实用价值较大的雷电定位、监测和预警工作。

3.1.7.1 雷电的电磁场变化

当测站离闪电的距离远大于积雨云中荷电中心的高度，而电离层对闪电电磁辐射传播的影响又可忽略的情况下，复杂的大气电场的数学分析可以简化处理，地闪和云闪所引起的地面垂直方向的大气电场 $E(t)$（随时间 t 的变化）可以近似地表示为三项之和，即

$$E(t)=E_a(t)+E_i(t)+E_r(t) \tag{3.5}$$

式中，$E_a(t)$ 为静电场分量，$E_i(t)$ 为感应场分量，$E_r(t)$ 为辐射场分量。在高斯单位制中，它们可分别表示成

$$E_a(t)=\frac{1}{R^3}M\left(t-\frac{R}{c}\right) \tag{3.6}$$

$$E_i(t)=\frac{1}{cR^2}\,\frac{\mathrm{d}M\left(t-\frac{R}{c}\right)}{\mathrm{d}t} \tag{3.7}$$

$$E_r(t)=\frac{1}{c^2R}\,\frac{\mathrm{d}^2M\left(t-\frac{R}{c}\right)}{\mathrm{d}t^2} \tag{3.8}$$

式中，c 为光速，R 为测站离闪电的距离，$M\left(t-\frac{R}{c}\right)$ 为闪电电矩随时间的变化量。因为从闪电所在处传至测站有一段时间延滞，故闪电电矩取 $\left(t-\frac{R}{c}\right)$ 时刻的值。严格地说，式(3.5)至式(3.8)的适用范围为30～100 km，超出此范围，它们的可靠性将下降。但是它们所给予的物理概念对了解闪电的种种现象还是有用的。

地闪闪电电矩随时间的变化 $M_g(t)$ 可表示为

$$M_g(t)=2Q_g(t)H \tag{3.9}$$

式中，$Q_g(t)$ 为地闪所中和的负荷电中心的电荷随时间的变化，H 为负荷电中心的高度。云闪闪电电矩随时间变化 $M_c(t)$ 可表示为

$$M_c(t)=-2Q_c(t)\Delta H \tag{3.10}$$

式中，$Q_c(t)$ 为云闪中所中和的电荷随时间的变化，ΔH 为云中正、负荷电中心的垂直距离。以上的讨论都是指正常的积云雨的典型电荷分布情况，云中上方为正电荷中心，下方为负电荷中心的垂直分布情况。

比较式(3.6)、式(3.7)和式(3.8)可以看出，三种场的分量随距离而衰减的规律有显著差别，分别与距离的三次方、二次方和一次方有关，静电场分量随距离的增大而衰减最快，但远距离处，辐射场因衰减缓慢而起主要作用。

表 3.1　离闪电不同距离处地面垂直大气电场变化的典型值

离闪电距离/km	地面垂直大气电场变化/V · m^{-1}
<6	>5000
6～12	5000～500
12～20	500～100
20～50	100～10
50～100	10～1
100～200	1～0.1
>200	<0.1

表 3.1 是英国剑桥 20 年间观测到的典型情况，载于 S. L. Valley 1966 年著的 *Hand-book of Geophysics and Space Environments*(《地球物理学和空间环境手册》)一书中。该书还给出了如图 3.8 所示的闪电所引起的地面垂直方向大气电场变化与闪电距离之间关系的观测结果。在闪电距离为 4～20 km 时，电场变化近似地随距离的 3 次方成反比关系，这说明大气电场变化以静电场分量为主。在闪电距离大于 30 km 时，大气电场变化近似随闪电距离一次方成反比关系递减，这说明大气电场变化以辐射场分量为主。在距离小于 4 km 时，大气电场变化随闪电距离的变化较缓慢，此时式(3.6)、式(3.7)和式(3.8)已失效，计算结果不正确了。

$$H(t)=H_i(t)+H_r(t) \tag{3.11}$$

式中，$H(t)$为磁场强度，其可分为感应场分量和辐射场分量；$H_i(t)$为感应场分量；$H_r(t)$为辐射场分量。在高斯单位制中，它们分别可表示成

$$H_i(t)=\frac{1}{R^2}\frac{\mathrm{d}M\left(t-\dfrac{R}{c}\right)}{\mathrm{d}t} \tag{3.12}$$

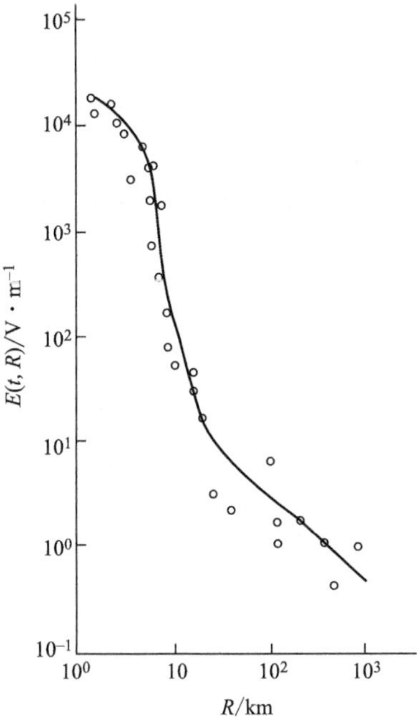

图 3.8　闪电所引起的地面垂直方向大气电场变化 $E(t,R)$与闪电距离 R 的关系(引自 Valley,1966)

$$H_{\mathrm{r}}(t)=\frac{1}{cR}\frac{\mathrm{d}^2M\left(t-\frac{R}{c}\right)}{\mathrm{d}t^2} \tag{3.13}$$

3.1.7.2　从天电测量看闪电的特性

凡自然起源的电磁干扰信号统称天电。实际上,雷暴产生的天电干扰是主要的、决定性的,沙暴、雪暴产生的天电极少见,而电机转动、汽车运行、日光灯等人为的电磁辐射能量很小,只能作用于邻近小范围。无线电收音机听到的干扰噪声几乎都是雷暴所产生的。

无线电接收到的天电的频率几乎覆盖了无线电波的整个波段,但 30 MHz 以上的很弱,是来自宇宙的银河噪声。天电的频谱分布决定于天电源(也可以说是闪电)的频谱特性和电波传播的频率特性,研究它有助于雷电的探测定位和防雷技术的改进。

天电的频谱特性取决于闪电类型和闪电结构。对于频率范围为 1～10 kHz 的天电,主要是地闪回击、地闪 K 过程及云闪 K 过程产生的大气电场变化,而地闪产生的强度比云闪要大 1 个数量级。对于 1 MHz 以上的天电,地闪回击的 K 过程和云闪 K 过程的贡献减小,而其他地闪和云闪的放电的贡献逐渐升为主要的贡献。

图 3.9(a)表明:频率为 1 Hz～1 kHz 时,地闪产生的大气电场变化以静电场分量和感应场分量为主,其中回击和 K 过程产生的大气电场变化均具有明显的阶跃特征,而其他放电过程产生的大气电场变化则具有缓慢变化的特征。图 3.9(b)表明:频率为 1～100 kHz 时,地闪产生的大气电场变化逐渐以辐射场分量为主。

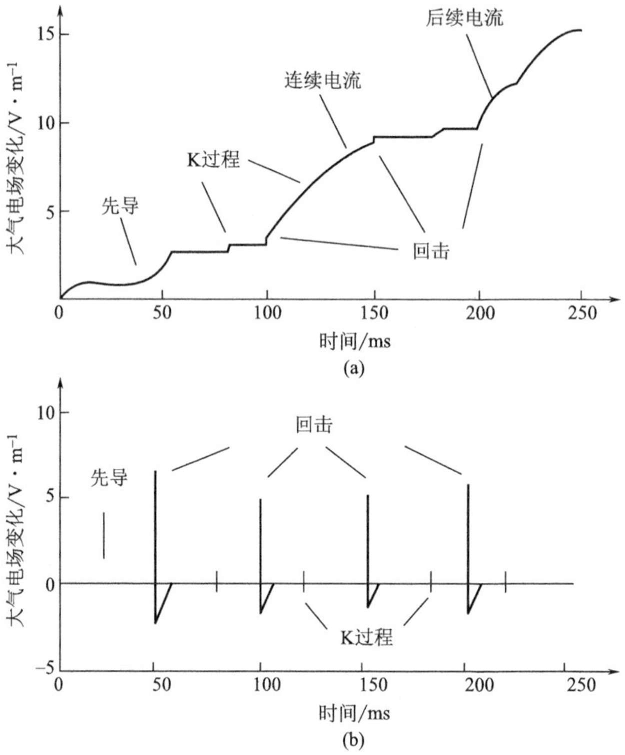

图 3.9　地闪所产生的不同频段的大气电场变化特征

(a)频率为 1 Hz～1 kHz;(b)频率为 1～100 kHz

地闪因有强回击过程,使其产生的天电主要能量集中在低频波段。云闪因无回击过程,所以它产生的天电的低频部分很弱,由此可以判断接受到的天电是不是落地闪所发出的。而能量分布的频率特点,有助于避雷器的设计研制。

3.1.7.3　关于雷电电磁脉冲的成灾

以上所介绍的主要是考虑地面上空闪电放电产生的变化电磁场在远距离、大范围空间的一些特点,着重点在探测信息。下面讨论的是从工程防雷的角度来考察闪电的空间危害。

前文介绍的闪电的危害,基本上是局限于闪电沿通道上的各种效应,防雷也就沿着闪电电流或者过电压波传输的一维通道来考虑。但是,20 世纪 80 年代以后发现,闪电在一维通道四周的三维空间也产生了危害,因此防雷工程必须从整个三维空间来设防,这是一种全新的思维。过去,一个落地雷被避雷针引入地下,就认为是达到了防雷的需要,不会出现雷灾,可是现在却不然,几千米空间范围内可能出现雷灾,甚至损失严重。例如,1994 年 5 月 23 日北京初夏一次很普通的雷雨,按惯例,城市里不应该出现雷灾,可是出乎人们的意料,在天安门这个重要地区,竟同时有分散的四个重要单位发生了雷灾,重要的新技术设备被损坏,对工作产生了不小的影响,其损失远远超过设备本身的经济价值。

众所周知,无论是闪电在空间的先导通道或回击通道中产生的瞬变电磁场,还是闪电进入地上建筑物的避雷针系统以后所产生的瞬变电磁场,都会在空间一定范围内产生电磁作用。它可以是法拉第电磁感应定律所决定的电磁感应作用,也可以是脉冲电磁辐射。它在三维空间范围内对一切电子设备产生作用,可以对闭合的金属回路产生感应电流,也可以在不闭合的导体回路产生感应电动势,由于其瞬变时间极短,所以感应的电压可以很高,以致产生电火花。在闪电通过的避雷针附近,这种空间的瞬变脉冲电磁场的作用比较强烈。从富兰克林发明避雷针以来,闪电的这种空间的雷电电磁脉冲(LEMP)一直存在,只是未被人们所觉察和注意。其原因是它成灾的概率极小,因为当时社会的科技水平尚不能感受到 LEMP 的作用。

20 世纪 80 年代以后,科学技术的迅猛发展使人类社会的发展出现重大变化,从生产到生活都与一些新科技联系在一起。微电子技术的重大进展,超大规模集成电路(VLSI)的诞生,数十万个元件集成在一个小小的芯片上,使微处理器的成本大大降低,应用领域极大地拓宽。微电子技术渗透到如现代通信、计算机技术,医疗卫生、环境工程、能源、交通、自动化生产,旅游、办公室,居民生活等许多领域,它的能耗极小,灵敏度极高、体积很小,使得 LEMP 足以对它发生作用,甚至毁掉它。

前文已经介绍过,闪电在广大空间产生大气磁场 $H(t)$,当这种闪电磁场脉冲超过 0.07 Gs 时就会引起微机失效。现代银行普遍采用微机,货币存取是用微机自动进行的,0.07 Gs 的磁脉冲就会扰乱它的工作。美国在火箭发射过程中,曾多次因这种干扰而导致火箭自行升空而去。

当闪电发生的磁脉冲超过 2.4 Gs 时,集成电路将发生永久性损坏,对于 VLSI 来讲就更不用说了。早在 20 世纪 70 年代末期中国引进国外的大型计算机时,就已发现闪电的这种危害作用。2023 年,微机已进入千家万户,LEMP 成灾的概率将极大地增加。

3.2　雷电损害机理

对建筑物产生影响的雷电可能导致建筑物本身、内部物体以及人和动物受到损害，包括内部系统的失效。这些损害和失效也可能蔓延至四邻，甚至影响局部环境。其蔓延的规模取决于建筑物及雷电的特征。

3.2.1　雷电对建筑物的影响

与雷电效应有关的建筑物和主要特征有：

(1)结构：如木、砖、混凝土、钢筋混凝土、钢框架结构；

(2)用途：如民宅、办公室、农舍、戏院、宾馆、学校、医院、博物馆、教堂、监狱、商店、银行、制造厂、工厂、运动场；

(3)使用者和内部物体：如人和动物、易燃或不易燃材料、易爆或不易爆材料、低或高耐压的电气和电子系统；

(4)连接到建筑物的管道和线路：如电力线、通信线、管道；

(5)已有的防护措施：如减少物理损害、减少对人和动物伤害的防护措施、减少内部系统失效的防护措施；

(6)危险蔓延的规模：如撤离困难、可能引起恐慌、危及四邻和环境的建筑物。

表 3.2 给出雷电对各类建筑物的影响。

表 3.2　雷电对典型建筑物的影响

建筑物类型 (按功用及内部物体分类)	雷电的影响
住宅	电气装置被击穿、火灾或材料损坏； 损害通常限于受雷击点或雷电流通道影响的建筑物； 装设的电气、电子设备和系统失效(如电视机、计算机、调制解调器、电话等)
农舍	首要风险是火灾、危险的跨步电压以及材料损坏； 次要风险是断电，以及通风系统、饲料供应系统电子控制失效等使动物受到伤害
剧院、宾馆、学校、商店、运动场	电气装置损坏(如电灯照明)可能导致恐慌；火警失效使消防延误
银行、保险公司、商业公司等	电气装置损坏(如电灯照明)可能导致恐慌；火警失效使消防延误； 通信不畅、计算机失效和数据丢失所产生的问题

续表

建筑物类型（按功用及内部物体分类）	雷电的影响
医院、疗养院、监狱	电气装置损坏(如电灯照明)可能导致恐慌;火警失效使消防延误;特护人员问题,行动不便人员的救援困难等
工厂	额外的影响取决于工厂的内部物体,影响范围从轻微损害到不可接受损害和停产
博物馆、古迹、教堂	不可替代的文化遗产的损失
电信、电厂	不可接受的公共服务损失
烟花厂、军火厂	火灾和爆炸危及工厂和四邻
化工厂、冶炼厂、核工厂、生化实验室和工厂	工厂发生火灾和故障给当地和全球环境带来有害的后果

3.2.2 建筑物的损害源和损害类型

雷电流是损害源。按雷击点相对于所考察的建筑物位置,应考虑以下情况:

S_1:雷击建筑物;

S_2:雷击建筑物附近;

S_3:雷击连接到建筑物的线路;

S_4:雷击连接到建筑物的线路附近。

雷击建筑物可能导致:

(1)由于炽热的雷电等离子电弧本身或电流使导体阻性发热(导体过热)或电荷导致电弧烧蚀(金属熔化)引起的直接机械损坏、火灾和/或爆炸;

(2)由于电阻耦合、电感耦合或部分雷电流通过产生的过电压引起的火花触发火灾和/或爆炸;

(3)电阻耦合、电感耦合引起的接触电压和跨步电压通过电击对人和动物造成伤害;

(4)LEMP 导致内部系统失效或故障。

雷击建筑物附近可能导致:

LEMP 使内部系统失效或故障。

雷击连接到建筑物的线路可能导致:

(1)通过连接到建筑物的线路传输过电压和雷电流产生的火花触发火灾或爆炸;

(2)通过连接到建筑物的线路传输的雷电流在建筑物内产生接触电压通过电

击伤及人和动物；

(3)在连接到建筑物的线路上出现并传输到建筑物的过电压使内部系统失效或故障。

雷击连接到建筑物的线路附近可能导致：

在连接到建筑物的线路上感应并传输到建筑物内的过电压使内部系统失效或故障。

注：①这里认为只有雷电流(全部或部分)产生的火花可能触发火灾。②如果入户金属管道与建筑物的等电位连接排连接，则雷电直击管道或其附近都不会使建筑物受到损害。

雷电可能产生三种基本损害类型：

D_1：电击使人和动物受到伤害；

D_2：包括由雷电流产生的火花效应引起的物理损害(火灾、爆炸、机械损坏、化学品泄漏等)；

D_3：LEMP 导致内部系统失效。

3.2.3　损失类型

每一种损害类型，单独或与其他损害类型联合可能使需保护建筑物产生不同的损失。可能出现的损失类型取决于需保护建筑物本身的特性。

本标准考虑以下损失类型：

L_1：人身生命损失(包括永久性伤残)；

L_2：公共服务损失；

L_3：文化遗产损失；

L_4：经济损失(建筑物、其内部物体以及业务损失)。

注：公共服务仅指煤气、水、电视、电信以及供电。

可以认为损失类型 L_1，L_2 和 L_3 是社会价值损失，而损失类型 L_4 是纯经济损失。表 3.3 给出损害源、损害类型和损失类型的对应关系。

表 3.3　不同雷击点导致建筑物的损害和损失

雷击点	图例	损害源	损害类型	损失类型
建筑物	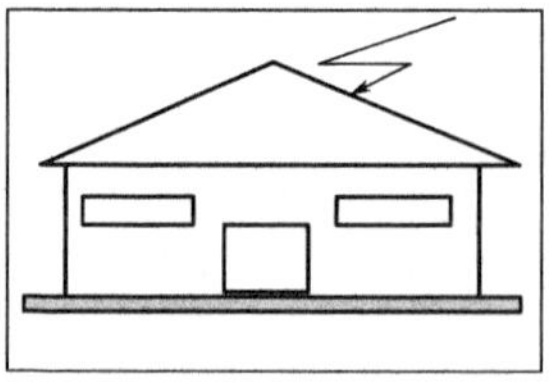	S_1	D_1 D_2 D_3	L_1，$L_4$① L_1，L_2，L_3，L_4 $L_1$②，L_2，L_4

续表

雷击点	图例	损害源	损害类型	损失类型
建筑物附近	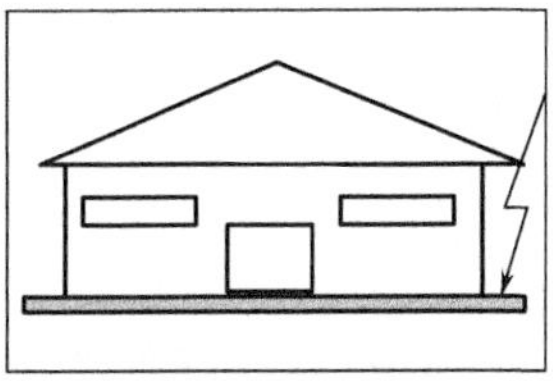	S_2	D_3	$L_1$②, L_2, L_4
连接到建筑物的线路	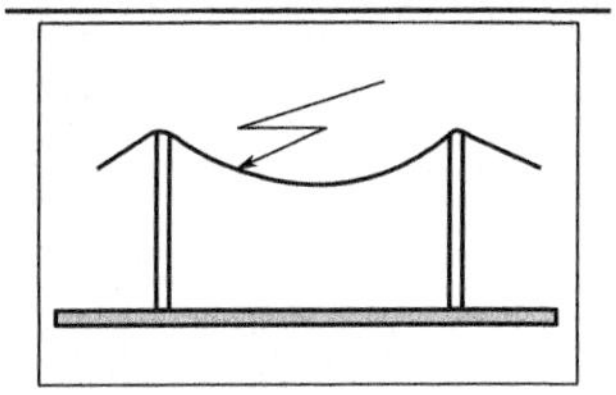	S_3	D_1 D_2 D_3	L_1, $L_4$① L_1, L_2, L_3, L_4 $L_1$②, L_2, L_4
连接到建筑物的线路附近	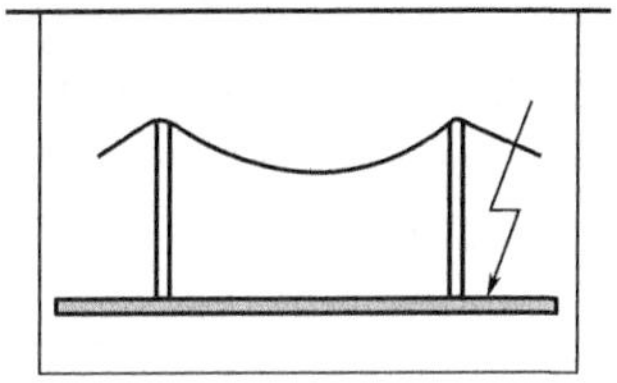	S_4	D_3	$L_1$②, L_2, L_4

注：①仅对可能有动物损失的地方。

②仅对有爆炸危险的建筑物和那些因内部系统失效立即危及人身生命安全的医院或其他建筑物。

图 3.10 给出由损害类型产生的损失类型和相应风险。

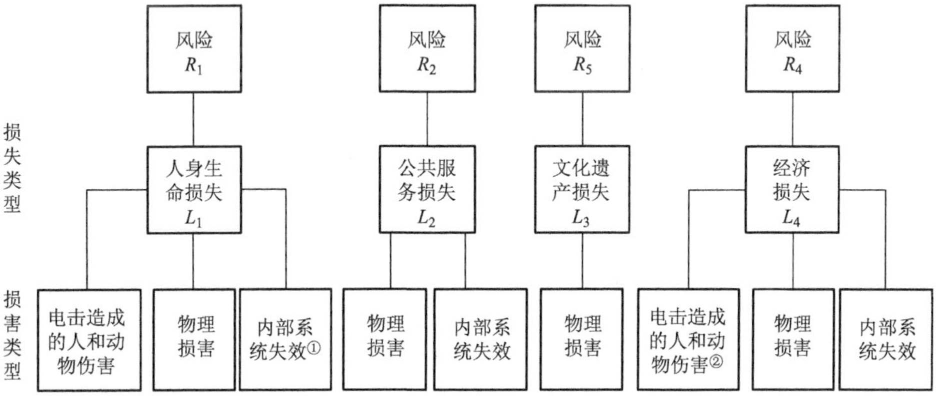

注：① 仅对那些因内部系统失效立即危及人身生命安全的医院或其他建筑物。
② 仅对可能有动物伤害的地方。

图 3.10　不同损害类型产生的损失类型和风险

3.3　雷电防护措施

3.3.1　建筑物的保护

3.3.1.1　引言

长久以来，盖房子所用的材料都是石、木、砖瓦，连长一点的铁料都没有，就连仓库的升降机都是麻绳做的，那时所关心的防雷问题是房屋的外部保护。直到人们对闪电的特性有所认识之后，才开始用避雷针来保护建筑物。但是不久就发觉用金属带去覆盖屋顶和烟囱的脊，或至少覆盖其边缘就可以代替避雷针。

雷电流引起的电磁感应的重要性，当时尚未被人们重视，那时的房屋内虽有些金属物品，但不过是灶头和火炉等物，至于像现在建筑物内那种从头到尾的金属部件和公共管道，那时是闻所未闻的。

室外防雷保护的目的是防止建筑物着火或击坏结构。闪电放电必须用接闪装置把它拦截并使雷电流通过引下线和接地极安全地泄入大地。与此不同，室内防雷保护的目的，则注重保护人身和室内设施的安全，特别是电气装置和设备等的安全。因此，必须防止建筑物内部及电气装置内部由于过电压而击穿，同时也应把电气系统内的感应电压限制在安全值之内。后一种情况对工作电压和绝缘水平都很低的电子系统就显得更为重要。在电子计算机上，一个微小的干扰可能造成比雷电流本身的破坏性大得多的经济损失。

防雷保护措施应作为建筑物的原始设计存在于施工过程中的每一个环节，在已竣工的建筑物上再添补防雷设施肯定要多花一笔原本可节省的费用。

3.3.1.2　雷电流的效应

沿导线的电位降当雷电流通过接地引下线时，在导线的周围产生电磁场并沿着导线产生一电位降(图 3.11)。在单位时间内单位导体长度上的这种电位降用下式表达

$$U_1 = (Z/v)(\mathrm{d}i/\mathrm{d}t) \tag{3.14}$$

式中，传播速度 $v = 300\ \mathrm{m}/\mu\mathrm{s}$、波头陡度为 $\mathrm{d}i/\mathrm{d}t$ 的电流所产生。波阻抗 Z 为 300～500 Ω。根据以上的数值，对陡度为 1 kA/μs 的雷电流来说，沿导线的电位降为 1～1.7 kV/m。

换言之，防雷装置可用一个集中元件的电路来代表。沿导线的电位降为

$$U_1 = L(\mathrm{d}i/\mathrm{d}t) + iR \tag{3.15}$$

式中，L 为导线的电感，R 为其有效电阻。长导线的电感为 1～1.5 μH/m，由此可知，对于陡度为 1 kA/μs 的雷电流来说，其电感电位降为 1～1.5 kV/m，在波头的持

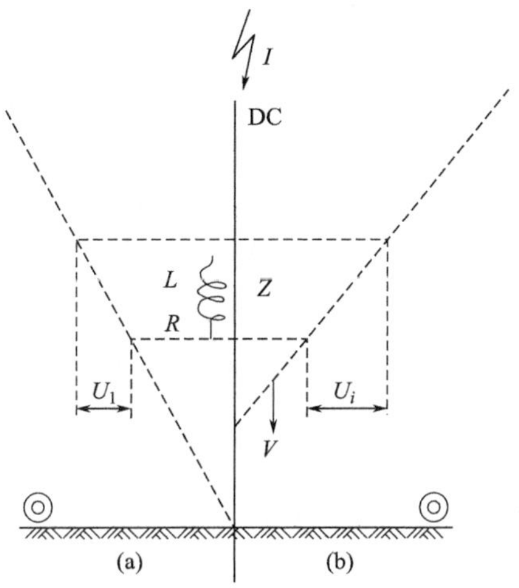

图 3.11　沿引下线的电位降

(a)行波 U_1 为(Z/v)(di/dt)；(b)集总电路 U_i 为 L(di/dt)

i 为雷电流；U_1 为电位降；DC 为引下线；Z 为波阻扰；L 为电感；R 为电阻

续时间内导线上的欧姆电压降微不足道。在横截面直径为 50 mm 的铜导线上，电位降仅为 0.36 V/(m·kA)，而在横截面直径相同的钢导线上则为 3.4 V/(m·kA)。

以测量到的最大雷电流陡度 100 kA/μs 来计算，在 10 m 长的单根引下线上电感电压降为 1～1.5 MV。但这一高电压只出现于雷电流波头存在的一瞬间，为时也不过 1 μs 或更短。由于电晕损耗，这一电压将进一步降低。

如果使雷电流分布在几条并联的引下线上，由于每根引下线上的电流陡度系按并联导线的根数成反比而减小，所以感应电压降将大为降低。这一关系只适用于根数不多而长度相近的并联引下线。然而，即使把无限数目的导线沿圆周排列在一起，它的感应电压降也只是稍稍减小而已。

3.3.1.3　外部的保护

外部保护可直接装置在被保护的建筑物上，也可在该建筑物上面或近旁设置一个独立的屏蔽系统。前一种情况下，还必须同时采用内部保护措施。后一种情况下，内部保护措施可以简化或完全不考虑。尤其是不用考虑相邻部件的保护。单独的屏蔽一般只用于简单的被保护物，例如干草堆或农村小屋，但有时也用于要求有最高安全的建筑物。

(1)接闪装置

接闪装置必须具有一个尖端以便由此产生上升流光。屋面上的尖顶，有棱角的边缘和垂直金属物体等电场集中的地方最宜于这种用途。另一方面，经验证明最好在建筑物的屋面上覆盖金属线网而不要去装很多建筑上不希望出现的尖形饰物。这种网格有利于建筑物周围敷设较多根的引下线，以保持电位的均衡。网格的宽度一般为15～20 m。由于对屋面空间的利用已日益增长，因而最好把网格的宽度缩小到使屋面上任何一个尖端距离接闪装置在5 m之内。这样，不论屋面的斜度如何，屋面上网格的尺寸可为10 m×20 m左右。金属板的屋顶是最合乎理想的，但是它必须有足够的厚度以防止在雷击时把屋面烧穿。

网格的导线应着重敷设在建筑物的棱角边缘、尖顶、烟囱和一切比屋面高的物体上。建筑物上的金属物体，像水落管，栏杆和遮棚等都可以当接闪装置使用。所有公共事业的管子，无论高出、低于或就在屋面上以及不管怎样与地连接的，都必须与接闪装置相连或予以屏蔽。对于一个小的目标，可用一根比它高出几十厘米的避雷针来保护。

有一种其上装有突起的尖顶装饰物的屋面，对于这种屋面有时可用屋面下的导线来代替屋面上的导线。但这种尖顶装饰物的高度至少应为0.3 m，互相的间隔不应大于5 m，这样的接闪装置只适用于坚实不燃的屋面结构。导线必须易于接近以便于检查。这只限于在例外情况使用的解决办法需在屋面多处穿洞并需在建筑物里面做很多接头，因而必须慎重行事。

如果屋面有空间能在大面积上铺设网格，并且在网格的交叉点上装设短避雷针，则有利于向上流光的起始。有铁皮和防锈涂层的屋面，以及为了绝热外加一层很厚绝缘物的金属板屋面，都应当作非金属屋顶看待而须设接闪装置，在只涂薄绝缘层的屋面上，推荐在保护网格的交叉点上装设短避雷针。须在屋面的边缘和其他易于接近之处，把金属层与接闪装置相连在一起。

建筑屋面用的钢框架和钢筋混凝土预制件的护板可作为接闪装置，但所有的钢筋须连在一起并有足够的横截面。与金属构件相连接的短避雷针之间的距离不可超过10 m。在公众能够到达的屋面上，应以建筑物的金属装置来代替那些短避雷针。如果没有接闪装置，一个雷打下来会使小块混凝土脱落。造成的损失虽不一定严重，但可能使房屋漏水。如因在雷击频数不高的地区而省去接闪装置，则至少应在屋面的边缘铺设暴露的避雷带。

如果屋面的覆盖物是极易燃烧的，例如茅草或棕榈叶则必须把接闪导线装在距屋面0.3 m以上的木头或其他绝缘的支架上，以防止引起火灾。如果把这一距离增大到至少为0.5 m，则此方法也能运用于原先把这种导线装在屋面以下的那些农场建筑物。

高建筑物可能受到闪电的侧击或斜击。建筑物超过20～30 m的高度时，应在其侧面上装设附加的接闪装置。金属门面、钢窗、栏杆、广告架和露在外面的引下线等都可用来防止侧击。

接闪装置必须露在外面并必须装在最高的水平上。接闪装置不得被建筑物的本体、平台、壁架、凸出物所遮蔽。接闪导线可以涂漆以防止腐蚀。偶尔会装在屋面边缘下面的接闪导线，须每隔几米与高出屋缘 0.3 m 以上的短避雷针相连。闪电一般不会击在离接闪装置 20 m 以内的垂直墙壁上。在接闪装置以外的地方保护角可假定为 45°，在接闪装置间的垂直内面保护角可达 60°。对不同高度的短避雷针组成的接闪装置，高的保护角在各方向上不应超过 45°。

这一保护范围和网格为 10 m 宽的屋面网的屏蔽范围是有些矛盾的。当保护角为 60°时，接闪导线至少要高出屋面 2.9 m 以上，这个矛盾是无法用现有的物理知识来解释的。屋顶表面的绝缘材料使向上流光的触发更为困难，因为向上流光只能从直接接地的金属尖端上开始发生。经验表明如本节所描述的屋面网是令人满意的，它原则上已为所有现行的防雷保护规程所采用。

(2)引下线

为尽可能地减小沿引下线的电感压降，接闪装置必须通过引下线以最短的路径接地。引下线避免形成环路。碰到建筑上大型外伸的突出物时，要将引下线笔直地穿过去而不要绕着突出物安装。

各引下线应沿建筑物合理对称地分布，从房角开始沿屋面边缘而敷设，彼此间的距离应不超过 20 m。小房屋最少也应有两条引下线分布于两个对角上。引下线不应紧靠房门或窗户，至少应保持 0.5 m 以上的距离。如果引下线敷设在壁龛之内或在粗灰泥涂层之下的不易检查之处，则必须有防腐措施。

钢架和钢筋混凝土的护板如果已连成一个金属体，则可以当引下线使用。这一措施的优点已在前文中指出。

露天的消防扶梯，户外电梯的轨道及金属的门帘等，即使仅伸出几厘米也可作引下线的一部分来使用。可是如果打算使用水落管和其他通风及空调管道时，必须注意在连接处可能有不良接触并要当心这种管子将来可能被换成塑料管。水落管通过檐槽与接闪装置相连，故可作为引下线用。但是水落管决不应该代替独立的引下线。

基础大于 30 m×30 m 的建筑物有时需装相距不超过 20 m 的内部引下线。建筑物里面的柱子可用于此目的。在不能采用这种措施的地方，例如机场大厅或体育馆，则外部引下线的数目要相应增加，但是引下线之间的距离不必小于 10 m。

(3)接地极

导体的电感仅在雷电波波头期间才起作用，在这期间以外，防止接地处出现过大的电位差的最简单的方法是在建筑物周围埋设闭合的导体环。当建筑物内要装内部引下线以及当公共事业的金属管道要作等电位连接时，这种环形接地极可作为中间的联系。

这个方法还有一个优点即接地电阻值不再影响建筑物本身和内部装置的保护。大地的电位可借埋设的管线和电缆传到很远的地方。因此对某些电气装置和器件规定了最大的接地电阻值。

仅当被保护的目标物内没有任何金属设施或不需要电位均衡措施的地方,例如农村中的房屋或遮棚,才允许将每根引下线分别接地。当采用一根单独的接地极时,它必须足以使雷电流散入大地而不致发生沿地面放电。因此这个接地极就应埋得相当深而且必须有足够的长度。可利用钢筋混凝土的基础作为接地极,但这一基础必须是没有绝缘层包封才行。当建筑物的外墙位于整块混凝土基础上时,埋置在混凝土中的导体可用作接地极。这种导体,一般为镀锌的钢筋,可称之为"基础接地"。它安装价格低而且最大的优点是不会生锈。当采用这种基础接地时,应使它位于潮湿层,以获得适合的接地环境。

在这种基础上,水泥的用量应不少于 300 kg/m,厚度最少应为 10 cm。图 3.12 所示为带有电位均衡设施的基础接地装置。

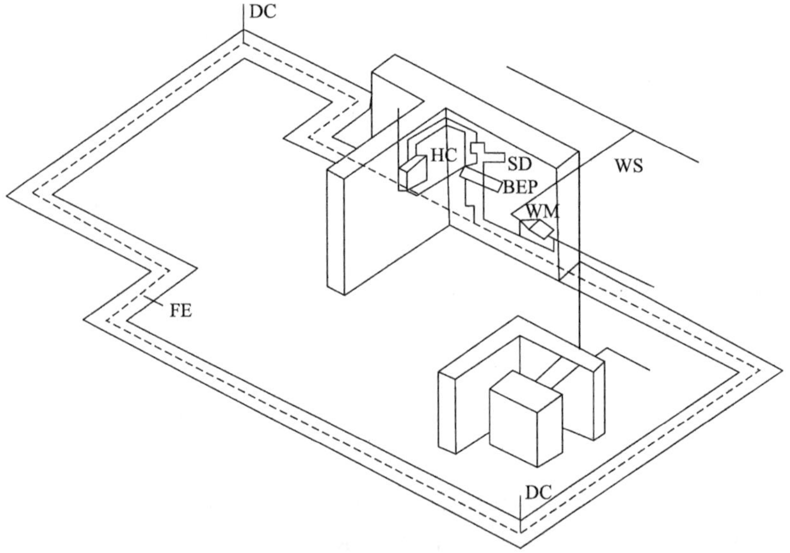

图 3.12　基础接地和电位均衡

FE 为基础内的环形接地极;DC 为引下线;BEP 为电位均衡母线;WS 为自来水管;WM 为水表;HC 为进户线;SD 为避雷器

在不能利用基础接地的地方或基础并不与引下线相联时,应当埋设环形接地网,并使引下线与其相联。这个环形接地网必须离开建筑物 1~2 m,其深度至少为 0.5 m。如果不可能安装环形接地网,则应将建筑物两侧接地极通过金属部件或金属管子连起来。

在岩石地区不可能埋设接地导体，因此需采用一种环形导体，并把它紧压在地面上。至少还要增加两根金属带，长度最少为 20 m，并尽可能把这些金属带与石头的缝隙和潮湿的地方相连。

3.3.1.4　内部保护

(1)电位均衡

所有的金属装置都应该保持电位相等。对建筑物的防雷保护来说，这要比接地电阻重要得多。接地电阻的最大允许值有时必须根据对建筑物以外其他设备的影响情况而规定。

保持电位均衡的一个实际的方法是在建筑物最低一层设置一个公共接地点或接地母线，所有的金属装置都必须与之连接。这些金属装置包括各种型式的管道(水管、供热管等)，电缆外皮，供电系统的中性线或保护接地线以及所有埋在地下的延伸的金属物体。所有这些埋在地下的金属装置都有助于降低接地电阻。但是，有些装置例如煤气管道和供电系统的某些中性线，在某些条件下不应直接与公共接地点连接在一起，而要经过保护间隙才行，但在有些国家，则大力推荐将煤气管道与防雷保护系统做等电位连接。不同材料的接地导体不应连接在一起，以防电解腐蚀。供电的进户线应在引入建筑物的入口处安装避雷器。

为使升高的地电位不至于传至公共事业的金属管道，特别是煤气管道，应以长于管道的绝缘材料把管道遮蔽起来。这一绝缘的表面闪络强度在空气中约为 500 kV/m，在土中约为 300 kV/m。

使电位均衡的最好方法是利用环形或基础接地这样的接地系统。引下线都应接在这种环形接地网上，如不需要更低的接地电阻，就无须附加别的接地极了。环形接地网最好埋设在建筑物的外面，如果完全不可能时，可将引下线连接在最低点的管道或其他金属装置上。图 3.12 表示一所具有两根引下线的孤立住宅的接地和电位均衡系统。

(2)建筑物上面的和内部的金属部件

现代的建筑物具有各种各样的金属装置和电气设备。屋顶的空间也都被利用了，通风、电梯和空调等机械设备都装在屋面上。所有这些设备都可能距防雷保护系统的导体特别是接闪装置很近，这些地方在雷击时对地电位将达到它的极大值。这样造成的电位差主要决定于电流的上升速率。如果只有一根引下线，则要依靠它疏导全部的雷电流。当电流陡度为 100 kA/μs 时，10 m 长的引下线电位可达 1～1.5 MV，但这个电位仅能持续不到 1 μs 时间。在这样短时间的电压脉冲下，空气击穿强度可能在 900～1000 kV/m。Jacottet 和 Weickert(1940)给出波形为 1/5 μs 的棒间隙击穿强度为 850 kV/m。降低旁侧闪络危险的最简单办法是使雷电流至少分布在二根引下线上。

考虑到雷电流的上升速率，相邻的金属物体与防雷保护系统导体之间最少保持 0.5 m 的间距。但必须使雷电流至少沿两个方向流入地下，并应在 20 m 距离内保证有电位均衡措施。在危险区域内特别困难的条件下可使间隔的距离加倍。另一方面，有几种国家规则介绍了一些简单的公式来确定所需的间距。这些公式用于没有电位均衡措施的情况，式中所需的间距是引下线的数目和接地电阻值的函数。金属部件和防雷接地系统间的电压差在靠近最近的电位均衡点的地方减小至零。如果不存在这样的电位均衡，则接地电压必须与电感电压加在一起，而所需的间距将依赖于接地电阻值。电阻压降持续 10～100 μs，对于这一冲击电压，其击穿电压相当于 500 kV/m 左右。当雷电流为 100 kA 时，0.5 m 的间距要求接地电阻小于 5 Ω。这一间距必须从屋面一直保持到地面，而且当高度增加时，考虑到电感电压降问题就必须额外增大间距。由此看出电压均衡的优点。

图 3.13 表示对于靠近引下线 DC 的一个延伸的垂直金属部件可以采取的几种不同措施。如果不可能保持安全的间距或要防止旁侧闪络，例如为了避免火灾，金属部件必须连接到引下线上去，如图 3.13 中 D 所示。另一方面如不可采用直接连接，则可以通过一个保护间隙 PG 或一个避雷器 SD 而连接。当这种保护装置动作时，一部分雷电流将通过这一金属部件导入地下，因此必须有足够大的横截面来疏导这种电流。否则，就需增加一根导线，对于小型的室内电气装置一般都应查验这一措施是否需要。

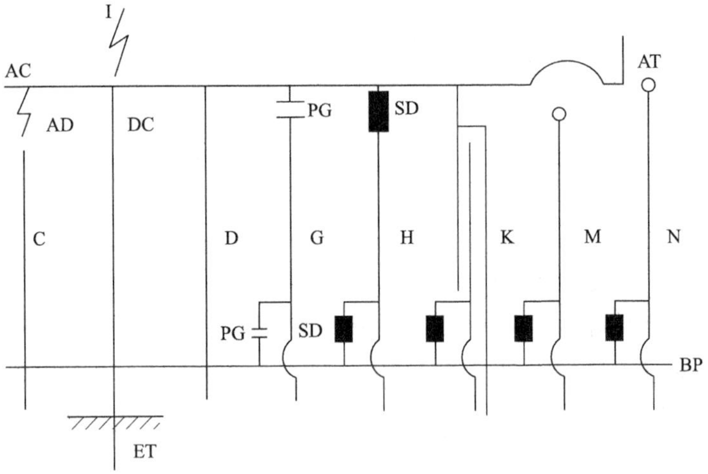

图 3.13　相邻部件间的电位均衡

AT 为接闪装置；DC 为引下线；ET 为接地极；BP 为电位均衡母线；AD 为间距；PG 为保护间隙；SD 为避雷器

(3)电气装置

因为进户线可以将高电压传入建筑物内,所以电气系统的电位均衡措施特别重要。常规的家用电气装置,其击穿电压仅为几千伏。如果没有电位均衡措施则一个平均大小为 30 kA 的雷电流就需要接地电阻远低于 1 Ω。保持这样低的电阻值一般是不大可能的,并且在大多数情况下也没有必要。在进户线进房屋处所装的避雷器可确保闪电过电压不致引入屋内。

前面已经讲过,应尽最大可能使雷电流远离房屋内的电气设施。因此,应该避免在靠近接闪装置附近安装电气装置。图 3.13 表示几种不同的方法。器件和导线可按图 3.13 中 K 的方式加以屏蔽,即将屏蔽物的一端连在接闪器 AT 上,将另一端连到公共接地点 ET 上,为了电位均衡的目的,带电导线也通过避雷器 SD 而接到公共接地点上。屏蔽物的尺寸可根据 3.3.1.3 中建筑物上面和内部的金属部件中的内容而定。此外,还应注意到与屏蔽物的耦合阻抗问题。应使其欧姆电压降不超过电缆绝缘的电气击穿强度。因为大多数信息处理设备的电缆和导线的绝缘强度都很低,所以应特别重视这一危险,电源线如果是直接敷设在钢构架上,则不再需要屏蔽。

有的电气设备,如飞机警告灯、路灯杆子等,不可能永远避免直接雷击。鉴于发生故障时将引起的严重后果,故应在靠近灯头的带电导线上装设避雷器。

农村中的建筑物常由架空线供电。如果进户线装在屋面上,则将成为一个易受雷击的地点,因此进户线的支架也应包括在防雷保护范围内,并应通过一个火花间隙与接闪装置相连。供电局一般不允许直接连接上去。但无论如何总需要使导线通过避雷器再接地。

如果部分雷电流能随导线流入一个相连的电气装置,则在这装置的各条进线上也应装设避雷器以防止电击穿,特别当它们单独接地时更是如此。对于远处燃料油箱的遥控就相当于这种情况。

对于信息处理设备应特别注意,这不但是因为它的绝缘水平低,也鉴于万一受到雷击时可能造成的严重后果。上述设备包括用于通信、电传打字、测量、遥控、电视,电子学、计算机、实验室以及用于体格检查和手术室的装置等。设备制造者应与绝缘工程师合作,事先在等电位连接和屏蔽上增加少量的费用就可省掉以后的许多麻烦。

电路中感应电压的危险应尽可能用绞线配线的方法予以防止。所以应广泛地使用多股绞合的标准电缆,并且器件中的电路走线也应该是绞合过的。信息系统用的导线和电缆不能敷设在可能有很多雷电流通过的导体附近,至少要保持 0.5 m 的间距。但如敷设在钢构架上或钢筋混凝土结构上时,这一规定可以放宽松,因为在这种情况下雷电流已分散在多根引下线之中了。无屏蔽层的导线或电缆应敷设在金属管道内或钢筋混凝土的沟管内。制造厂应规定过电压保护方式及安装方法。

特别易受雷击干扰的场所，如测试室、医院房屋等，必须使其与附近的金属部件隔离，并应以金属屏蔽体加以屏蔽，此屏蔽体必须仅在一个点上与防雷保护系统相连。

现在屋顶上的电视天线是最容易受到雷击的目标了，是经常受到损伤的电气设备和装置，但如房屋并无防雷保护，实践经验证实建筑物的结构也会受到一定程度的损坏。图 3.14 是应具备最低限度的保护措施。天线的支架和电气装置的保护接地在同一点接在自来水管上。引下线 DC 应为铜质，其横截面积最小为 16 mm^2，可以把它绝缘，也可以让它穿堂入室。借助于避雷器可使反馈电线的火线电位得到均衡，天线引入线的外皮应与电气装置的接地线相连，所有的节点必须牢靠，如果在电视机的两根电源线之间安装一个电容器就更能起保护作用，这一规定也适用于附加的部件，例如扩音器。这里并不推荐使用钢质的引下线，因为钢的电阻是铜的 10 倍，故至少需要 100 mm^2 的横截面积。

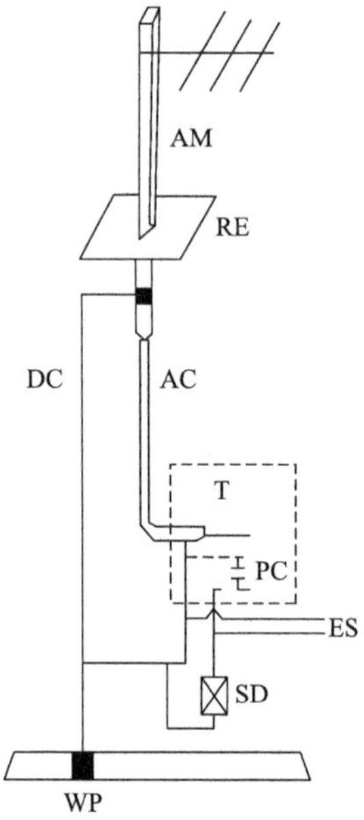

图 3.14 电视天线杆的接地方式

AM 为天线杆；RE 为屋面入口；DC 为引下线；AC 为天线电缆；T 为电视机；ES 为电源；SD 为避雷器；PC 为保护电容器；WP 为水管式接地装置

3.3.1.5 建筑物防雷保护实例

(1)概述

建筑物防雷保护的基本问题和各国规程中推荐的规定，已在戈尔德所著的《闪电防护》一书中加以讨论，并列出关于这一专题有代表的参考书目。

和上述两本综合性的出版物相比，本章只注重于讨论内部的防雷保护和电位均衡措施，这几方面在其他书中还没有很系统地讲过，然而这些问题却是相当重要，特别是对现代建筑物中大量的电气装置。如果有适当的接地设备再施以电位均衡的措施，从保护建筑物本身来说，接地电阻的绝对值已变为无关紧要。下面的一些实例都应该从这一特点出发来加以研究，有些被推荐的规定可能看来费用太贵，但以环形接地网来代替多根单独的接地极时，总的费用和工作量并不增加。

在很多场合中，用简单的防雷保护措施就够了，特别是对那些需要保护的小房屋以及雷电活动并不频繁的地带。靠近高建筑物、树木或山谷等地方是比较有利于防雷的位置，然而，即便在雷击概率接近于零的地方，也一样会受到雷击。简单的防雷措施可以使用单根避雷针，例如用于屋面上的天线，但即使这样做了，仍然要注意与附近金属部件的电位均衡问题。

(2)一般高度的房屋

小的独幢房屋，一般其周边不大于 40 m，如图 3.15 所示，应至少有两根引下线装在房屋的两个对角上。最好是选择没有下水管道的角落，但这些引下线应在其根部与防雷保护系统连接，正像把檐槽连接到接闪装置上一样。通常不应以下水管道来代替引下线，因为这种管道可能损坏、腐蚀或被换成塑料管子。但是如果下水管是用铜做的，或焊接好而不易损坏，由于它具有抗锈性能，也可以用作为引下线。可能的危险是在强大的雷电流冲击下这种下水管道容易断裂。

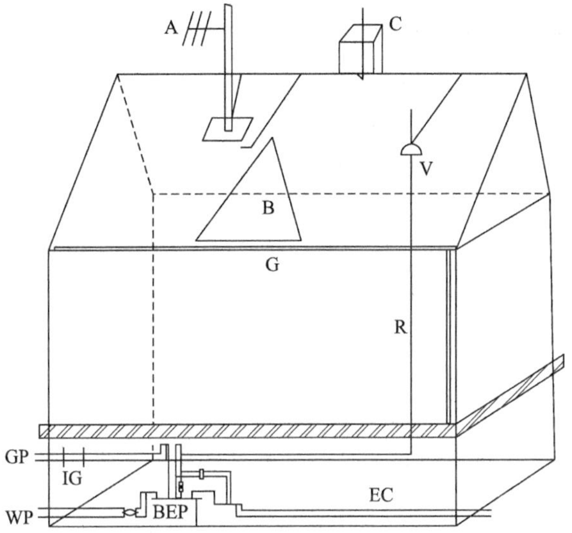

图 3.15　居住房屋的防雷保护装置

EC 为电缆；WP 为自来水总水管；GP 为煤气管；IG 为具有并联保护间 R 的绝缘节；BEP 为电位均衡母线；A 为天线；B 为阁楼；C 为烟囱；V 为空调器；G 为檐槽；R 为下水管

对于屋面上小型电气装置的保护，例如空调器，可在距被保护物至少 0.5 m 以外竖立一根比它高出 0.3～0.5 m 的短避雷针就够了。雷电保护系统的部件与附近的金属物体能有 0.5 m 的间距就足够了，但先决的条件是这种金属物体距最近的起电位均衡作用的连接导线的距离应不大于 20 m。另外，雷电流应至少分布在两根引下线上，即使如此，附近的金属部件特别是电气装置也应离开得越远越好。垂直的空调排气管应使用塑料管。

就煤气管而论,在房屋内的一段应该通过一节塑料管与总管连接,以使这两部分间电气绝缘,并在塑料管上并联一保护间隙。这样即可将房屋内的煤气管直接连到防雷保护的接地系统上去,如图 3.15 所示。

如果房屋坐落在山上,则环形接地极应至少有两条引外接地线通入山谷或有导电性的裂缝或随便什么土壤中。导线的长度至少为 20～40 m,并必须用夹头把这些导线固定在地上,供电线路必须通过避雷器与防雷保护的接地系统相连。

(3)大型建筑物和礼堂

大型建筑物,例如工业厂房或仓库、汽车房和飞机库等,均需要有一个接闪装置系统。钢屋面的保护效果最好,特别是在钢构架未被覆盖的情况下。鉴于这种建筑物的屋面大多数如山峰状起伏,两个相邻的屋脊一般相距不超过 10 m,通常以屋脊和屋面的外边缘当作接闪装置就够了,钢柱可当作内部的引下线,接地系统是一个所有管子和电缆外皮可以连接上去的网络。在这种情况下整个保护系统是很简单的。电力进户线和电话线在引入房屋处以及在屋面下敷有较长线路的那些电气回路的终端都应有电位均衡措施。

如果屋面是钢筋混凝土浇制的或是预制板铺设的,则应有附加的接闪装置以防止因雷击而损坏混凝土,必须把钢筋连接在一起,任何的尖端物体必须与钢筋做等电位连接。为了带电导线的电位均衡,要求有过电压保护装置。由于导线和金属结构元件间的紧密耦合,电气装置上的感应电压是不高的,钢结构对雷电流的分散作用也有助于减小感应电压。

(4)多层高楼建筑物

高度大约在 20 m 以上的建筑物广泛地采用钢构架或钢筋混凝土结构。这对防雷十分有利,这种结构型式代表了使雷电流能沿多路平行通路而分布的最好方法。当然,钢筋必须通过夹具、电焊或绑扎线进行等电位连接。相互隔开的引下线也可以放入混凝土中,各预制板中的钢筋也应以软性接头连在一起,雷电流通过的钢筋越多则内部防雷的效果越好,柱子和墙壁中的有些钢筋应该通过绑扎线与楼板中的钢筋做等电位连接。

由于多层高楼建筑物的服务性设备有很多是装在楼顶上的,如通风器、电梯机房、擦窗机的导轨、天线杆或飞机警告灯等,建议为它们装置隔开的接闪装置,并把这些接闪装置连接到柱子或墙壁的钢筋上去或尽可能多装一些引下线。当电气装置离开最近的等电位层不超过 20 m 时,它与接闪装置的最小间距为 0.5 m,保持这一间距对电子设备是极为重要的。易受感应电压影响的房间应以与邻近铁件隔离几厘米的笼形铁丝网围绕起来,该铁丝网应在供电线路引入大楼的入口处与引下线或钢筋做单点等电位连接。总的说来，把楼板、墙壁和天花板的钢筋互连起来，并只将基础与引下线做等电位相连这样已足够了，所有外来的服务装置需在同一点上施以电位均衡措施。

多层高楼建筑物沿其高度每隔 20～30 m 应在外部装设旁侧接闪装置，以防止侧击。在同样距离的水平面上旁侧接闪装置的导体间应施以电位均衡措施。接地导体应放置在大楼的基础内，并应将其连接到环形或网状接地网络上去，然后将这个网络与引下线和建筑物的钢筋做等电位连接。如果总的接地电阻对保障供电系统的安全来说还不够小，则应再添设附加的接地极。应注意混凝土中的钢筋与土壤中的镀锌钢件间以及钢与铜间在地中腐蚀的危险，不同材料的接地部件应予以隔开，只有通过保护间隙才能连在一起。

建筑物内部的金属服务装置仅为了电位均衡的目的才连接到防雷系统上。如果雷电流是分布在建筑物的表面上，而不是(即使仅有一部分)由建筑物里面发散出去，则内部的防雷保护就容易多了。然而，由于中间楼层的电位均衡作用，一部分雷电流仍能从公共装置上夺路而行，但由于这一电流相对来说很小，所以可认为是无害的。因此，接闪装置不应直接连到等电位层母线上。大楼的金属覆盖面及金属幕墙，和其他墙壁上金属部件一样可作为接闪装置用，它们必须在等电位层之间的各层楼板上连接到引下线上。

(5)高塔

高塔、烟囱和类似建筑物的防雷保护，原则上和多层高楼建筑物一样，不论其高度如何，至少应在对角上有两条引下线，高度超过 20 m 的高塔沿其周边每隔 10～15 m 加一根引下线，这可防止高塔受到侧面的直接雷击，高度为 20 m 左右的烟囱有一根引下线就够了。

外部的金属爬梯可做引下线之用，工业上使用的砖烟囱或水泥烟囱应在其顶上装置一个金属帽或是沿烟囱口周围安装一圈导体，在该导体上每隔 2 m 处装置一根至少为 0.5 m 高的避雷针，所用的材料应该是抗腐蚀的。离烟囱顶几米以内的引下线也应该用这种抗腐蚀的材料，把地面上 20 m 范围内的金属部件如锅炉、管道、钢架等都做等电位的连接是极为有利的，烟囱上的导线应在靠近地面处通过避雷器与接地系统相连接。

现在的工业烟囱是钢筋混凝土或钢铁制的，这些烟囱只需要考虑电气装置的本体保护，必要时可装设一个专用的接地极。

凡是公众易于接近的高塔，其防雷装置需要高度重视人身安全。瞭望塔有最易遭受雷击的危险，由于在雷暴中人们常在这种塔内躲避风雨，故应特别注意入口处的跨步电压问题，警告灯如果装在塔顶，则必须置于接闪装置保护范围内。警告灯的电源线应通过避雷器与接闪装置相连，此连接线需有足够大的横截面以供泄放一部分雷电流。此外，在电缆引入处应该有电位均衡措施，至少应有两根引下线安装在对角上，电缆应敷在里面并靠近其中一根引下线。从底部一直通到顶上的金属梯子和扶手应连到接闪装置并每隔 10 m 左右与引下线连接一次。所有的金属装置均应以同样方式与防雷保护系统等电位相连。躲避在这样的高塔内的人如果他的两手或两脚同时触及一块接地的金属和有部分雷电流通过的另一块金属部件时就可能受到危险。为了避免这种危险，在接近塔身的距离内应施以电位均衡措施。塔内长的金属扶手最好能分成几段，各段间留有足够的间隙或是嵌入一段木扶手，但所有的木料必须是能防潮的。

塔外地面上的跨步电压可通过在不同深度埋设两圈不同直径的接地环而使之平缓。在入口的前面可设置几平方米大小的一块绝缘区，在最上面部分至少应铺三层沥青，各层之间应施以沥青浸渍的黄麻以防止开裂。

塔中作为工作室和餐厅用的中间楼层，为了防止闪电的侧击，应在外部敷设接闪装置并沿其周边围设适当的金属网以保持电位的均衡。

(6)危险建筑物

“危险建筑物”这一名词包括的对象很广，从农产品到爆炸物和军火的贮藏，从锯木厂到最大的石油化工厂。闪电通道的热、火花或过热的导体，都能使锯末尘或尘埃空气混合物引起爆炸，小工厂中爆炸引起的后果和大的工业联合企业中同样事故相比就完全不同了。必要的防护在原则上是一致的：必须使闪电通道远离可燃性或爆炸性物质的周围；接头和线夹处不得发生火花，导线切勿过热；邻近金属部件切勿发生闪络或火花；防止感应电压产生闪络或火花以及勿使接地系统的电位升高。主要的衡量准则是：接闪装置必须与用可燃材料做的屋面保持安全距离，用避雷线保护危险场地，例如露天仓库，用密网作为接闪装置以截获每一个雷击；增加引下线的根数以便大幅度地分散雷电流；尽可能不在建筑物内敷设引下线；导线要有足够的横截面；可靠和耐用的接头；尽可能远离附近的金属物体；在建筑物下面敷设接地网；把电气装置屏蔽起来，以及将所有金属的公用事业的管道、设备、部件和装置等接于电位均衡母线以保持电位相等。

外部的保护应采用独立的避雷针或避雷线，这样可将发生雷击事故的概率减到最小，特别是对于军工厂更需这样考虑。借助这些方法，雷电流再不会流至建筑物。独立避雷针必须距离建筑物 2 m 以上，如果避雷针的高度超过 20 m 时，则其外侧的保护角应降低到 30°～20°。

(7)体育场

雷暴来临时体育活动一般都被中断，所以实际上闪电导致的严重事故是相当稀少的。运动员能迅速地离开场地，但观众却需要更多的时间，即使没有任何闪电打到地上，也会引起惊慌失措。大雨和冰雹足以使人群混乱，此时再有雷击结果更不堪设想。所以,体育场,特别是大面积的体育场,其防雷保护密切关系到群众安危。

简单的解决办法是把整个场地敷设接地的避雷线,但所需的支架将耗费不少,另一方面也可利用这些支架安装泛光灯或广告牌,这样就使保护方案更为经济合理。现代的帐篷和大遮棚对于下雨和闪电都有遮蔽作用,但由于价格太贵所以只使用于有限的少数体育场中,它们的防雷保护应在设计方案的初始阶段加以考虑,例如,所有受拉力的金属绳凡可能被雷击中的必须有足够的机械强度以防止熔断几股时发生强度不够的危险。

图 3.16 是保护体育场的一个实例,有顶的看台可像房屋一样用接闪装置来保护,露天看台不好敷设避雷线,除非整个场地从露天看台顶上敷设避雷线。不过可用另一种办法,即采用装有避雷针的轻型金属杆柱沿看台顶部竖立,这也能一举两得,可做旗杆之用。长的金属围栅、栏杆和其他物体至少每隔 10 m 就以最短的路径与接地系统做等电位连接。

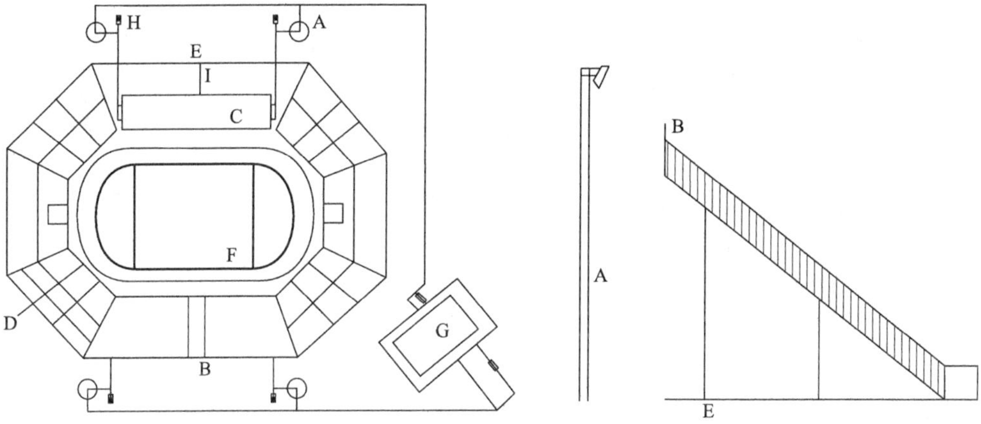

图 3.16　体育场的防雷保护

A 为泛光灯;B 为旗杆;C 为看台;D 为栏杆;E 为接地环;F 为体育场;
G 为供电电源;H 为避雷器;I 为连接线

接地系统的设计应保持低的跨步电压,对雷暴时群众会去躲避的地方更要特别注意。露天看台下面的空间是最适合这一目的的地方,因为环形接地网的很多分支都经过看台下面使这里成为电位最均衡的地方。泛光灯的柱子是个易受雷击的地方,因而在它周围必须保持低的跨步电压。

3.3.2　地下爆破作业的保护

第二次世界大战后的许多年间,在地下隧道作业过程中出现了一些难以解释的爆炸事故，一些人在事故中丧生，这类事故多数是在雷雨天气时发生的。

最严重的一些事故集中发生于欧洲的阿尔卑斯山脉。因此，进行了一项基础研究来考察雷击山脉地区的作用，这些山区的特点是土壤电阻率高。雷电流入地后的杂散电流易于流经未完工隧道的岩石开掘面中的雷管回路，这一结论已被确认。同时对电流引起的电雷管误动作的作用进行了定量研究。下面将论述这些研究结果。

3.3.2.1 电雷管

在岩石中凿隧道的传统方法是使用烈性炸药，炸药由所谓的“爆破帽”(或称雷管)点燃。所有的现代安全炸药，例如：甘油，三硝酸酯，三硝基甲苯等都必须由雷管引爆。雷管必须装在烈性炸药中间。目前只使用电雷管。

图 3.17 表示一个现代电雷管的剖面图。它含有非常灵敏的炸药(3 和 4)、点燃帽(或称引爆弹)(1)以及在(1)和(3)之间的延时器(2)，后者只当与毫秒延时或半秒延时的雷管相接时才用到。引线(6)穿过厚弹性绝缘塞子(5)。在图 3.18 中将点燃帽(1)画得更详细，它包括一根金属丝(1)，即所谓的“桥”，及其支架(4)、引线(6)、高灵敏度炸药(2)和静电干扰保护罩(3)。雷管是由电脉冲加热引起桥(1)的气化而被触发引爆的。桥的气化立即引起了引爆弹(2)的爆炸，继而引起炸药的爆炸，不论是无延时雷管(图 3.17(左))，还是有延时雷管(图 3.17(右))，都是这样引爆的。在毫秒雷管中延迟时间以 30 ms 为一档，可延迟数档。慢速的半秒雷管中延迟时间为 1.5 s。为了触发用于爆破隧道的烈性炸药，一般将雷管装在烈性炸药中，如图 3.19 所示。若开隧道，须在岩石开掘面上打一些几米深的分布合适的炮眼，一组组的炸药包就放在这些炮眼内。每组中一包炸药内装有雷管，导火线由炮眼内引出，在隧道内壁上安排大量的炮眼，这是为了达到两个目的：一是为了炸出尽可能接近所要求的隧道轮廓；二是为了得到大小均匀的碎石块。在这么多炮眼相继引爆时，雷管的延时也是很重要的。通常这样安排：在中心区域的炸药首先引爆，接着外层区域炸药在第一次爆炸的振动波未消失前紧跟着引爆，通常所有的雷管是串联连接的。

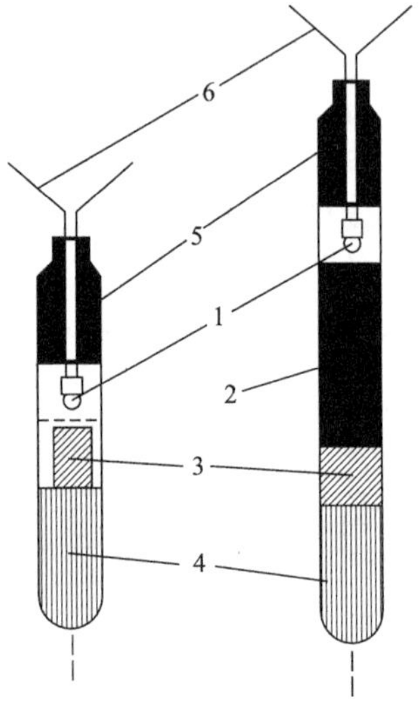

图 3.17 电雷管的剖面图，左边为无延时雷管，右边为延时雷管

1 为雷管头；2 为延时装置；3、4 为雷管炸药；5 为雷管塞子；6 为雷管引线

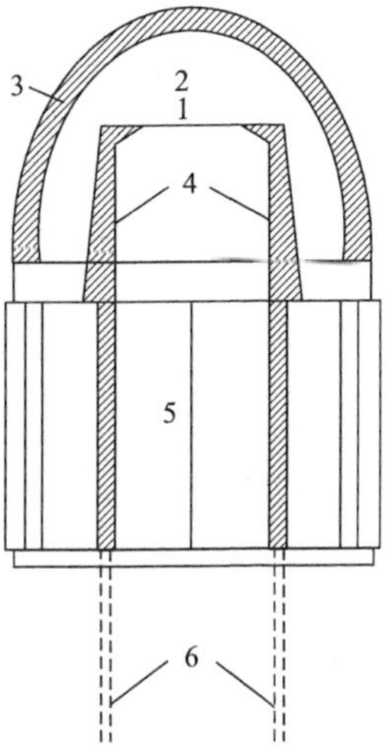

图 3.18　雷管头剖面图

1 为雷管桥；2 为引爆弹；3 为抗静电帽，4 为桥支架；5 为固定塞子；6 为雷管引线

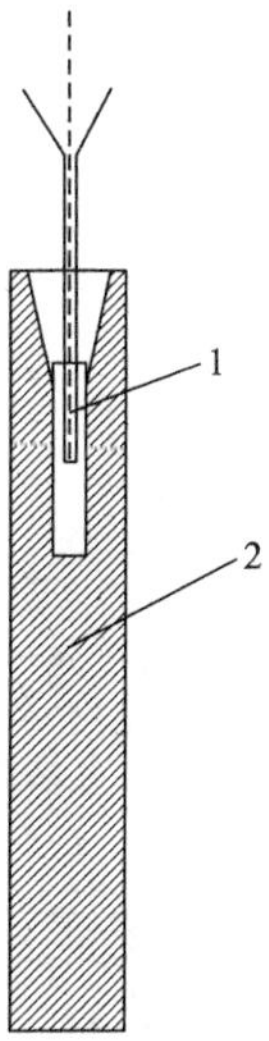

图 3.19　在烈性炸药中雷管的配置

1 为雷管；2 为烈性炸药

3.3.2.2　雷击对隧道开掘面中雷管的作用

(1)雷击隧道上方的山地

地闪造成的电流如图 3.20 所示。雷电流 I 流经雷击点和周围的大地，再经过大地和雷雨云间的电容构成一个大闭合回路。地底下的隧道 T 好似埋在高电阻率岩石中的一个良导电体，这是由于隧道中装有各种金属导体，例如给水管道和通风设备等，在多数情况下，还有运输铁轨。把问题简化后可用图 3.20 说明，即：一小部分雷电流流向隧道工作面(i_F)，然后再流入隧道中的导体(i_T)。实际上，地表并非均匀的，并且也没有固定的电阻率，往往是由不同种土壤和岩石所组成。在欧洲阿尔卑斯山脉，干燥岩石的电阻率 ρ 通常为 3000～10000 Ω·m。雷电流流过岩层就在岩石中产生高电压。隧道的作用犹如在准绝缘体中的金属长钉。雷击引起的电场以及泄漏电流(或叫杂散电流)较多汇集在隧道开掘面处，一部分电流通过岩石流到炮眼中的雷管罩壳。这时，如果电压足够高，将引起雷管引线绝缘的击穿。若隧道中的金属部件与这些导体接触或是通过火花接触，则电流继续沿着隧道流动。重要的是要认识到由于雷管引线是串联连接的，故隧道开掘面与每个雷管之间的杂散电流将叠加在一起，所有这些部分的电流都要流过最末一个雷管的桥。

为了消除上述危险，只有两种方法可采用。第一种方法是在雷管与隧道金属

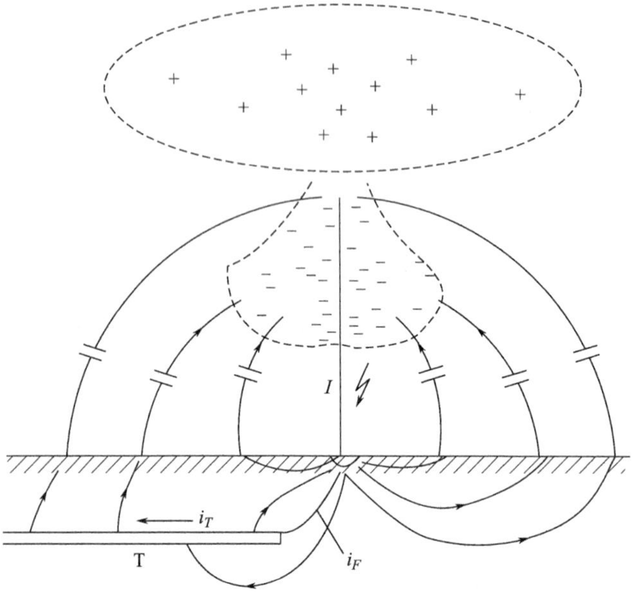

图 3.20　地闪中放电电流的示意图

I 为雷电流；i_T 为流入隧道设施的杂散电流；i_F 为流入隧道开掘面与雷管的杂散电流；T 为隧道

部分之间增强绝缘，防止任何雷电流流过。这种方法要求雷管与所有金属之间保持至少 1 m 的空隙，包括钻孔机的滑架也要后缩；同时要有一个监视系统，用以防止这些绝缘之间的短接，甚至也要防止通过工人身体引起的短接，这种解决方法是不现实的。第二种方法是研制一种低灵敏度的雷管，即所谓"耐雷"雷管。

(2)雷击隧道入口

如果雷击隧道入口的附近，则一部分雷电流将通过铁轨、各种设备的金属管道以及与隧道内接地系统并联的各种设备泄放。雷击使地电位升高(相对于纯地电位)，它的最高值出现在雷击点，隧道开掘面上较低一些。在炮眼中安装雷管以及把雷管串联过程中，雷管可能偶然地直接与隧道中的金属部件接触或通过人体与隧道中的金属部件接触，这时杂散雷电流的回路与图 3.20 中的相同，但电流方向相反。在图 3.20 的情况下，杂散电流是从岩层通过雷管流到隧道，现在电流是从隧道通过雷管流到岩层。杂散电流的值受到岩石电阻率以及隧道中地电位大小的限制。如果地电位高到足以使雷管引线的绝缘击穿时，杂散电流就开始流通。

3.3.2.3　雷击隧道上方岩层时雷管所受的影响

(1)电流穿透深度

雷电流可用陡脉冲表示,脉冲的上升波首为 1～10 μs,衰减到幅值一半的平均时间为 30～200 μs。在数学上,可把这种脉冲用频率从 0 到无穷大的无穷多个交流分量代替。图 3.21 给出了两个不同波形的雷电流的频谱。谐波分量基本分布在 10^3～10^4 Hz。土壤中的穿透深度 D 与各谐波对应,在各穿透深度处电场强度减少到地表面电场强度值的 $1/e$ 倍(即 37%)。D 可由下式计算

$$1/D=(f\sigma\mu\varepsilon)^{\frac{1}{2}} \tag{3.16}$$

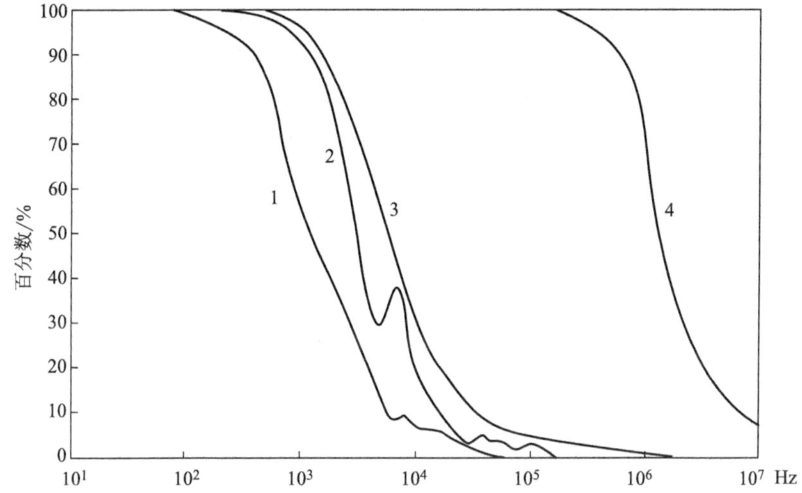

图 3.21　两个不同的负极性雷电流的频谱

1 和 2 为记录的雷电流;3 为 1/50 μs 波的解析分布;4 为在 0.5 μs 截断的斜角波的解析分布

式中,f 为频率,单位:Hz;σ 为电导率,$\sigma=1/\rho$;ρ 为电阻率,单位:Ω · m;μ 为相对磁导率,0～l;ε 为相对介电常数 1。

在欧洲阿尔卑斯山脉,ρ 的平均值为 3000 Ω · m,在平坦地带 ρ 的平均值为 100 Ω · m,现将两种 ρ 对应的穿透深度 D 的值列于表 3.4。

表 3.4　不同频率的电流穿透深度

	平地		阿尔卑斯山	
f/Hz	10^3	10^4	10^3	10^4
ρ /Ω · m	100	100	3000	3000
D/m	160	50	875	275

看来电流在阿尔卑斯山的穿透深度是平地的$\sqrt{30}$或 5.5 倍。在平地,深度为

300 m 的隧道基本上是安全的，然而在阿尔卑斯山脉却并不安全。当穿透深度小于 D 时，在土壤中的电流分布可以容易地用电解槽测得。相反，当穿透深度超过 D 时，确定电流分布是很难的。后几节中由电解槽模拟获得的结果对于深度接近或超过穿透深度的情况来说总是不利的。

(2)电解槽模拟试验

图 3.22 与图 3.23 示出了模拟电路，用它测量由雷击隧道及隧道口所引起的杂散电流。在图 3.22 中特地测量了雷击点周围的情况。在这种情况下只有一小部分的雷电流流到隧道的开掘面。图 3.23 考虑到雷击的整个电路，包括发生器的电容 C 及返回通路上的分布电容 C_0 整个网络只能近似地表示。杂散电流是用一个半球测量，半球与金属屏蔽管绝缘。电流频率为 50 Hz 和 100 Hz，但大多数测量中用 50 Hz 的电流。测量探极相当直径为 3 m 的隧道。穿透深度 D 的恰当模拟值大约为 0.5 m，因而电解液的电阻率应是

$$\rho' = (0.5/875)^2 \cdot \rho \approx 10^{-3}\,\Omega \cdot \mathrm{m} \tag{3.17}$$

这样低的电阻率是不实际的，所以模拟试验只限于自然穿透深度的现象。

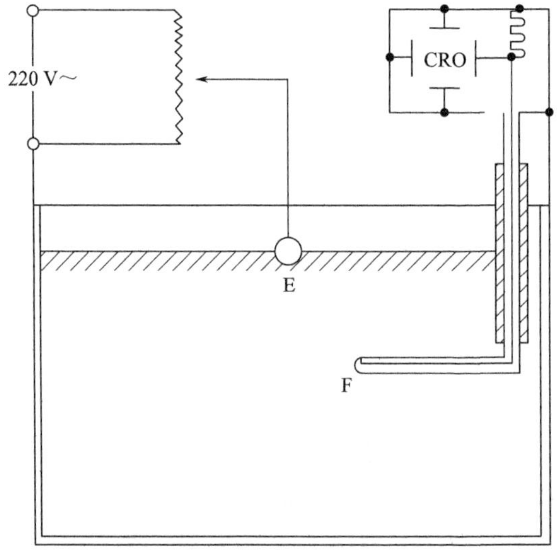

图 3.22　确定隧道杂散电流的第一种电解槽模拟

E 为输入电流的电极；F 为隧道开掘面；CRO 为阴极射线示波器

(3)雷击点与雷管间的电阻

1)雷击点的接地电阻

如果幅值很大的雷电流流入岩层，则在岩层内部和岩层表面都产生强电场。当在某一区域内电场强度 E 大约超过 400 kV/m 时，将发生沿面放电。在放电表

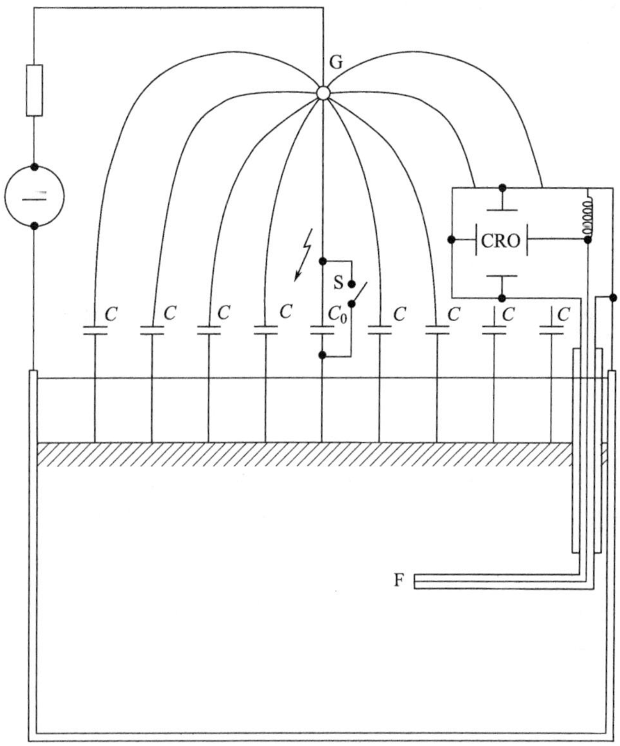

图 3.23　确定隧道杂散电流的第二种电解槽模拟

G 为雷雨云；C_0 为发生器电容；C 为雷雨云和地之间的分布电容；

F 为隧道开关；S 为产生模拟电流的开关

面边界上的电场值为

$$E=\frac{I\rho}{2\pi r}\arccos\left(\frac{r}{r+s}\right) \tag{3.18}$$

式中，I 为雷电流，单位：A；ρ 为电阻率，单位：Ω · m；r 为导电面半径，单位：m；s 为步长，$s=1$ m。

对于 80 kA 的雷电流，半径 25 m 时 $E=440$ kV/m。在岩石表面的沿面放电区域大约是直径 50 m 的圆形区域，对应的接地电阻 R 为

$$R=\frac{\rho}{4r}\approx\frac{3000}{4\times 25}\approx 30\ \Omega \tag{3.19}$$

这一数值未考虑沿面放电的电压降，不过这只是次要因素。

2)接地良好的隧道开掘面的接地电阻

若隧道末端的开掘面上布满了雷管，则开掘面可以看作是一个良导电面。半

径为 R_p 的等效圆盘的接地电阻是

$$R_p = \frac{\rho}{4r_p} \approx \frac{3000}{4 \times 1.5} \approx 500\ \Omega \tag{3.20}$$

在模拟试验中，用一个小半球代表隧道的开掘面，半径为 1.5 m 的半球的接地电阻 R_h 是

$$R_h = \frac{2}{\pi} R_p = \frac{2}{\pi} \times 500 \approx 320\ \Omega \tag{3.21}$$

3)岩石中单个雷管的接地电阻

一个普通雷管埋在电阻率为 3000 Ω·m 的岩石中，周围没有空隙，这时等效接地电阻为

$$R_d = \frac{\rho}{2\pi L} \times \ln\left(\frac{L}{a}\right) = \frac{3000}{2\pi \times 0.1} \times \ln\frac{100}{3.5} \approx 14240\ \Omega \tag{3.22}$$

式中，L 为雷管长度，$L=100$ mm；a 为雷管半径，$a=3.5$ mm。

R_d 值实际上并不重要，因为由图 3.19 可以看到雷管总是装在烈性炸药中，且往往是埋在潮湿的炮眼里。

一种更好的近似法是用直径约 $2r=100$ mm 的圆球来代替，在干的或潮湿的岩石中电阻率 ρ 为 3000 Ω·m 或 1000 Ω·m，对应的接地电阻为

$$R_s = \frac{\rho}{4\pi L} \approx \frac{3000}{4\pi \times 0.05} \approx 4800\ \Omega（或\ 1600\ \Omega） \tag{3.23}$$

然而，这个数值在任何情况下均不符合实际情况。如果雷管四周的烈性炸药是可塑的，则雷管能被完全裹住。它们的接地电阻主要由可塑炸药决定，当炸药含有油基时，接地电阻是比较高的。

原则上可以说用高绝缘炸药将雷管包住，如图 3.19 所示，可大大减少雷电所引起的误引爆危险。

4)隧道开掘面上大量雷管的接地电阻

如果以小的间距装了 n 个雷管，则这些雷管总的接地电阻 R_n 比 R_d/n 要大。当 n 个半球在地面上半径为 r_m 的圆周上等间隔地排列时，其等效电阻为

$$R_n = \frac{R_d}{n} + \frac{\rho}{4\pi r_m} \times f(n) \tag{3.24}$$

式中，n 为半球(一半埋在地中的球体)的个数 s；r_m 为球体所在圆周的半径($r_m=1.5$ m)。R_n 的值见表 3.5。

另一种计算是假设雷管分布在一个圆环区域上，圆环的外半径是 r_m，内半径是 r_0，对应的电阻值 R_a 为

$$R_a = \frac{\rho}{2\pi r_m} \ln\left(\frac{r_m}{\tau}\right) \tag{3.25}$$

表 3.5 不同数目的雷管的接地电阻

n	1	2	5	10	20	30	60	90
R_n/Ω ($\rho = 3000\ \Omega \cdot m$)	9600	4884	2100	1215	800	680	600	580
R_n/Ω ($\rho = 1000\ \Omega \cdot m$)	3200	1630	700	405	270	230	200	193

当外直径为 1 m，2 m，3 m 而内直径为 0.05 m 时，当 $\rho = 3000\ \Omega \cdot m$ 时电阻 R_a 为(括号中的数字对应 $\rho = 1000\ \Omega \cdot m$)：

当外直径 1 m 时，$R_a = 1300\ \Omega(433\ \Omega)$；

当外直径 2 m 时，$R_a = 765\ \Omega(255\ \Omega)$；

当外直径 3 m 时，$R_a = 550\ \Omega(183\ \Omega)$。

外直径为 3 m 时的电阻值与表 3.5 中 90 个圆球时的电阻值相符。

奥林道夫推导出当三个直径分别为 1 m，2 m，3 m 的圆环并联时接地电阻的计算公式，由此可以算出：

当 $\rho = 3000\ \Omega \cdot m$ 时，$R_a = 460\ \Omega$；

当 $\rho = 1000\ \Omega \cdot m$ 时，$R_a = 153\ \Omega$。

(4)雷管中击穿火花的电能

雷管内部击穿电压应该尽可能的高，而更重要的是雷管内绝缘的配合。当过电压出现在雷管壳与引线之间时，在引爆弹附近绝不允许出现击穿，因为该处一旦发生击穿必然引起意外引爆。击穿位置的选取原则是使击穿时传到引爆弹的热量最小。这表明击穿位置必须在雷管的入口点。由于雷管壳与引爆弹之间的最小间隙大约是 1.5 mm，所以雷管的击穿电压几乎不会超过交流 2000 V 或直流 3000 V。

短间隙电火花的热能为

$$W_s = \int u_s i_s \mathrm{d}t = u_s \int i_s \mathrm{d}t = 20Q_s \tag{3.26}$$

式中，Q_s 为火花中的电荷；u_s 为短间隙火花的平均电压降；i_s 为火花电流；t 为短间隙时间。

当在隧道开掘面上有大量雷管时，所有雷管中的总电荷为 Q_d，

$$Q_F = \Delta_{dF} Q \approx \Delta_F Q \tag{3.27}$$

$$Q_d = \Delta_d Q \approx 0.7\Delta_F Q \tag{3.28}$$

式中，Q_F 为雷管中的电荷；Δ_{dF} 为雷管中的杂散电流与雷电流的百分比；Δ_F 为隧道开掘面杂散电流与雷电流的百分比；Δ_d 为传到雷管的能量电流的百分比；Q 为一次雷击击中后的电荷。

表 3.6 列出了总电荷 Q_d 的值。Q_d 的值必须由隧道开掘面上所有雷管的总数确定。

表 3.6　雷管中的电荷与热能

隧道高地深度/m	Δ_F /%	Q_F /C	$\Delta_{d\max}$ /%	$Q_{d\max}$ /C	Q_{d1} /C	W_{d1} /W·s
100	6	0.48	4.2	0.33	0.032	0.66
200	2	0.16	1.4	0.11	0.01	0.21
300	1	0.055	0.7	0.055	0.0035	0.07
500	0.5	0.03	0.35	0.028	0.002	0.04

把雷管两根引线之一接在雷管壳上可以避免上述击穿能量的形成。然而这种方法并不好，因为岩石的电位低时不足以引起雷管绝缘的击穿，但即使这种低电位却可使杂散电流由岩石流向雷管桥。

3.3.2.4　雷击于隧道入口时雷管所受的影响

雷击于隧道入口，或击于入口前方都会通过铁轨及其他金属设备向大地泄放电流。这些金属部件将雷击引起的过电压传至岩石开掘面处的钻机。不论隧道中是否有铁轨，上述情况都会发生的，因为不同金属部件间电气绝缘强度不足以承受这些过电压。如果已知传输线的电学参数，诸如每千米长度的电阻 R、泄漏电导 G 以及电感 L，那么可以把过电压从隧道口到开掘面的传输按某一给定频率的交流电路计算。在岩石开掘面处的电压 U_1 与隧道入口的电压 U_0 之间的关系由下式给出

$$U_0 = U_1 \cosh ka \tag{3.29}$$

其中

$$k = \alpha + j\beta = (R + j\omega L)G \tag{3.30}$$

$$\alpha^2 = 1/2G[R^2 + \omega^2 L^2)^{1/2} + R] \tag{3.31}$$

$$\beta^2 = \frac{1}{2}G[R^2 + \omega^2 L^2)^{1/2} - R] \tag{3.32}$$

所以

$$U_0/U_1 = \cosh ka = \cosh \alpha a \times \cos \alpha a + j(\sinh \beta a \times \sin \beta a) \tag{3.33}$$

$$Z = [R^2 + \omega^2 L^2)/(G^2 + \omega^2 C^2)]^{1/2} \approx [\omega^2 L^2/G^2] \tag{3.34}$$

式中，a 为隧道长度，单位：km；R 为隧道中所有并联导体每千米长的电阻；L 为隧道中所有并联导体每千米长的电感；G 为隧道中所有并联导体每千米长的泄漏电导；ω 为角频率，$\omega = 2\pi f$；Z 为隧道中所有并联导体每公里长的阻抗。

G 的值可认为与频率 f 无关。由于隧道通常很潮湿，G 不受干燥岩石的电阻率的影响，而主要由隧道中脏水或泥浆的电导率确定。数值计算中，假设每千米长隧道电导的近似值为 $G = 0.3\ \Omega^{-1} \cdot \text{km}^{-1}$ 或 $1/G = 3\ \Omega \cdot \text{km}$，与岩石的电阻率无关。$G$ 的这一数值是偏小的。

隧道的纵向电阻 R 与频率 f 及隧道中有无铁轨有关，可用两个不同数值：

当 $f=10^3$ Hz 且隧道中有铁轨时，$R=2\ \Omega/\text{km}$ 或 $5\ \Omega/\text{km}$；

当 $f=10^4$ Hz 且隧道中无铁轨时，$R=5\ \Omega/\text{km}$ 或 $12.5\ \Omega/\text{km}$。

电感 L 与频率 f 的关系不大，主要取决于隧道中是否有铁轨。可考虑两个数值：

当隧道中有铁轨时，$L=0.5$ mH/km；

当隧道中无铁轨时，$L=1$ mH/km。

表 3.7 列出了对于基频为 10^3 Hz 和 10^4 Hz 的计算结果。表中数值并不要求很精确，计算导出两个基本结论：

(1)隧道入口到开掘面长为 0.5～1 km 时，频率为 1 kHz 的过电压衰减量不显著。仅当隧道长超过 0.5 km 且频率为 10^4 Hz 时过电压衰减才显著；

(2)岩石开掘面处的防雷保护原则上决定于隧道入口处的接地电阻，该处的接地电阻必须降低到一个较小值，以使岩石开掘面处的地电位升高不足以将雷管引爆。这实际上意味着接地电阻约为 1 Ω。

表 3.7 隧道入口处电压与开掘面处电压的比值

a/km	ω	F/kHz	R/(Ω/km)	G/(Ω/km)	L/(mH/km)	ωL/(πΩ/km)	Z/Ω	α	β	U_0/U_1	U_0/U_1/%
0.5	10^3～10^4	1	2	0.3	0.5	1	6.8	0.93	0.51	1.08	93
1	10^3～10^4	1	2	0.3	0.5	1	6.8	0.93	0.51	1.37	73
0.5	10^3～10^4	10	5	0.3	0.5	10	58	2.35	2.0	1.57	64
1	10^3～10^4	10	5	0.3	0.5	10	58	2.35	2.0	5.26	19
0.5	10^3～10^4	1	5	0.3	1	2	15	1.40	0.67	1.20	83
1	10^3～10^4	1	5	0.3	1	2	15	1.40	0.67	2.05	49
0.5	10^3～10^4	10	12.5	0.3	1	20	117	3.39	2.79	5.4	19
1	10^3～10^4	10	12.5	0.3	1	20	117	3.39	2.79	14.6	7

3.3.2.5 耐雷雷管

(1)雷管特性

上面的计算表明最小工作能量为几毫瓦·秒(mW·s)的“A 级”雷管绝不能视为耐雷的。事实上，这类事故均可由雷击产生的杂散电流的作用得到完满的解释。在瑞士民用电气工程联合企业的建议和帮助下，以及后来在 D·诺贝尔·AG、德国的托罗斯朵夫、瑞士的 N·诺贝尔·AB 以及维也纳的夏夫勒公司的帮助下，从 1956—1959 年在瑞士联邦工学院进行了理论和实验研究。在研究过程中研制出一种新的雷管，它对雷电流的灵敏度比较低，这种雷管命名为 HU-雷管。HU-雷管的特性如下：

1)交流电 50 Hz 电源下的击穿电压为 2300 V(平均值)；在 59 个雷管样品中的上下限为 1900～2600 V(均方根值)；

2)试验表明所有雷管在承受 4 A 交流电时不引爆，交流电有效值为 6～8 A 的电流持续流过几秒钟后才引爆；

3)电阻为 0.5 Ω 的雷管最小冲击引爆能量为 0.5～0.7 W·s，最小冲击引爆值为 1.05～1.6(W·s)/Ω，

4)击穿火花中通过的交流电流为几百毫安持续时间约为 0.2～0.5 s 时(或者说通过 0.2～0.5 C 电荷)，有时会引起雷管的引爆。上述数值与雷管的种类有关；

5)所有雷管电阻均在 0.48～0.55 Ω 之间，其中包括 3.5 m 长的引线电阻。桥电阻只占一小部分。

“A 级”与“HU-雷管平均性能的比较见表 3.8。

表 3.8　雷管特性的比较

	雷管类型		单位
	A	HU	
雷管电阻	约为 1.5	约为 0.5	Ω
不引爆最大电流	0.18	4	A
引爆电流	0.8*	6～8	A
不引爆能量	约为 1	小于 500	i^2Rt W·s
引爆能量	4	1000	i^2Rt W·s
$\int i^2 dt$ 不引爆值	0.65	小于 1000	(mW·s)/Ω
$\int i^2 dt$ 引爆值	3.5	2000	(mW·s)/Ω

注：* 在 4 ms 内。

由表 3.8 可以看出 HU-雷管所需的引爆能量等于“A 级”雷管的 250～500 倍。前者引爆能量的下限为后者的 500～1000 倍。

dt 这一数值是表征一个雷管在雷电条件下是否适用的判据。

(2)操作规程

在上述研究的基础上，瑞士联邦工学院为了防止事故的发生，发表了使用电雷管引爆的说明书，基本规则如下：

雷雨天气之际，满足下列条件时才允许进行地下爆炸：

1)仅使用 HU 型号的低灵敏度雷管；

2)爆炸点距岩层表面的深度至少 200 m 以上；

3)隧道长度至少 500 m；

4)在隧道入口处的所有金属导体和设备必须互相连接，此外在离隧道 100 m 处以及后来每隔 200 m 处也都必须互相连接，这是为了防止金属部件之间的电位差。结构不同的岩层或岩石中的断层会在上述部件之间产生电位差。如果隧道距地面的深度小于 200 m，则禁止在岩石开掘面上装设和连接雷管。当隧道长度超过 300 m 时，为了通知雷暴活动的消息，规定在岩石开掘面处要安装电话。

中欧大约从 1959 年起开始使用 HU 雷管。瑞士从 1962 年起就已经以 HU 雷管完全替代了“A 级”雷管。最初碰到的困难是由于想采用与过去不同的引爆电源。现在用装有弹簧引爆开关的电容器组来替代原来的发电机。电容先缓慢充电，然后像冲击发生器那样向雷管放电。通常放电电压为 3000 V。引爆的脉冲电流通常为 100 A 级。这要求冲击发生器与雷管之间的导火线应是低阻值的。

举个数值例子可以说明上述作用。一个 40 μF 的电容器组，充电到 3000 V，存贮能量为：

$$W=\frac{1}{2}U^2C=\frac{1}{2}\times 9\times 10^6\times 40\times 10^{-6}=180\ \mathrm{W\cdot s} \tag{3.35}$$

50 个 HU—雷管引爆需要 100 W · s 的能量；其串联电阻为 25 Ω。导火线允许吸收剩下的 80 W · s 能量。这就是说导火线最大电阻为 20 Ω。由于回路中存在电感，电流将稍微小于 3000/45≈67 A。因而脉冲持续时间必须是 $RC=45\times 40\times 10\approx 1.8$ ms。

3.3.2.6　对耐雷雷管性能的评价

(1)雷击隧道上面的山地

粗略的计算能够估计出由雷击引起事故的概率。近似估算如下：

1)如果雷击在岩石开掘面上方直径为 300 m 的区域内，即圆面积为 0.07 km^2 的区域内，则这种闪电具有危险性；

2)在欧洲阿尔卑斯山脉每平方千米每年的雷击次数大约为 3～7 次，即在山脉的北部约为 5 次、南部约为 7 次、中部地区约为 3 次。因而每个隧道在每年会遇上 0.07×5＝0.35 次有危险性的雷击，或是每三年遇一次；

3)若考虑概率为 90％的雷电流，则 1 mW/Ω 的引爆能量对应 250 m 厚的岩石覆盖层(表 3.8)。这是 HU 雷管所能承受的上限值。对于剩下的概率为 10％的雷电流来说，两次危险雷击间的间隔将增大到 10×3＝30 年；

4)在炮眼中装雷管并接好电路这段时间大约占整个爆炸时间的三分之一，这进一步使得两次可能发生事故的平均时间间隔增加到 3×30＝90 年。

由于实际上岩石覆盖层的厚度往往在200～300 m之间，这使得采取一个折中方案，即允许覆盖层至少大于200 m时方可以在雷雨天气作业，而不是限定在上述考虑的250 m。

(2)雷击隧道入口

对这种情况的危险性的估计，要根据入口附近金属部件的暴露表面的大小确定。这一表面比岩石覆盖层要小得多，同时后者在地形上也更易遭受雷击。考虑概率为80%的雷电流，即$I=60$ kA，雷管不引爆的临界能量为

$$0.5W\cdot s=\frac{1}{2}i_d^2R_d\times T=\frac{1}{2}i_d^2\times 0.5\times 200\times 10^{-6} \tag{3.36}$$

由上式得到临界电流为

$$i_d^2=10^6/110=0.9\times 10^4\ \text{A 或 } i_d\approx 95\ \text{A} \tag{3.37}$$

全部雷管的平均接地电阻为500～1000 Ω，因而在岩石开掘面的电压不得超过95×(500～1000)=48～95 kV。这就要求在隧道入口处的接地电阻为(48～96)/60≈0.8～1.6 Ω。即使考虑到沿隧道传播时电压的衰减，上述条件也要求接地电阻不超过1～2 Ω，这样才能保持与雷击岩石覆盖层情况中相同的事故发生概率。

(3)1960年以来使用电雷管的经验

最后十分满意地指出：在欧洲阿尔卑斯山的岩层爆破中，自从采用了HU雷管之后再没有听到过发生这类事故。这方面的成功不仅是由于采用了“耐雷”的HU雷管，而且也是由于更加重视操作规程以及严格地遵守众所周知的预防规则。

3.3.3　飞机的保护

3.3.3.1　保护准则

在考虑飞机的防雷保护时，最重要的是制定保护准则并将它应用在设计过程的各个阶段。这些准则为：

(1)飞行安全性；

(2)可靠性；

(3)维修经济性。

对一架飞机的每一部件都应分别考虑上述和其他有关的准则以确保飞行安全问题经常受到重视。相反，对不需要保护的地方则无须赘述。

飞行安全性是无须解释的。可靠性的考虑则必须针对能使电气和电子系统间歇失灵的雷击问题。在复杂的系统中，因为在全天候飞行中机群的很大部分将受到雷击，故经过几年飞行之后，机群的可靠性就要下降了。而维修经济性，对运行

成本最为关心的民用航空公司来说，则是应首先考虑的事。

一般而言，防雷保护设计和研究的最重要的对象是燃油系统。

3.3.3.2 燃油系统

一般而言，防雷保护设计和研究的最重的对象是燃油系统。现行的技术规范要求对于能受到直接雷击或闪电扫掠的所有油箱部件施以 200 kA 的放电试验。这些部件包括蒙皮接头、检查口盖、泄油阀、转注泵和燃油油量探测器。现行的保护准则规定以 200 kA 的试验电流对被试部件的外部放电时，在油箱内部的试验部位不能有可见的火花，这时以镜头光圈为 F4.7 的照相机配以 ASA3000 感光速度的软片在箱内进行摄影验证。试验时油箱里不放燃油，以有无火花作为判断准则，那些不能用照相机去发现火花源的地方，则用一个充有燃油混合物的塑料袋去罩着被试部件，这样如有火花存在，立刻会燃烧起来。

3.3.3.3 结构

在外部闪电损伤中，由闪电激震波伤及飞机结构的事例极为少见。在几千份雷击报告中，只有一二件证明是由于外部压力致伤的，而只是发生在刚度很小的薄平板状蒙皮上。所以结构损伤问题一般可缩小到如何保护外蒙皮不致被雷电流所烧穿，因为在烧穿部位即便不含燃油蒸汽，但由于内部衬料如金属、塑料、树脂和液体等的汽化，也会在内部产生危险的压力。穿越蒙皮的敷线能引入雷电流并在飞行器内部产生爆炸性的线震波。

爆炸还可能发生在金属蒙皮和非金属蒙皮的结合面上，如在金属垂尾翼端式天线处。金属与塑料的交界面可通过几何形状的设计确保在所有高度上使最大梯度和最低闪络电压永远发生在外表面上。这时飞机雷达罩更为重要，因所有保护设计的一个基本概念是建立外部流光起始点以牵制逼近的梯级先导并使雷电流通过外表面而放电到机体骨架。设计上的失误，如认为外部闪络是无关紧要的之类，则能导致严重的内部结构损伤，例如在一些雷击事故中，曾使坚固的垂直稳定器差一点从相当大的飞机上掉下来。

当金属蒙皮上没有闪电可直接进入的地方，如在天线处，危险将主要存在于油箱并因而仅存在于薄的蒙皮处，对铝皮来说，一般认为是在厚度小于 2 mm 的地方。有时在民航班机的油箱部位以外的地方如机身蒙皮上发现孔洞，因这里铝蒙皮的厚度可能还不到 1 mm。对现代飞机而言，尚未发现有严重的结构上或座舱增压方面的问题。

对于非金属的结构，闪电击穿可能导致整体破坏，因而如果这部件的损伤要造成危险时，必须施以防雷保护。

对非金属(或某些情况下的金属)结构的基本保护方法是采用金属覆盖护层，整体覆盖或网格覆盖。各种型式都成功地使用过。其中包括金属薄片、细金属网、等离子火焰喷镀金属和金属涂料等。许多金属都能用于防雷保护，问题在于所选择的金属应同时满足其他的要求，诸如抗腐蚀性能、抗侵蚀性能、抗磨损性能等。其基本的概念是设置一个合适的金属覆盖层以便把雷电流限制在飞行器的外部。典型的铝覆盖层的厚度可为 0.1 mm 或 0.2 mm。覆盖层所用的金属和具体的型式应留待个别的制造厂来决定以便使保护方法与结构型式以及厂方善用的制造技术和非防雷方面的要求如侵蚀防护等相协调。

对于非金属的天线罩的保护，如用于现代飞机头部的对封闭式雷达天线起天气保护作用的雷达罩，不能使用连续的或网格式的覆盖层，因为它将过分地衰减雷达信号的发射。所以必须使用不干扰雷达系统运行的金属保护体。这种保护体一般由长度为 1～2 m 的一些金属带条组成。这些金属带条从飞机的前舱壁延伸出去越过天线，用以转移逼近的闪电先导的方向，使它不致击到雷达罩的表面。虽然厚度仅为 0.1 mm 或 0.2 mm 的薄金属带已成功地用于民航班机雷达罩的防雷保护上，但是它们还存在着严重的缺点，如需要过多的修理并且当其断裂时将产生严重的无线电干扰。所以现已用较强的金属导体来代替，典型的横截面积为：0.3 cm×1 cm。

保护导体的间隔和布置常常是在对屏蔽要求最好和对雷达发射系统干扰最小两者之间采取适当的折中。各种形式雷达罩上的保护导体，在布置上的基本电气准则是表面闪络与击穿的比较，保护导体的布置必须互相靠得很近，以确保雷达罩壁的介质击穿电压永远高于由外部的梯级先导和可能由内部金属物体感应出的流光放电组成的全部电气应力所建立的、带条间的表面闪络电压。

飞机雷达罩保护的一个新进展是将保护导体做成分段带条形，这对雷达系统运行的干扰，从信号衰减、图像畸变和旁瓣发生各方面来看是小得多了。特别是在对雷达系统有特殊严格要求的情况下来保护雷达罩时，这个方法解决了如用整块的金属导体保护会使系统性能大为降低的问题。

论及燃油箱的薄金属蒙皮，在某些民用运输机上靠近翼端的薄蒙皮区，应用了 0.2 mm 厚度的铝薄片。在这情况下，金属薄片是覆在等厚的玻璃纤维绝缘层上的。从对闪电击穿的抵抗能力来看，这相当于 4 倍厚的金属蒙皮，而且还能减轻相当多的重量。

另一种方法是采用外露的裸导体做的网格，导体之间是有绝缘物。这样可以确保闪电能击在外露的裸金属段上，这些金属段在设计上已考虑能承受雷电流，并将使闪电越过已绝缘的危险部位。

3.3.3.4 电器电路和航空电子设备电路

早期的全金属飞机有时在受了一次雷击之后，由于电源继电器、调节器和敷线的损坏，会使整个飞机的电力中断。对于现代飞机，一次雷击可能使电力暂时中断，但是在民航班机上却很少听到因雷击使电力全部停止的事。这应归功于飞机制造厂在设计上所做的不懈努力才把这一问题化为最小，他们广泛采用了一些措施如飞机避雷器，并联馈电天线及雷达罩的防雷网格等。并联馈电天线有一个四分之一波长的接“地”短路线桩，可为射频信号提供一个低阻抗的通道。

然而，由于种种原因，在有复杂电子系统的先进飞机设计中，防雷保护的困难日益增加。这些困难是：(a)因先进的数字半导体电路的阻抗和带宽较大，故对瞬时闪电而言它所具有更大的易损性；(b)由于非金属蒙皮的使用增加，使电子系统外露得更多；(c)作为保证某些阶段中的飞行安全而现在必须放在首位考虑的电子系统的关键功能，例如着陆时所用的电子导航耦合器。

由雷击引起的闪电对宇航空间飞行器电路瞬态耦合的分析方法，在复杂程度上有很大的不同，对这一问题的大多数研究结果认为有三种基本的耦合模式：(a)传导耦合，雷电流从与蒙皮连接的两个内部连接点间的导线直接流入内部电路；(b)孔洞耦合，电磁场通过蒙皮上的孔洞而穿入；(c)扩散耦合，磁场通过雷电流在蒙皮上的扩散作用而进入内部。

此外，还有一种是当穿入口(如导航灯)未加保护时，全部雷电流从穿过蒙皮的导线直接通过传导而耦合到飞机内部的情况。

根据飞机在飞行中受闪电损伤的分析，和对飞机及空间飞行器的闪电试验，得知主要的问题是进入飞机内部的磁场孔洞耦合。典型损伤将涉及电子部件它们导致系统发生故障以及由短促的高电压瞬态引起的电力母线短路。现代的半导体器件，特别是具有高阻抗特性的器件，如场效晶体管(FET)之类，特别容易受到因雷击而耦合到电力母线上的低能量，高电压瞬态过程的损伤。这会使电信-导航设备或电子飞行控制设备发生故障。

如果短路的位置正好使火花放电串联着一个电抗，例如从电动机绕组中部到外壳间的短路，则电力系统中产生的电弧也是飞机着火的一个根源。残余的电路阻抗可能把电流限制得很低以致无法使断路器切断故障。因此，大电流电路中的电力电弧，在由于自然原因(如磁吹)而熄弧以前，在相当长的时间内能继续造成更多的损坏。

保护措施，特别是在引入点，应采用屏蔽方式和使用保护器件。下列是常用的一些器件：(a)火花间隙——管形避雷器；(b)齐纳二极管；(c)金属氧化物的压敏电阻；(d)二极管；(e)熔断器；(f)短接桩头——缩短四分之一波长的发射线路在运行频率下有高的阻抗。

在屏蔽和保护器件间的权衡选择，以及对保护器件型式的选择是对系统需要的量体裁衣问题。例如，齐纳二极管由于其非线性特性而不能用在电信电路，但由于它能引进交叉调制，故对低电平数字电路是很有效的。火花间隙能控制大量的能量而且是线性的，但它的临界点火电压为 100 V 左右，相对而言是高的。由此可见，设计问题在于对每一种装置使用适当的综合保护技术。

3.3.3.5 无线电干扰抑制

飞机在飞行中由于和大气中的粒子，如尘埃或雪，相摩擦而积聚了相当大的电势。这种电势以电晕或尖端放电，也称为圣爱尔摩之火的形式向空中消散。于是就对直到高频波段产生了严重的无线电干扰。非金属表面的流光和外部电气绝缘的金属导体间的火花放电能把干扰频率延伸到千兆赫范围。

静电放电器件可装在飞行器的突出部位，如翼端或尾部，以便飞机放电而避免由天线或金属尖端直接产生的电晕造成的严重无线电干扰。放电器件可以看成是一个 RC 去耦滤波器，因为这种器件具有一根高电阻的杆子，在杆顶上装有以金属或非金属材料做成的某种型式的放电尖端。在杆顶以毫安电子雪崩形式进行着的放电，借助于放电与飞机的金属突出部位之间的间隔，又借助于与放电体电阻串联的杂散电容的 RC 滤波作用而去耦。为了减少噪声，某些型式的放电器通过对尖端外形几何形状的控制，使放电指向一定方向，从而使对飞行器天线的无线电干扰耦合减到最小。主要的要求是应有足够数量的放电器（每个机翼端部和尾翼端部应装 3～6 个放电器）来泄放电流。在大型喷气客机上，此放电电流可超过 3 mA。

当为了远距离通信而需要采用高频时，塑料的前端表面可能需要加以每平方米不低于 50～100 $M\Omega/m^2$ 表面电阻的导电敷层。用这种敷层能减小由于质点摩擦积累起来的电荷所产生的流光，以及减小能延伸到千兆赫范围内的伴随干扰。

飞机上可能有个别的金属部件与机身外部绝缘，由此产生的火花放电也会带来干扰，这种情况可以通过确保该金属部件和机架间有一定的电导来防止。这种电导可以做得很小，只要能足以提供电荷电位的平衡，至于设计及结构之是否正确，可以用简单的欧姆表予以验证。

减少飞机外部静电起电效应的问题看来是很复杂的，并且由它引起的故障如机身电热风挡（一种非金属的前表面）的击穿，风挡电热控制器的损坏（控制器对风挡夹层中的电热丝加热以防止结冰），可能使运行人员在辨别故障和修理工作中遇到困难。因此在新飞机上如何减少多种的静电起电效应，有赖于制造厂的精心设计。

在飞机的燃油系统内也能产生静电起电效应。为了判断起电的根源曾进行了广泛的研究工作，主要是针对燃油过滤器，燃油中携带的电荷和为了把静电效应减缩到最小所要求的燃油导电率等方面。

3.3.4 输电线路保护

3.3.4.1 引言

从电力工业开始,线路和设备上的雷害事故就是引起停电的主要原因。随着电力对于工业及民用重要性的日益增长,人们对保护系统和设备越来越重视,以改进供电的连续性。在初期阶段,认为过电压是由雷雨云电荷感应引起的,因而在输电线的导线上方架设了接地线,以转移输电线上感应的某些电荷。

由于连续供电重要性的增长,不同的保护原理和供电可靠性指标一起发展起来了。现在一般都认同,停电次数和持续时间这些指标的相对重要性是随负载规模和性质而变的。改进途径可以分为两类,一类是防止系统事故发生,另一类则是减轻事故对系统健全部分的影响。因而输电线路保护的现代宗旨可分为:

(1)防止线路绝缘闪络;

(2)一旦绝缘闪络,尽快切除故障,经过一段能使电弧路径去游离设定的短暂时间之后,将电路重合;

(3)多路供电,任何一路临时切除时对任何负载都不停止供电,多路供电的特例为双回路;这种线路的可靠性并不等两条很好隔开的单回线,因为一次雷击有使双回路跳闸的可能性。

这里所考虑的输电线路规定为相间电压超过 100 kV 的线路。为了便于参考,将线路电压分成下面的三级:

(1)高压线路(HV)指运行电压在 115～287 kV 范围;

(2)超高压线路(EHV)指运行电压在 345～765 kV 范围;

(3)特高压线路(UHV)指计划运行在 1000～1500 kV 范围。

3.3.4.2 雷电引起闪络的形式

为了实际研究输电线路的防雷保护及耐雷特性,将雷击可能引起绝缘闪络的"形式"或"机理"分为三种。虽然相关的现象可在所有三种形式中找到,但在没有特别说明时,它们被认为是基本不相关的。

(1)感应(IN)形式是指靠近线路某处发生雷击,并未与线路任何部分接触;

(2)绕击(SF)形式是指雷直击于相导线;

(3)反击(BF)形式是指雷击于避雷线及支持构架。

现在一般认为对这里所定义的感应形式对输电线路是无害的。大约在 1928 年以前一般认为只可能防护感应雷,而直击雷无疑会引起铁塔线路闪络,并使木杆线路在结构上严重破坏。Creighton(1922)考察了架空"静态导线"的经济价值,并作结论说装在铁塔上有利而装在木杆上不利。

随着阴极射线示波器的出现以及大范围的现场研究计划的发起,客观地评价闪络的 IN 形式或 BF 形式就有可能了。根据欧美各国的广泛研究得出的结论是：IN 形式对于 HV 线路雷电跳闸是可忽略的。图 3.24 表示输电线路上雷击闪络的三种形式。

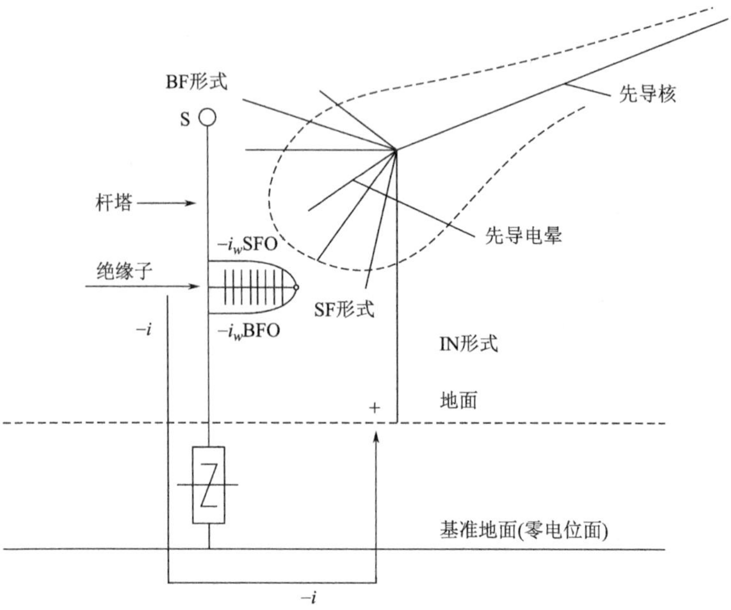

图 3.24　雷击引起输电线路闪络的形式

BF 为反击形式；SF 为绕击形式；IN 为感应形式

3.3.4.3　绕击的防护

(1)概述

绕击早就被认为是一种可能的雷击闪络形式，但直到 1960 年还未能把它看作是重要的形式。许多线路受到有效屏蔽这一事实似乎滋长了从直觉考虑的因素。幸运的是，在最近的实验和统计研究中好和差的保护实例都可用来分析。

美国 EHV(345 kV)线路的耐雷性能最初是根据 AIEE 报告(1950)的方法估计的，即按跳闸率小于 0.3/(100 km · a)进行设计的，这数字小得惊人。但实际出现的跳闸率在 4～6/(100 km · a)的范围内。研究最初仍局限于假定屏蔽是有效的，电磁场理论概念被用来说明过多的反击闪络率，这些努力并没有解决所谓异常雷击跳闸率的难题，不过却能够较好地理解杆塔和导线对注入雷电流的响应方面的一些基本概念。

继这次失败之后，注意力改向以雷击机理的现代知识为基础的有效屏蔽问题。当雷击于相导线时，下列假定是正确的，即先导进入靠近杆塔仅几十米的范围内实际雷击点才被确定。这个距离曾有不同叫法，例如“最后梯级”(last step)“最终阶跃”(final jump)以及“闪击距离”(striking distance)，这里采用“闪击距离”的叫法。决定这一距离对研究各种与绕击和反击有关的“电几何”(electrogeometric)理论都是基本的。这些理论大多在基本概念上是一致的，但在细节上可能有较大的差别。还有一些理论是从线路特性的统计分析中引申出来的，仅在推论上与雷击机理有关。

(2)分析模型

装设适当放置的屏蔽导线(避雷线)可减少绕击闪络。即使避雷线设置得不恰当，也能使大部分雷不击于线路；而且，即使避雷线设置适当，仍然会有少数雷绕击于线路。然而后一情况时，接着发生的绝缘闪络极少，因为击于相导线的雷电流必须超过某一最小幅值。因而设计任务包括如下手段：要求所装设的避雷线能使具有超过该最小幅值的预期电流的雷不击于线路。比较方便的办法是应用一个分析模型来表明所研究问题的结构参数和电参数之间的关系。在这一模型中，线路平均结构尺寸与平均闪击距离一起构成几何参数。基本情况或称基准模型希望尽可能简单，而当与基准模型有某些偏差时，可通过适当系数或校正曲线修正。图 3.25 选自 Gilman 和 Whitehead(1973)的论文，它示出基本几何特征。完整的分析模型由几何图形和一组有关的基本假定及数学关系式所组成。基本假定列举如下：

1)导线平均高度 $\overline{Y}$ 可从纵断面图计算，另一种方法是初步由下列粗略公式估算：

对平坦地形导线平均高度

$$\overline{Y}_f = Y_t - (2/3)(S_c) \tag{3.38}$$

式中，Y_t 为杆塔导线高度；S_c 为导线弧垂。

对起伏地形导线平均高度

$$\overline{Y}_r = Y_t \tag{3.39}$$

对山岳地形导线平均高度

$$\overline{Y}_m = 2Y_t \tag{3.40}$$

在上述各种情况中

$$\overline{H} = \overline{Y} + \overline{b} \tag{3.41}$$

$$\overline{b} = b_t + (2/3)(S_c + S_s) \tag{3.42}$$

$$b_t = H_t - Y_t \tag{3.43}$$

式中，$\overline{H}$ 为塔平均高度；H_t 为杆塔上避雷线的高度；Sc 为避雷线弧垂。

2)相导线与避雷线之间的平均距离可从初步的结构外形估计出来，假若没有可用的图形，则由

$$\overline{C} = U(50\%)/145\ \text{m} \tag{3.44}$$

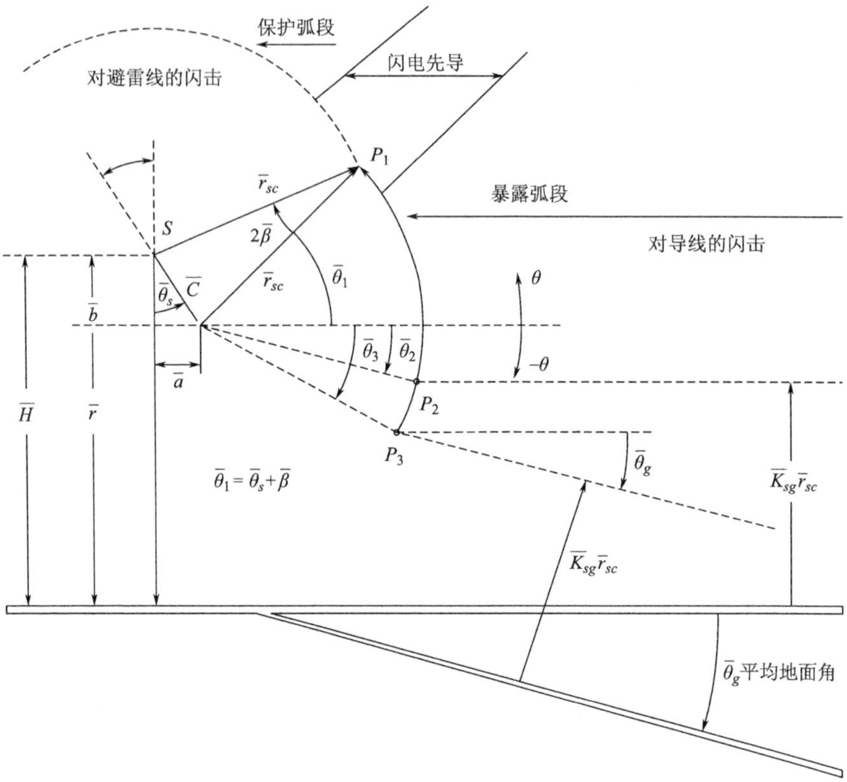

图 3.25　绕击基准模型的几何关系

得出的估计值可用于初步研究。

3)闪击距离的数值与预期的入地雷电流相对应,该电流为

$$I_{oc}=2.2U(50\%)/Z_c(\text{kA})\tag{3.45}$$

式中,$U(50\%)$为绝缘临界冲击闪络电压,单位:kV;Z_c 为有避雷线情况下导线的波阻抗,单位:Ω。

4)分析图 3.25 后可知,对于某一指定的闪击距离,通过将屏蔽角减少到平均临界值$\overline{\theta}_{sc}$,可使平均暴露弧段减小到 0。临界条件的解析式为

$$\overline{\theta}_{sc}=\overline{\theta}_g+\arcsin(k_{sg}-K\overline{Y}/\overline{r}_{sc})-\arcsin\overline{C}/2\overline{r}_{sc}\tag{3.46}$$

式中,$\overline{r}_{sc}$ 为平均有效闪击距离。

角度正方向这样规定:通过相导线做参考轴,逆时针方向为正。这样,地面离开导线向下倾斜时为负地面角,它使 $\overline{\theta}_{sc}$ 的值减小(图 3.26)。

设计新线路的屏蔽系统时,要认识到一些与易于计算的基准模型的不同实际偏差。

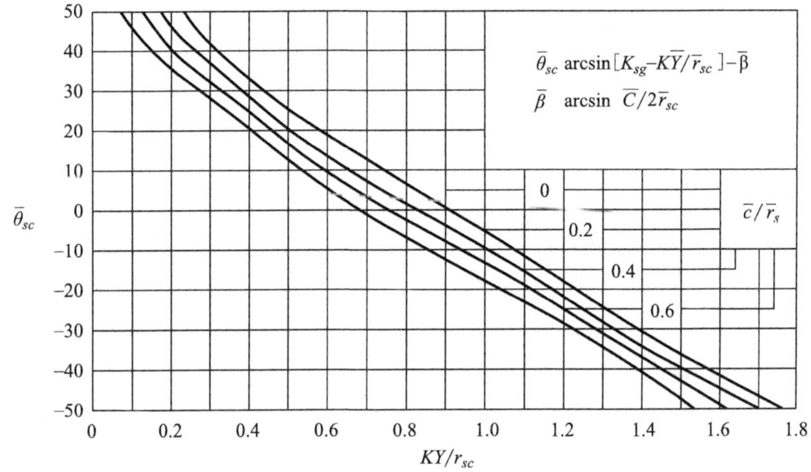

图 3.26　临界屏蔽角曲线

5)第一个重要的偏差是关于闪击距离。在估计绕击引起的跳闸率时,使用平均闪击距离是合乎逻辑的。对于一假定的平均值,对应有某些较小的距离及某些较大的距离,前者能引起跳闸,而后者则不能。将低于平均值 10%标准偏差的值定义为有效值是谨慎的,对比了被估算的线路与实际线路耐雷特性之后,建议用这种假定。因此,对于设计目的来说,有效闪击距离为

$$\hat{r}_{sc}=0.9\overline{r}_{sc} \tag{3.47}$$

式中,$\overline{r}_{sc}$ 下标 c 意指与式(3.45)临界电流相应的值。

6)第二个偏差是显而易见的。相导线平均高度如何代表实际线路条件,即使从线路纵断面计算出平均高度,但部分线段的局部平均值仍能明显区别于总体平均值。极端的例子如一处或几处有深谷跨越或过江高塔跨越,这些地方的局部平均高度大于全线长的平均值。

假如很大一部分线段在山区,可考虑灵活的设计,即允许对这部分线段采用小的甚至负的屏蔽角,或将对山区的措施用于全线。一般对过江跨越应给予特别注意,这种跨越比普通跨越对雷击的暴露要多得多,特别当雷暴路径欲越过江河时。若很少或甚至从不出现冻雨和结冰等天气条件时,可以采用大的负保护角,这一做法已付诸实施。无论如何,这些极端条件在设计中须给予特殊处理。

7)第三种不确定因素直接与基准模型所依据的基本假设有关,其中包括:

(a)与预期雷电流相关联的闪击先导电压;

(b)与先导电压相关联的闪击距离;

(c)闪击距离偏离平均值的标准偏差;

(d)从先导头部至杆塔、避雷线、相导线以及地面的平均闪击距离的差异。

列举这些不确定因素是为了说明问题,所举因素并不完全。

(3)有效屏蔽系统的设计简例

下面的例子用以说明通过各种不同地带的 500 kV 线路的屏蔽系统的设计步骤。

1)电气参数

冲击放电电压:$U(50\%)=2130$ kV 正极性

$U(50\%)=2340$ kV 负极性

导线波阻抗:360 Ω

最大接地电阻:25 Ω

2)初步结构参数

塔高:$H_t=33$ m

导线高:$Y_t=25$ m

杆塔处的屏蔽角:$\theta_s=20°$

导线弧垂:$S_c=12.5$ m

避雷线弧垂:$S_g=9.0$ m

3)纵断面与地形

地形:多树

纵断面,对全档距详细分析后得到如下分布资料:

平地:20%

起伏地形:35%

山脉:45%

$$\overline{Y}=34.6 \text{ m}$$

$$\overline{H}=44.6 \text{ m}$$

$$\overline{C}=10.4 \text{ m}$$

4)闪击距离的参考值

$$I_{oc}=2.2\times 2340/360=14.3 \text{ kA}$$

$$\overline{r}_{sc}=2\times 14.3+30[1-\exp(-14.3/6.8)]=54.9 \text{ m}$$

$$\hat{r}_{sc}=49.4 \text{ m}$$

因为多山地区树多,这是一个有利条件,故决定取 $K_{sg}=1.0$,$K=1.0$。

5)地面倾角为零时,有效屏蔽角可从图 3.26 或从式(3.46)求得

$$\hat{\theta}_{sc}=\arcsin(1-34.6/49.4)-\arcsin 10.4/98.8=17.43-6.04=11.4°$$

修正的杆塔处的屏蔽角可从下式求得

$$\theta_t=\arctan a/b_t \tag{3.48}$$

式中，a 为避雷线与导线间的水平距离。由式(3.41)得

$$\overline{b}=\overline{H}-\overline{Y}=44.6-34.6=10.0\ \text{m}$$

而由式(3.42)得

$$b_t=10.0-(2/3)(12.5-9.0)=7.67\ \text{m}$$

$$a=2.0\ \text{m}$$

$$\theta_t=\arctan 2.0/7.67=14.6^\circ$$

6)结果

屏蔽角等于 20°的杆塔设计用于全线路。以每年 40 个雷暴日为基准的总跳闸率为 0.38 次/(100 km · a)。

3.3.4.4　反击的防护

(1)概述

输电线路反击保护这一理论方面和现场实际方面的广泛研究课题大约已经延续 50 年了。许多著名工程师对这一应用科学领域很感兴趣。他们的关心与影响有助于世界各国的设备制造厂家和公司对这一科研给予财政上和技术上的支持。

线路绝缘的冲击强度与雷电流引起的绝缘子两端冲击电压之间有合理的配合时，反击引起的闪络就能降低到最少的程度。我们认为绝缘配合是存在的，指绝缘强度比所施加的电压高，足够的裕度考虑两方面数值的某些变化。

反击问题的分析方法通常用的是分布参数的电路理论，为此要确定时间为微秒级的自阻抗和互阻抗。对于线路杆塔、避雷线以及导线这样的有限范围，可用更为基础的方法，电磁场理论来确定各种较为方便的近似计算的有效性或局限性。

基准分析模型应具备下列基本功能：

1)将雷电流的幅值和波形特性转换为线路绝缘子两端电压的幅值和波形特性。基本概念是转换阻抗这一概念，但详细来说还分三个明显步骤：

(a)雷电流通过杆塔的阶跃波阻抗、接地电阻系统以及与杆塔相连的避雷线系统时，产生初始塔顶电压分量。可用不同方法计算这一电压分量，最基本的是用阶跃阻抗和累加法或卷积积分法。阶跃阻抗定义为回路元件或网络对于单位阶跃注入电流的响应；自波阻抗、互波阻抗以及转换阻抗都可用此法求得；

(b)经两倍档距的传播时间后，从邻近杆塔来的连续反射对塔顶电压有了影响，这些分量使塔顶电压不断降低，并使其波形一般比注入电流源的持续时间短得多。已有三种方法提出如何计算这些电压分量，包括 Bewley 的网格法(1933)、Golde 的逐步计算法(1946)以及 Barthold 和 Carter 的行波表法(1961)；

(c)避雷线和导线的耦合给导线引入一个重要的电压分量，此值可能有些不太确定。当避雷线上未发生电晕时耦合系数等于通常的互阻抗与自阻抗之比。对于基准模型来说，概念应该简明，故考虑无电晕的情况，而电晕条件视为待修正的偏

差，不过这可能和基准模型相差较大。

2)绝缘子两端电压为非标准波形时临界放电电压的取值：目前虽没有对非标准波处理的方法，但这一问题正在研究中，在长间隙放电机理研究上的进展使我们有可能更好估算的希望。

3)确定与2)中讨论的临界放电电压幅值相应的临界电流幅值。

4)确定雷电流超过3)项所得值的出现频数，这要用到对应于线路避雷线平均高度的雷电流幅值频数分布。

5)确定基准暴露下的雷击避雷线次数 N，基准暴露包括3个方面：

(a)基准长度的线路暴露基准时间(通常取为100 km·a)；

(b)基准地闪率 N，它定义为1 km^2 面积1年中的地闪数(雷击地面数)；

(c)雷击无遮蔽的平地的基准电流幅值频数分布。

6)确定引起绝缘子闪络的估计雷击次数

$$\mathrm{BFO} = P(I_{oc})N_g \tag{3.49}$$

式中，$P(I_{oc})$为等于大于临界电流幅值；I_{oc} 的雷击次数(标幺值)。

7)确定绝缘子闪络引起的线路跳闸次数

$$\mathrm{BFO} = K_{to}(\mathrm{BFO}) \tag{3.50}$$

对于铁塔线路 K_{to} 一般取0.85。

在考虑如何处理与基准模型不同的各种偏差之前，需先把上述各因素用数学式表达出来。

(2)基准模型的解析表达式

1)由雷电流引起的绝缘子串电压的计算

由雷电流引起的绝缘子串电压的计算是先从确定塔顶电压开始的。这里用拉氏变换后的量表示。令 $I_0(s)$为在0点的 $i_0(t)$的变换，$Z_0(s)$为沿电流 $I_0(s)$看进去的0点的变换阻抗，$U_0(s)$为 U_0 的变换，而 U_0 为以远处地为参考点的塔顶电压。

阻抗 Z_0(s)包括与杆塔、避雷线以及杆塔接地系统有关的各分量，从邻近杆塔来的反射波未到达之前，塔顶电压为

$$U_0(s) = I_0(s)Z_0(s) \tag{3.51}$$

当雷击于塔顶或档距中央时，所看的电路是对称的，这时可把两边电路以雷击点为中心对折起来，于是除被击杆外，电路各点的阻抗都应除以2。在理想情况下，所有杆塔的对地阻抗以及所有档距都相等。这样对避雷线上的波而言，其反射和传播系数除被击塔外，在所有塔处都相等。下面将传播系数和反射系数变换成算子形式，当邻塔的反射波计入时，塔顶电压将取如下形式

$$\begin{aligned} U_0(s) = {} & I_0(s)Z_0(s)[1 + F_1(s)\exp(-2sT) + F_2(s)\exp(-4sT) + \\ & \mathrm{F}_3(s)\exp(-6sT) + \cdots + \mathrm{F}_n(s)\exp(-2nsT)] \end{aligned} \tag{3.52}$$

式中，n 为计入的最后杆塔对的数目。式(3.52)以最一般的形式指明，从通道向雷击点看进去的阻抗包含一系列时间位移项。$F_1 \sim F_n$ 各项作用的总贡献为负值，故塔顶电压持续时间一般比注入电流的短得多。

避雷线系统与所考虑的相导线之间的耦合系数先取为互波阻抗和自波阻抗之比

$$K_{cs} - Z_{cs}/Z_{ss} \tag{3.53}$$

式中，Z_{ss} 为避雷线系统的自波阻抗；Z_{cs} 为相导线 c 与避雷线系统的互波阻抗。

相导线的电压为

$$U_c(s) = K_{cs}U_0(s)\ \mathrm{V} \tag{3.54}$$

绝缘两端电压为

$$U_i(s) = U_0(s) - K_{cs}U_0(s)\ \mathrm{V} \tag{3.55}$$

$$U_i(s) = U_0(s)[1 - K_{cs}]\ \mathrm{V} \tag{3.56}$$

若将框在式(3.52)中括号中的级数以 K_n(s)表示，则式(3.56)将写为

$$U_i(s) = I_0(s)Z_0(s)K_n(s)[1 - K_{cs}]\ \mathrm{V} \tag{3.57}$$

式(3.57)为绝缘两端电压的基本分量，此外还有两个分量，这将作为与基准模型的偏差待以后再讨论。$U_i(s)$一般不能用解析方法变换成 $U_t(t)$，不过，实际上在保证足够精确度的条件下，仍有几种方法可做变换用。例如模拟法，哈德和克莱顿 1950 年用实际的电流波形求响应电压的模型线路法，还有用毫微秒模型线路求杆塔响应的方法以及考虑多次反射和接地系统响应的行波表计算程序。

2)非标准波形电压下放电电压的估算

达文内札等 1975 年给出了对长绝缘子串在 1.2/50 μs 标准波下的伏秒特性的经验公式，用以外推放电时间很短的放电电压。这些公式可取标幺值形式，即

$$U(T) = 0.84 + 1.5/T^{0.75} \tag{3.58}$$

对于双指数形式，但其瞬时值降低到 1/2 最大值为非标准时间的平滑波，临界放电电压的时间可用下式计算

$$T_b = 0.4T\left(\frac{1}{2}\right)\mu\mathrm{s} \tag{3.59}$$

而相应的临界放电电压为

$$\frac{U_b(50\%)}{U(50\%)} = 0.84 + 1.5/T_b^{0.75} \tag{3.60}$$

杆塔电感和其他的延迟导电效应并与邻近杆塔多次反射回来的分量一起，即在高电压短持续时间的分量后面拖着缓慢衰减的低电压的后尾。需要找出一些方法使表达绝缘强度的数学模型推广用于这种极端非标准的情况。对任何模型来说，两个边界条件必须满足，更准确地说，假如后尾分量等于 1，则问题又归结于可

用式(3.59);类似地,假如后尾电压等于0,即从波峰很快降下,则要求 T_b 取到达波峰的时间。当后尾电压为上述两种情况之间时,则必须求助于试验结果。这里所用的数学模型取为

$$T_b = T_{cr}[1 - F(p)] + 0.4F(p)T_r\left(\frac{1}{2}\right) \tag{3.61}$$

$$F(p) = (p + 3p^{10})/4 \tag{3.62}$$

式中,T_b 为式(3.61)中所用的击穿实际时间;T_{cr} 为电压波到达波峰的时间;$T_r(1/2)$为后尾电压部分到达 $U_r/2$ 的时间;p 为后尾电压比率,即 U_r/U_{cr}。对式(3.62)验算后得:若后尾电压比率 P 为0时,则 $F(P)$为0;P 为1时,$F(P)$为1。式(3.62)是根据试验数据点校准之后确定的。除边界条件之外,对式(3.60)与式(3.61)无理论基础给予引证。

3)杆塔接地系统

$Z_0(s)$中包含的杆塔接地分量是极为重要的,这方面课题已进行过很多研究。根据本章的要求,杆塔接地系统可分为4类:

① 线性定常电阻;

② 线性时变分布参数的系统(地中平衡线);

③ 非线性时变集中参数的系统;

④ 上述各系统的综合。

(a)类假定接地系统的电容可以忽略,否则该系统将成为时变系统。

(b)类包括长的和短的平衡线(水平放射接地极),Dergan 和 Whitehead 分析了川合杰出的实验工作,后者对电导和介电系数与频率有关这一问题进行了研究。他发现,杆塔的大钢筋混凝土基础对接地系统的阶跃阻抗有重要的作用,土壤电阻率高时尤其如此。湿度影响电导和介电系数的有效数值,但对不同频率影响程度不同。对于高电阻率土壤,最有效的接地系统是将塔脚下能用的集中接地体与几条中等长度的平衡线组合成复式接地体。组合用的有效的集中接地系统的实例有"爪形"短平衡线、向地中深处打入的接地棒或钻孔打入的长管子接地体以及大的塔脚钢筋混凝土基础。当波在长的平衡线上传播的时间大于2倍档距的传播时间时,平衡线再长也无效。图3.27表示上述复式接地系统的等效电路,对于这样的接地系统,土壤电离对降低接地电阻可能也是一个有利因素。

(c)类适用于所有集中接地系统,土壤电离增加了接地极的有效面积,从而在大电流下降低了接地电阻,可参看 Liew 和 Darveniza 1974 年的研究成果。

因为电离发展需要时间,故可用起延迟作用的电感表征这一过程。Whitehead 曾利用这一概念提出了一个避雷器的线性化模型,它具有叠加在正常非线性电流幅值特性上的残压的高电流陡度分量。将同样的概念应用于现已熟知的土壤电阻

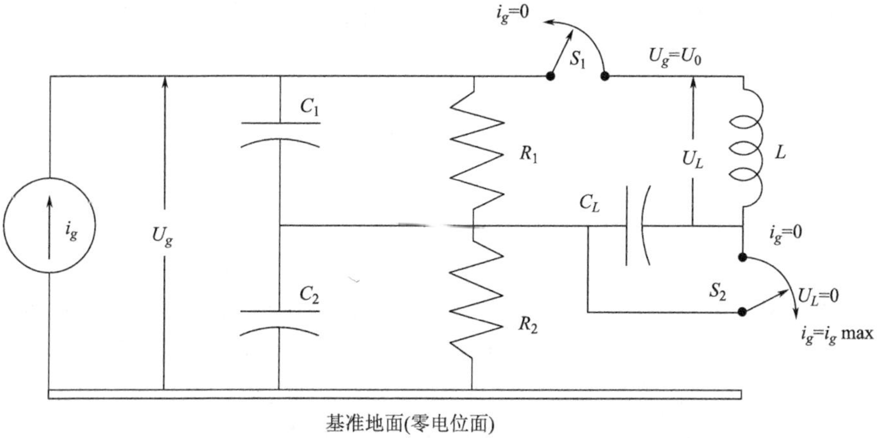

图 3.27　非线性集中接地系统的分析模型

率为 ρ、电离场强为 E 的半球接地极，当低于电离电压时，半径为 r_0 的半球接地电阻为

$$R_0 = \frac{\rho}{2\pi r_0} \Omega \tag{3.63}$$

电位梯度为

$$E = \rho J = \rho i / 2\pi r_0^2 \ \text{V/m} \tag{3.64}$$

电离起始场强为

$$E_0 = \rho J_0 = \rho I_0 / 2\pi r_0^2 \ \text{V/m} \tag{3.65}$$

当电流超过临界值 I_0 时，有效电离半径为

$$r = [\rho i / 2\pi E_0]^{0.5} \ \text{m} \tag{3.66}$$

而

$$U_g = \rho i / 2\pi r \ \text{V} \tag{3.67}$$

用式(3.66)代换后

$$U_g = (r_0 R_0 E_0)^{0.5} i^{0.5} \ \text{V}$$

$$U_g = K_0 i^{0.5} \ \text{V} \tag{3.68}$$

式中，ρ 为土壤电阻率；J 为电流密度；J_0 为起始电流密度；U_g 为图 3.27 中所示位置电压。

关于电离对接地电阻的影响，Bellaschi 等(1943)和 Berger(1946)分别对垂直接地棒和球接地极给出了试验结果。式(3.68)与非线性系数高的避雷器伏安特性相似。式(3.68)中电流为峰值。为了描述瞬变过程，须计极电离半径发展到新半径所需的时间，也须计极电流下降时的土壤去游离所需的时间。Liew 和 Darveniza (1974)介绍过对这些过程进行了非常好的计算机模拟的情况。图 3.27 是一个混合分析模型，它反映上述所要求的特性。在特殊条件下需考虑电容 C_1 和 C_2 的作用，但在这里将它们略去。

电流峰值时的电阻 R_2 为

$$R_2 = U_g/i = K_0 i^{-0.5} \tag{3.69}$$

电阻 R_1 可在线性阶段条件下求得，即由求出

$$R_0 = R_1 + R_2 \tag{3.70}$$

这一模型"混合"的意义在于部分是物理模拟，部分是数学模拟。电离的作用代之以延迟电导显然是物理模拟，而 L_1 和 C_L 提供需要的时间常数则显然是数学模拟。假若只对几微秒以内绝缘子串是否发生闪络时的电压感兴趣，则大多数实际情况下图 3.27 所示的普遍性程度并不真正需要。可用略去电容 C_L 的简化电路（见图 3.28）模拟塔脚部分。这时只对电离时间常数感兴趣，于是有

$$\tau_1 = L_1/R_1\ \mu\text{s} \tag{3.71}$$

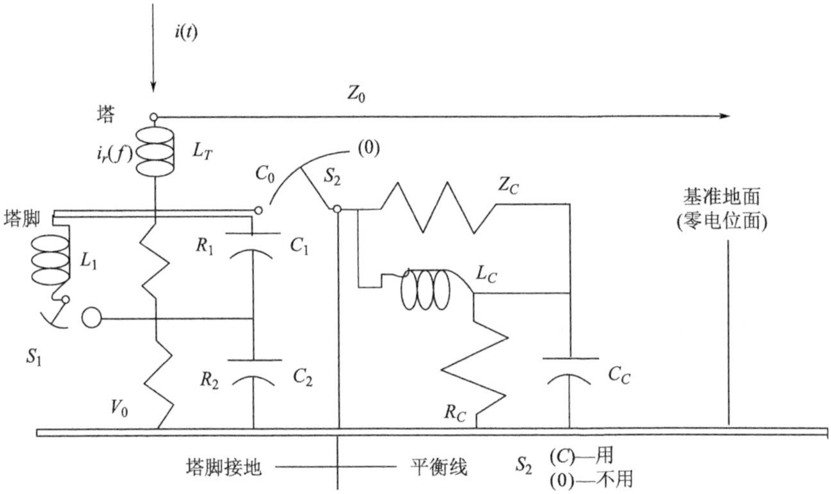

图 3.28　杆塔和接地系统的分析模型

图 3.29 为伏安特性曲线，表明当杆塔电流为

$$i_T(t) = 57[\exp(-t/20) - \exp(-t/0.54)] \tag{3.72}$$

而电离时间常数为 1 μs 时，相应的电压为 U_g。请注意，电压峰值比电流峰值出现得早。

4）杆塔和避雷线部分

当波头陡度很大的雷电流注入杆塔时，由其产生的塔顶电位占很大成分，这一问题也曾是广泛研究的课题。

除了理想的圆锥形杆塔以外，杆塔的阶跃阻抗是时变的，甚至当反射波从塔底

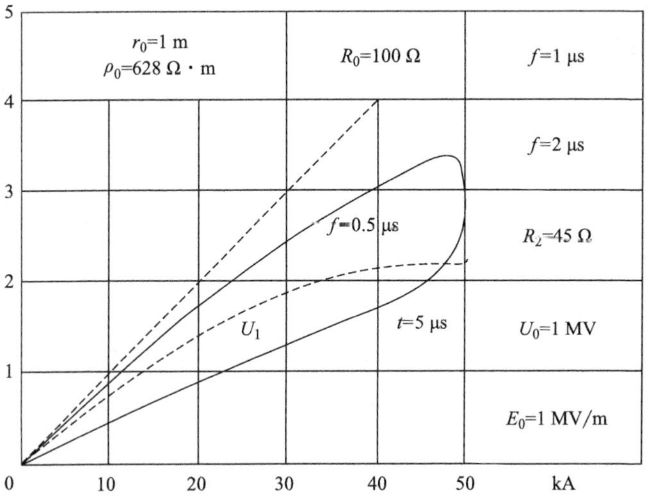

图 3.29　非线性接地系统模型的伏安特性曲线，电离时间常数为 1 μs

返回以前也是这样。因为阶跃阻抗是对单位阶跃注入电流的电压响应，故对其他电流波形的电压响应须用卷积求得。对斜角电流波，求得圆柱杆塔的过渡阻抗为

$$Z_t = 60[\ln 2^{0.5}(2H_t/r) - 1]\ \Omega \tag{3.73}$$

在微秒级时间范围，且波头时间大于波在杆塔上传播时间的 5 倍左右时，将杆塔用集中参数的电感表示已是通常的方法。电感数值可以从波阻抗导出

$$L_t = Z_t H_t / v = Z_t T_t\ \mu\text{H} \tag{3.74}$$

式中，T_t 为波沿杆塔的传播时间。对于按常规设计的单回路杆塔，若等效半径取值为

$$r = [ab(a^2 + b^2)^{0.5}]^{\frac{1}{3}} \tag{3.75}$$

则可求得偏于保守的波阻抗值，式中 a 与 b 为塔身最窄部位的边长。若塔身最窄横截面积为 10 m^2，而塔高为 40 m，则波阻抗为

$$Z_t = 70.8\ \Omega \tag{3.76}$$

杆塔电感为

$$L_t = 10.4\ \mu\text{H} \tag{3.77}$$

避雷线这一组成部分只不过是两根避雷线的并联波阻抗 Z_{ss}，这一参数要适当地与耦合系数 K_{cs} 一起考虑。

(3)偏离基准模型的电气参数

按处理方式的不同，电气上偏离基准模型所设条件的因素可分以下几类：

1)易受统计处理影响的参数，例如雷电流陡度或波头时间，等效接地电阻以及

雷击次数与特性；

2)属于非线性的参数，例如波阻抗、耦合系数以及土壤击穿场强；

3)属于进一步详细处理的模型有关部分：均衡线接地系统、非线性集中接地系统、杆塔过渡阻抗以及接地系统的电容；

4)附加于基准模型的因素：工频电压瞬时值及在主放电过程中由于通道中电荷抵消而引起的导线上的感应电压，此值受向上流注长度影响。

将所有偏离因素都考虑在反击闪络的修正模型之中是不现实的。聪明的做法是从中找出最重要的因素或是当电压升高时(如计划中的 UHV 线路)将变得较为重要的那些偏离因素。Liew 和 Darveniza(1971)认为预期的反击率对下列不确知因素最敏感：雷电流幅值与波形、等效杆塔接地电阻的分布、绝缘的冲击放电特性以及闪电通道(先导)中电荷抵消的作用。

进一步分析了 Liew 和 Darveniza(1971)的论文后，建议对电荷抵消引起的电压分量按一个近似式计算，考虑避雷线作用时，近似式为

$$U_c = 6\overline{H}I_0(10 + I_0^{0.8}) \tag{3.78}$$

这里向上流注的长度取 Armstrong 和 Whitehead(1968)给出的闪击距离的一半；$\overline{H}$ 为避雷线平均高度，而 I_0 的单位为千安。

为使式子简化，引进非线性电阻 R_c，它定义为

$$R_c = 6\overline{H}/(10 + I_0^{0.8})\ \Omega \tag{3.79}$$

在时域的绝缘两端电压将为

$$U_i = Z_0 I_0 - K_{cs} Z_0 I_0 + R_c I_0 + u_s\ \mathrm{V} \tag{3.80}$$

若认为避雷线降低感应电压的作用也取决于$(1-K_{cs})$因素，则式(3.80)可改写为

$$(U_i - u_s) = (Z_0 + R_{ce})(1 - K_{cs})I_0\ \mathrm{V} \tag{3.81}$$

$$R_{ce} = 6\overline{H}/[(1 - K_{cs})(10 + I_0^{0.8})\ \Omega \tag{3.82}$$

它是导线感应分量的等效电阻。于是式(3.81)可取如下形式

$$I_0 = \frac{(U_i - u_s)}{(Z_0 + R_{ce})(1 + K_{cs})}\ \mathrm{A} \tag{3.83}$$

对于一指定的$(U_i - u_s)$值解式(3.83)时，可假定 R_{ce} 为某一近似定值或用迭代法计算。

幸好代表电感应分量的等效电阻随雷电流增大而降低，这是因为向上流注的长度也随之增大的缘故。雷电流波头时间减小时，等效电阻略有增加。鉴于这一分析的近似性，进行电流陡度校正收益不大。若电感应分量所占的比重不大，可取约与 40 kA 对应的 R_{ce} 的固定值。对于一固定的耦合系数 0.3，当避雷线平均高度不同时，相应的 R_{ce} 值如表 3.9 所示。

表 3.9　避雷线不同高度时 R_{ce} 值

$\overline{H}$/m	R_{ce}/Ω
20	5.0
30	8.9
40	11.8
50	14.8

早期应用上述概念时，Whitehead(1942)对于避雷线高度为 20～25 m 的情况曾用 5Ω 的低限电阻计算。

Anderson(1975)指出，每次至少有一相导线的对地电压值始终为正 $50\%U_m$，有一半时机至少一相导线的对地电压为正 87% U_m。假设三相水平排列的导线的耦合系数大致相等，那么至少有一相导线的绝缘所承受的电压相应增大了。

对于式(3.83)进行最后校正的是目前尚有不同意见的因素，这就是在高压下由于电晕而使避雷线电半径增大的因素。半径变化将影响避雷线系统的波阻抗及其与相导线间的耦合系数。根据 McCann(1943)的研究，耦合系数为式(3.84)所示的形式(McCann 的结果曾被 AIEE 报告(1950)采用)

$$K_{cs}=(K_mK_e)^{\frac{1}{2}} \tag{3.84}$$

式中，K_m 为磁耦合系数(无电晕)；K_e 为电耦合系数(完全电晕)。当避雷线上无电晕时，式(3.84)化为通常的波阻抗之比

$$K_{cs}=Z_{cs}/Z_{ss} \tag{3.85}$$

为了保留波阻抗之比这一概念，需按式(3.84)的形式决定避雷线系统的自波阻抗、互波阻抗

$$Z_{ss}=(Z_{ssm}Z_{sse})^{\frac{1}{2}}\ \Omega \tag{3.86}$$

$$Z_{sc}=(Z_{scm}Z_{sce})^{\frac{1}{2}}\ \Omega \tag{3.87}$$

计算对应磁的值时，假定电流沿导体表面流动；对应电的值则是根据 McCann(1943)的实验结果并假设等效电晕半径取式(3.85)所示的值而计算出来的。

$$a_e=U_s^{1.6}/10\ \text{m} \tag{3.88}$$

式中，U_s 为避雷线电压。

$$\left.\begin{aligned}Z_{ssm}&=30\ln(d_{11s}d_{12s}/a_{11s}a_{12s})\\Z_{sse}&=30\ln(d_{11s}d_{12s}/a_ea_{12s})\\Z_{scm}&=30\ln(d_{1sc}d_{2sc}/a_{1sc}a_{2sc})\\Z_{sce}&=Z_{csm}\end{aligned}\right\} \tag{3.89}$$

式中，距离的下标意义如下：c 为选定的相导线；$1s$ 为 1 号避雷线；$2s$ 为 2 号避雷

线；a_{11s} 为单根避雷线半径或分裂避雷线的几何半径；a_{12s} 为避雷线 1 号与 2 号之间的距离；a_{1sc} 为避雷线 1 号与相导线 c 间的距离；a_{2sc} 为避雷线 2 号与相导线 c 间的距离；d_{11s} 为避雷线 1 号与其镜像间的距离；d_{12s} 为避雷线 1 号到避雷线 2 号的镜像之间的距离；d_{1sc} 为避雷线 1 号到相导线 c 镜像之间的距离。

现在根据式(3.77)和式(3.78)用过的塔型进行示范计算。各距离为：

无电晕时的磁半径，$a_{11s}=a_{22s}=0.005\ \text{m}$，$a_{12s}=22\ \text{m}$，$a_{1sc}=31\ \text{m}$，$a_{2sc}=18\ \text{m}$，$d_{11s}=90\ \text{m}$，$d_{12s}=92\ \text{m}$，$d_{1sc}=76\ \text{m}$，$d_{2sc}=72\ \text{m}$。

避雷线电压的初步估计值为

$$U_s=1.5U_i(50\%)=4.35\ \text{MV}$$

代入(3.88)式得

$$a_e=4.45^{1.6}/10=1.05\ \text{m}$$

$$Z_{ssm}=30\ln(90\times 92/0.005\times 22)=337\ \Omega$$

$$Z_{sse}=30\ln(90\times 92/1.05\times 22)=176\ \Omega$$

$$Z_{ss}=(337\times 176)^{\frac{1}{2}}=244\ \Omega \tag{3.90}$$

$$Z_{sc}=30\ln(76\times 72/31\times 18)=68.5\ \Omega$$

$$K_{cs}=68.5/244=0.28 \tag{3.91}$$

在上面的推导中，假定在被击塔的邻近区域，避雷线和导线的静电镜像及磁镜像是两相重合的。严格地说这并不正确，不过在决定绝缘放电这样短的时间内，可以相信这一假定是合理的。

(4)与反击有关的雷击参数(暴露参数)

与反击有关的雷击参数如下：

1)地闪密度 N_g(每平方千米雷击次数)；

2)雷击线路次数 N_s；

3)雷电流幅值的频数分布 $P(i)$；

4)雷电流陡度的频数分布 $P(S)$。

业已发现对于给定的 N_g，N_s 及 $P(i)$ 与雷击平地时的基准分布 $P_r(i)$ 以及避雷线平均高度 $\overline{H}_s$ 有关。

地闪密度及其与雷暴日或雷暴小时之间的关系已成为世界范围长时间的研究课题。Maxwell 等人(1970)的工作，后又经说明，可作为选择上述关系的基础，即

$$\overline{N}_g=0.04(TD)^{1.35}\ \text{次}/(\text{km}^2\cdot \text{a}) \tag{3.92}$$

根据 Popolansky 和 Laitinen(1972)的研究给出了雷暴日和雷暴小时的近似关系式

$$\overline{D}=0.9(TD)^{0.3}\text{h/a} \tag{3.93}$$

N_g 的关系式似乎和 N_s 的有用资料很一致。N_g，$P_r(i)$，N_s 以及 $P(i)$之间的关系是一个要重新研究的课题，如本章所写的一样。

为了使用这里介绍的反击模型，取中间状态是合适的。N_g 给定后，将对一些常用的 N_g 与 N_s 间的经验公式作简要的讨论。对目前提出的电几何模型的应用将注意到某些可能的发展。

考察了涉及雷电流幅值频数分布的有关文献之后，其对数正态分布

$$\left.\begin{aligned} &I_0(50\%)=13+0.07\overline{H}_s^{1.25} \\ &\ln[I(16\%)/I(50\%)]=\sigma_{1n}=0.9 \end{aligned}\right\} \tag{3.94}$$

令 $\overline{H}_s=0$，可得雷击平地的基准分布。参考早期工作，由当前的研究很容易使式(3.94)得到某些修正。实际上，经验数据是从不同高度的原始资料收集而来的，因此，把理论分析研究与经验的和统计的定量研究结合起来，很有希望沿着所提出的方向得到发展。

早已知道，线路每百千米 · 年的雷击次数 N_s，是避雷线平均高度 $\overline{H}_s$ 的函数，N_g 与 N_s 之间的关系有不少设想公式，从最简单的经验公式到用电几何模型而得出的较为复杂的公式。有些出人意料的是甚至最简单的公式现在还在用，这大概是因为在确定 N_g 值方面的不确定性，或许是在确定与复杂公式有关的各种参数中存在着不确定因素，后一种原因的可能程度较小。这一最简单的形式为

$$N_s=N_gW10^{-1}\ \text{次}/(100\ \text{km}\cdot\text{a}) \tag{3.95}$$

式中，W 为有效收集宽度，它的最简单形式如下

$$W=D+K_h\overline{H}\ \text{m} \tag{3.96}$$

式中，D 为避雷线(水平布置)间的间距；K_h 为系数，一般取值为 2～4。在早期研究雷击的电几何模型中，Golde(1945)曾提出过一个“暴露”公式

$$A=3.6\pi H_t^2+3\overline{H}_s(L-3.2H_t)\ \text{m}^2/\text{档距} \tag{3.97}$$

式中，A 为每档距暴露面积，单位：m^2；H_t 为杆塔总高度，单位 m；$\overline{H_s}$ 为档距间避雷线平均高度，单位 m；L 为档距平均长度，单位 m。

在 Schloman 等人(1958)的论文讨论中，提出了对(3.97)式的修正，即

$$A=(2\pi+1)H_t^2+4H_s(L-H_t) \tag{3.98}$$

这更可用于有争议的 345 kV 线路。设 $K_s=1$，相应的雷击线路次数为

$$N_s=N_LN_gA\times10^{-4}\ \text{次}/(100\ \text{km}\cdot\text{a}) \tag{3.99}$$

式中，N_L 为档距数，单位：1/km；N_g 为地闪密度，单位：次/(km^2 · a)；A 为每档距暴露面积，单位：m^2。

根据磁钢棒记录的数据估算的实际雷击线路次数为 137～156 次/(100 km · a)。

当 $H_t = 49\ \text{m}$，$\overline{H}_s = 43\ \text{m}$ 以及 $L = 335\ \text{m}$ 时，暴露面积 A 为

$$A = 7.28(49)^2 + 4(43)(355 - 49) = 66671\ \text{m}^2/\text{档距}$$

线路所在地区的年雷暴日曾估计为 40～50，利用式(3.92)可得 N_g 的估计值

$$N_g = 0.04(40)^{1.35} = 5.80\ \text{次}/(\text{km}^2 \cdot \text{a}) \tag{3.100}$$

或

$$N_g = 0.04(45)^{1.35} = 6.82\ \text{次}/(\text{km}^2 \cdot \text{a}) \tag{3.101}$$

与此相应的 N_s 值为

$$N_s = 2.98 \times 5.8 \times 66671 \times 10^{-4} = 115\ \text{次}/(100\ \text{km} \cdot \text{a}) \tag{3.102}$$

或

$$N_s = 2.98 \times 6.82 \times 66671 \times 10^{-4} = 135\ \text{次}/(100\ \text{km} \cdot \text{a}) \tag{3.103}$$

Anderson(1975)取 K_h 值为 4 用于式(3.96)中，因线路只有一根避雷线 $D = 0$，于是

$$N_s = 5.8(4 \times 43) \times 10^{-1} = 100\ \text{次}/(100\ \text{km} \cdot \text{a}) \tag{3.104}$$

或

$$N_s = 6.8(4 \times 43) \times 10^{-1} = 117\ \text{次}/(100\ \text{km} \cdot \text{a}) \tag{3.105}$$

作为第二个参考点，现在常引用的 $N_s = 62$ 这一数值，这时的条件为每年雷暴日为 30，平均避雷线高度为 30 m，避雷线间距 D 约为 10 m。这时 N_g 的估算值为

$$N_g = 0.04(30)^{1.35} = 3.9\ \text{次}/(\text{km}^2 \cdot \text{a}) \tag{3.106}$$

于是

$$N_s = 3.9 \times (10 + 120) \times 10^{-1} = 51\ \text{次}/(100\ \text{km} \cdot \text{a}) \tag{3.107}$$

用 Golde(1945)公式计算的数值比用磁钢棒测量得到的估计值约低 15%，而用 Anderson(1975)简单公式计算的值约低 27%。这似乎说明，假如磁钢棒记录值是准确的话，基于早期的电几何模型的方法是较为准确的。

新近应用电几何模型对不同暴露问题研究而得到的结果指出，N_s 与 N_g 之间的关系以更复杂的形式依赖于避雷线平均高度。虽然式(3.98)是基本的，但收集宽度依赖于高度通过雷电流幅值(雷击平地)基准频数分布和相对于地面垂线的先导角的概率密度来影响的。Anderson(1975)给出了收集宽度 W 的简化公式，目的是想进行形式上很小但意义上很大的修正。修正后的公式为

$$W = D + 4\overline{H}_s^{1.09}\ \text{m} \tag{3.108}$$

考虑了修正的收集宽度 W 之后，用于反击计算的各雷击参数可概括如下

$$N_g = 0.04(TD)^{1.35}\ \text{次}/(\text{km}^2 \cdot \text{a}) \tag{3.109}$$

$$N_s = K_s N_g W \times 10^{-1}\ \text{次}/(100\ \text{km} \cdot \text{a}) \tag{3.110}$$

$P(i)$由广义对数正态频数分布 $P(X)$求出，这要用到下述关系

$$\left.\begin{aligned} I_0(50\%) &= 13 + 0.07\bar{H}_s^{1.25} \\ \ln[I(16\%)/I(50\%)] &= \sigma_{1n} = 0.9 \end{aligned}\right\} \tag{3.111}$$

用式(3.108)求收集宽度 W 后，可求得几条线路收集的雷击次数的估算值。

N_g 的关系式是从美国 8 个相隔很远的观测站得到的雷暴次数归纳出来的，没有为符合 N_s 引用值而进行调整。

(5)校正基准模型的应用

1)作辅助设计时的初步应用

如果说预防闪络是保护的主要宗旨，那么有效的屏蔽则是基本。因此，避雷线的定位是按这一要求处理的，而耦合系数不起设计变量的作用。类似地，e_s 和 R_{oe} 假如考虑的话，也不看作设计变量。这就剩下 U_i 和 Z_0 作为设计变量在物理和经济限定范围内考虑。在明显的实际约束中，应力求 I_0 的最大值。计划线路经过的总区域中的现有线路将预示按常规接地方法得到的暂定的平均接地电阻，这一数值也可经过一系列的接地电阻测试而得到。类似地，现有的绝缘设计实践也将预示新线路的基本绝缘水平的初定值。在广泛的基础上总结线路的运行情况，例如国际大电网会议关于超高压线路的耐雷性能的调查报告(Whitehead，1974)可提供给新线路设计一个有价值的参考标准。

2)初步的定量研究

用于 765 kV 计划线路初步定量研究的参数如下：

平均档距长度：400 m

平均避雷线高度 $\overline{H}$：40 m

低电压下的接地电阻：25 Ω

杆塔电感：10(μH)

标准波的 $U_i(50\%)$：2900 kV

耦合系数：0.3

系统电压 U_s：312 kV

对由杆塔、避雷线以及等值的接地系统组成的网络进行分析可得反射波到达以前的阶跃阻抗(对于单位阶跃电流的响应)

$$Z_{0t}(t) = 122.5\,[0.0824 + 0.855\exp(-14.28t) + 0.0626\exp(-0.4674t)] \tag{3.112}$$

假设 $i_0(t)$是具有波头时间为 2 μs 的斜角波形。于是

$$i_0(t) = I_0 t/2\text{，对于 } t \leqslant 2\ \mu\text{s} \tag{3.113}$$

塔顶电压可用卷积积分求得

$$U_0(t) = \int_0^t Z_{0i}(t-\lambda)\,i_0'(\lambda)\,\mathrm{d}\lambda \tag{3.114}$$

$$U_0(t)=I_0[11.87+5.05t-3.67\exp(-14.28t)-8.20\exp(-0.4674t)]$$

电流波峰时间为 2 μs 时，每安的塔顶电压为

$$U_0(2)/i_0(2)=U_0/I_0=18.75\ \Omega$$

当从邻塔来的第一个反射波的波尖到达被击塔的时刻，上述比值变为

$$\frac{U_0(2.67)}{I_0(2.67)}=13.6;\ U_r/U_{0r}=\frac{13.6}{18.75}=p，残留电压比。$$

对于 t 大于 2.67 μs 时刻的行波分析表明，在电压波波尾一半电压 U_r 的时刻 $T_r(1/2)$ 约为 14 μs。在上述波形作用下临界放电电压结果如下

$$p=0.725$$

$$F(p)=(0.725+3\times 0.725^{10})/4=0.21$$

$$T_b=2(1-0.21)+(0.21\times 14)=4.52\ \mu s$$

式(3.58)于是给出结果

$$U_i=0.84+1.5/4.52^{0.75}=1.32(标幺值)$$

$$U_i=1.32\times 2900=3828\ kV(正极性)$$

若感应电压分量 U_c 略去不计，则由式(3.83)可得

$$I_0=(3828-312)/18.75(1-0.3)=268\ kA$$

由于这一电流值比为了估算 R_2 而初步设定的值 200 kA 稍大一些，可进行校正并重复进行整个计算。因 R_2 值仅降低 14%左右，故不予修正。相反，有关 R_{ce} 值的影响值得研究。式(3.82)中对电流 I_0 使用 200 kA 的估算值，可得

$$R_{ce}=6\times 40(10+200^{0.8})(1-0.3)=4.3\ \Omega$$

于是修正后的 I_0 的预算值为

$$I_0=3516/23.0\times 0.7=218\ kA$$

3)雷击参数

虽然选择的例题只是线路雷电特性统计分析中的一个单项，但为了完全说明反击模型的用法，故将雷击参数也包括在计算之中。线路假设运行于年 40 雷暴日(或 40 雷暴小时)的地理区域。为了进一步简化，假定每次闪电只有一次雷击。两条避雷线的间距取 25 m。于是

$$W=25+4\times 40^{1.09}=248\ m$$

$$N_s=N_gW\times 10^{-1}\ 次/(100\ km\cdot a)$$

$$N_g=0.04(40)^{1.35}=5.8\ 次/(km^2\cdot a)$$

$$N_s=5.8\times 248\times 10^{-1}=144\ 次/(100\ km\cdot a)$$

若 U_c 的作用考虑在内，则

$$I_0=218\ kA$$

3.3.4.5　线路耐雷特性的估算方法

(1)估算雷击跳闸的方法

输电线路耐雷特性的估算方法要求将绝缘闪络反击方式的分析模型扩展到多因子的分析模型,其中包括雷电流波形的统计分布、接地参数、先导临近角以及地闪密度。此外,绕击跳闸次数也应预估,涉及面这样广已超出本章范围,但概要介绍一下最近25年内所用的方法还是有用的。

提供和线路容量及其在电网中的作用相一致的输电线路可靠性水平是输电工程师极为关心的。为了以特定的基准给雷电偶然事件提供一个可靠性估计,雷电专家们对将运行于指定环境的计划线路提出了估计雷电跳闸率的不同体系的方法。

(2)美国电气工程师学会(AIEE)方法

AIEE委员会报告(1950)是以Harder和Clayton(1950)的工作为根据的,但唯一的例外是它选取4/40 μs的波形作为绝缘闪络所需的较高雷电流的代表。对不同档距长度和不同接地电阻值,绝缘两端电压的波形是给模型输电线路注入电流波后用示波器测量出来的。这一模拟计算体系称为"模拟计算"方法。对绕击的屏蔽认为是有效的,假设只有0.1%的雷能击于导线。这一假定是造成结果混乱的根本原因,对某些线路的耐雷特性推断得不可思议的准确,但对另外一些则完全失败。

(3)AIEE方法的现代形式

Clayton和Young(1964)吸取了直到1964年以前好多年内改进了的概念,扩展了AIEE报告的基本思想,使其现代化了。他们建议分开研究绕击屏蔽方面的要求。电流波形不再取单一的值,而用2 μs,4 μs,6 μs三种波头。考虑系统电压,用由π型链组成的模拟回路研究接地平衡线的响应。这种估算方法已很成功地用于许多重要的EHV线路的设计阶段。

(4)危险参数法

Alizadz等(1968)及其他一些人的研究,Popolansky(1970)在他的论文以及他与Darveniza等(1975)合写的论文中应用了这一方法。此法应用不相关的电流幅值及电流陡度频数分布和不同的接地电阻值一起来决定危险波曲线的边界,边界的一侧是能引起绝缘闪络的雷电流幅值和陡度区,而另一侧则不能。绕击跳闸是用Burgsdorf(1969)方法估计的,它用线路全部雷击次数中的一部分来表示。

(5)蒙特卡洛方法

蒙特卡洛方法得名于随机选取,即从组成一次试验的一组确定参数中随机选取,然后再将这组参数用于分析模型以确定试验结果。这一计算过程可应用于绕击,也可用于绝缘闪络的反击形式。因为可能包含大量数目的频数分布,相应地需要大量试验才能得到跳闸率的收敛值。这种方法显然需要存储单元多而编制程序灵活的计算机。Andeerson 于 1969 年叙述了这一方法首次应用的结果,后由 Sargent 和 Darveniza(1967)、Choy 等(1971)、Linck 和 Sargent(1974)以及 Darveniza 等(1975)进行了广泛的研究和发展。

(6)通过校正系数使用典型曲线

Anderson(1975)讨论了某些长度的超高压、特高压线路的耐雷特性,其中对于 345 kV、500 kV 及 765 kV 线路普通型式的杆塔设计的典型实例给出了估算曲线。对 1200 kV 特高压计划线路给出了示范计算步骤。其中一小节讲到期望从估算方法得到的准确性问题。

显然,估算问题的探讨与对雷电现象的认识水平直接有关,还与测量及计算的现有水平有关。期望当前对于雷电特性及其参数的研究结果以及当前在长间隙放电方面的进展能够导致得到精练的简化的估算方法。

尽管这些估算方法对任何电压等级的输电线路都适用,但当前多集中于将运行在 1000～1500 kV 特高压计划线路的耐雷特性的估算上。Darveniza 等(1975)对绕击和反击引起的预期跳闸率给出了广泛研究的结果。在这一研究中采用了危险参数和蒙特卡洛这两种方法。

3.3.4.6 现有线路的耐雷特性

(1)统计数据

近年来,输电线路耐雷特性的两个大规模研究已经完成。其中一个是爱迪生(E. E. I.)公司研究计划的一部分并由 Gilman 和 Whitehead(1973)做了报告,另一个是国际大电网会议关于超高压线路耐雷性能的调查报告,由 Whitehead(1974)做了报告。这一研究是由 Golde 于 1968 年发起作为电际大电网会议研究计划的一部分,由于 15 个国家的国家委员会合作,提供了 121 篇覆盖 171112 km · a 的报告,使这一研究有了可能。从这一非常大的样本中进行分类以计算绕击和反击特性。一般说,对于远小于 1 的闪电跳闸率实际上可免于考虑绕击分量。因为早些时候 E. E. I. 研究中也得到相同的结论,所以可以比较两个考察报告中关于反击方面的结果。值得指出的是,两个考察报告中的接地电阻的平均值和范围实际是相同的。另外,两者的临界闪络电压的平均值只差 25%。令人感到有些意外的是,较高电压的线路的反击跳闸率竟高 2 倍以上。唯一的线索可能是因为两根避雷线的间距及高度增大了。反击率很低进一步暗示在大的雷电流下土壤电离使接地电阻大为降低。

(2)估算与实际

估算值和实际特性是否一致的问题是自然而生的,这一问题将促使人们完善估算方法。曾提到美国 AEP 和 OVEC 345 kV 线路估算的和实际的跳闸率之间有惊人的差别。现在相信，经过适当时间，无论绕击还是反击的跳闸率都可在准确度范围内估算，在这一准确度范围内也就能决定闪电引起的实际跳闸率。貌似准确乃是在简单方法中一些误差自相抵消的结果，或者是在复杂方法中一些侥幸的假设的产物，这样说是恰当的。无论哪一情况，需要的输入数据都必定是不完全的而且非常依赖于用以描述实际情况的物理方面和运行方面的记录。对于有效屏蔽的线路，低压下测量的靠塔脚附近电极得到的接地电阻小于 100 Ω 时，雷电引起的跳闸率很可能比 1 小得多。在这些情况下，雷电活动频次、强度、持续时间以及路径等等的变化在很大程度上决定着雷电跳闸率的变化。

3.3.4.7 对今后研究的建议

对最近关于雷电研究的一般论文和输电线路雷电特性专题论文进行评阅之后，建议对一些不确定领域进行持久的更需加速的研究。在本章中，数值例子是用以强调正确的概念，而提出的东西在很多方面还缺乏对于所需参数和数据的足够了解。

(1)地闪密度

地闪密度(N_g)不仅对雷电作用于供电线路，而对建筑物防护和保险问题都是一个基本参数。全世界很多国家都广泛进行着这一研究。

(2)与输电线路有关的雷击参数

给定一个已知的 N_g 值后，将有许多决定输电线路耐雷特性的有关参数。使用经验公式便于显示一些参数的影响。实际上，这些参数是错综相关的，必须在一个广义的分析模型的框架内进行研究，这一模型包括雷击及其特性、线路或构筑物的几何形状以及邻近环境特征。由于显而易见的原因，这样的模型称为电几何模型。一个要注意的重要事实是，分析的和现场的研究常标定绝缘闪络绕击形式的模型，这时预期的对地雷电流应取雷电流幅值频数分布的低值区，即 5～15 kA。与此电流相关联的先导电压为 11～22 MV。在先导向主放电发展的“最后阶跃”之前，假定先导的吸引作用最小。有效屏蔽与先导角的分布无关，但为了研究绕击跳闸率，先导角的频数分布却是需要的，这一分布由 Armstrong 和 Whitehead (1968)规定如下

$$f(\alpha)=K_m\cos^m\alpha \tag{3.115}$$

在该论文的最后讨论中，Wagner 指出先导角分布函数可用以表征杆塔和避雷线的吸收作用。可能由于和上面指出的低先导电压一致的原因，Brown 和 Whitehead(1969)发现：参数 m 的值为 2 时，在仅有部分屏蔽的线路上观察到的绕击次数与估算值吻合得很好。上述讨论的目的是强调下述问题的可能性，绝缘闪络的反击形式所要求的很高的雷电流和相应的高先导电压导致先导明显地被避雷

线或杆塔吸引，而先导角分布函数是表征这一吸引作用的一种方法。吸引范围与闪击距离的比值较易受高度 $\overline{H}$ 的影响，也易受较平的先导角分布函数的影响。前面已经指出，对电压较高的先导，对地预期电流较大的情况，吸引范围也比较大。这样，对于参数 m 可采用这一推测关系式

$$m = K_1/(1 + K_2 H^{\omega} I_0^{y}) \tag{3.116}$$

当高度或预期电流接近于 0 时，先导角分布趋近于 $m = K_1$ 的基准分布。观察和考虑了电荷分布和电离因素以后，建议 K_1 的值在美国应取 1～3，K_2、x 和 y 须用实验结果标定。还有其他（可能是较简单的）描述吸引作用的方法，例如 Linck(1975)方法。他用“吸引范围”这一术语，把吸引作用和“闪击距离”或称“最终阶跃”都包括在内。可用符号形式表达这一吸引范围

$$AR = F_1(I_0) + F_2(\overline{H}, I_0) \tag{3.117}$$

在 Sargent(1972)的一篇文章的讨论中 Linck 提出这样的可能性，需要增加一些现象的观测来改进雷击高塔次数的估算。上述讨论提出了需要进一步研究 $P_r(i)$、$P(i)$、$\overline{H}_s$ 和 $\overline{N}_s$ 之间的关系。

(3)非线性接地系统

用大冲击电流对非线性接地系统进行补充研究可大大改进用以描述此现象的分析模型。

(4)非标准波形下的临界放电电压

非标准波形下绝缘闪络方面的研究取得了一些进展，而且实验室研究也阐明了长间隙放电的机理。在这之中，由 Caldwell 和 Darveniza(1973)所做的典型补充研究是很有益的。

3.3.5 配电线路的保护

3.3.5.1 引言

雷电引起的高压电力线路的故障次数通常随着线路遭受直击雷次数的减少而降低。然而，当线路绝缘降低时，线路故障次数增加，使得故障总次数远远超过直击雷所引起的故障次数。故障次数的增加是非直击雷的过电压引起的，而这种过电压是雷击线路邻近时在线路上感生的。配电系统的绝缘水平低于输电系统，因而配电系统中大气过电压的幅值，出现的频数以及防雷保护问题主要取决于由非直击雷引起的过电压。

3.3.5.2 感应电压的理论计算

雷电放电总要激发电磁场，这一电磁场由放电点以光速向外传播，正是由于这一电磁场的作用，在架空线上感应出电压和电流。作为放电源的雷雨云，距地面的高度约 2 km，而输电线的高度很少有超过几十米的。因而我们所感兴趣的场的范

围与云下的整个范围相比是很小的，输电线以下这一部分地面电场强度随高度的变化也就可以忽略不计。所以基本上是地表面的电场强度决定了感应电压。

假设大地的电导率为无穷大，则可以应用熟知的镜像法计算电场。根据这一假设条件，大地上方的电流与电荷是以大地表面为反射面的，镜像的电流、电荷与地面上的电流、电荷具有相同的幅值，但电流的方向和电荷的极性相反。大地电导率为无穷大这一假设是一种偏于保守的近似，因为在大地中的损耗将使电场强度降低。通常电磁场可用标量位 V 及矢量位 A 表征，而电场强度由下式得到

$$E_i = -\mathrm{grad}V_i - \frac{\partial Ai}{\partial t} \tag{3.118}$$

由大地电阻率为无穷大的假设，可知大地表面是场的对称线，且镜像电荷、电流分别具有与原电荷、电流相反的极性和方向，所以，不论雷电放电过程中电荷电流如何分布，grad V_i 与 A 总是垂直于地面的，见图 3.30。

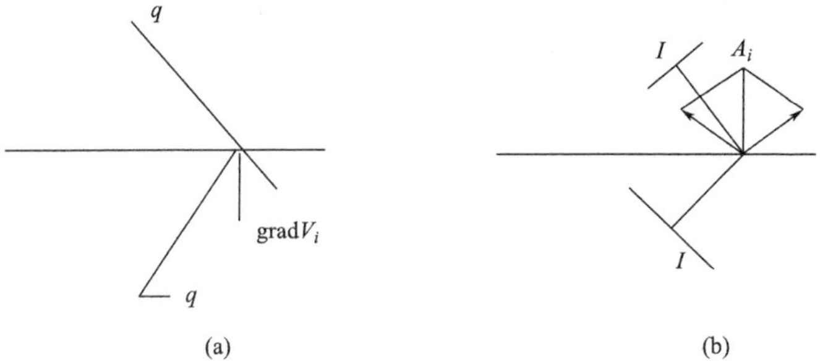

图 3.30 电场的方向

(a)标量位；(b)矢量位

计算绝缘长线上的感应电压，首先必须给出感应电压的定义。设想要测量所研究的输电线的电压，于是在一根输电线上接一个垂直悬挂到地面的分压器，把示波器挂在分压器上就能测量输电线的电压，该电压等于沿着分压器及其连线这一路径对电场强度的线积分，即

$$U = -\int_0^{z-h} E_z \mathrm{d}z \tag{3.119}$$

总的电场 E 是由施感电场 E 以及输电线上感应电荷产生的电场组成。由式(3.119)得到矩阵方程

$$(U) = \left(-\int_0^{z-h} E_z \mathrm{d}z\right) + (k)(q) \tag{3.120}$$

若将等式(3.118)、式(3.119)代入式(3.120)，则感应电压为

$$(U)=\int_{0}^{z-h}\left(\mathrm{grad}zV_i+\frac{\partial A_i}{\partial_t}\right)\mathrm{d}z+(k)(k)^{-1}(V-V_i) \tag{3.121}$$

由此得到

$$U_\mu=V_\mu+h\ \frac{\partial A_{iu}}{\partial t} \tag{3.122}$$

在式(3.122)中假设

$$\int_{0}^{z-h}\frac{\partial A_{iu}}{\partial_t}\mathrm{d}z\approx h\ \frac{\partial A_i}{\partial t} \tag{3.123}$$

若把分压器偏移到输电线的一侧，即改变了积分路径，那么式(3.123)中标量分量 V_μ 的值不变，而 $h\ \frac{\partial A_{\mathrm{iu}}}{\partial t}$ 这一项将是另一个值。显然，当电场不是无旋场时，必须规定出积分路径，所选择的积分路径必须是易于发生闪络的路径。对于运行电压较低的架空线路，感应电压是很重要的。例如木杆线路就是这样，这种线路在瑞典几乎毫无例外都不带有架空地线，在其他国家也是如此。对这样的线路，电场强度的线积分路径原则上取在导线与大地之间，由积分结果确定是否将发生闪络。因而式(3.123)就作为感应电压的定义式。

若去掉下标 μ，再引入以下记号

$$U_1=V_1+0.5h\ \frac{\partial A_i}{\partial t} \tag{3.124}$$

$$U_2=V_2+0.5h\ \frac{\partial A_i}{\partial t} \tag{3.125}$$

如施感电磁场是沿着 Z 轴的垂直雷击产生的，则函数 $V_i(x,t)$ 和 $A_i(x,t)$ 相对于点 $x=0$ 对称，此时式(3.124)、式(3.125)可以稍加简化。实际上 V_1 表示 x 小于某一值的线上所有点对标量位的贡献，而 V_2 表示 x 大于该值的线上所有点对标量位的贡献。

由于 V_i 关于点 $x=0$ 对称(见图 3.31)，所以

$$V_2=V_1(-x) \tag{3.126}$$

由于 A_i 也是关于 $x=0$ 点对称，所以

$$U_2=U_1(-x) \tag{3.127}$$

由于不仅 $h\ \frac{\partial A_{\mathrm{iu}}}{\partial t}$ 而且 V 也正比于 h，因而感应电压也正比于 h。由此可以看出，在离雷击最近的那一点，即 $x=0$ 点，电流等于零。

现在假设上述讨论的长线在 X_1 断开，由叠加原理可知，这等效于在线上加入一电流，其幅值与断开前导线中的电流幅值相等，但方向相反。在断开前 X_1 点的

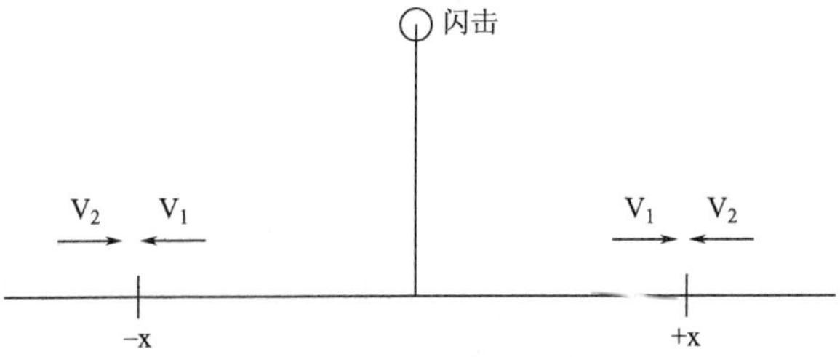

图 3.31 感应标量位的对称性

电压按式(3.124)用阵形式表示为

$$(U)=(U_1+U_2) \tag{3.128}$$

电流为

$$(I)=(Z)^{-1}(U_1-U_2) \tag{3.129}$$

在开断之后,X_1 点左边和右边不同导体的电压改变量为

$$+(Z)(I)=(U_1-U_2) \tag{3.130}$$

$$-(Z)(I)=-(U_1-U_2) \tag{3.131}$$

因而式(3.124)定义的两个分量 U 和能够由绝缘长线的两端测量得到。

在另一点 $X=X_2$,处线路开断时,通过在 X_2 点注入电流$-[I(X_2,t)]$可以很容易计算开断后的感应电压。这时必须考虑到在线路开断点的多次反射。

若绝缘导线的尺寸相对于施感场的上升前沿来说较小,因而可以忽略导线上的行波现象,则施感场在这种绝缘导线上产生的感应电压为:

$$U=V_i+h\frac{\partial A_i}{\partial t} \tag{3.132}$$

1908年首次对输电线感应雷电波进行理论研究,并提出了以下假设条件,处于输电线上空的带电雷雨云在输电线中感应出相反极性的电荷。假设在场强增加的这段时间里自由电荷能够通过线路的泄漏电阻和系统中性接地点入地,那么可以由线路总的电位必须等于零这一条件确定线路上每一点的感应电荷。若雷雨云的电荷及伴随的施感电场在瞬间消失,则感应电荷将以行波形式在线上自由流动。按照这种理论,线路上的感应电压由导线距地面高度以及放电前施感电场的场强两者的乘积确定。感应电压的波首与波尾(下降到幅值的一半)的时间由施感电场强度沿线路的变化确定,这意味着电压波为长而光滑的冲击波。

Bewley(1929)修正了这个理论。他考虑到施感电场不可能在瞬间消失,而其对时间的变化率必然为一有限量。这意味着 Bewley 修正后的行波比修正前计算的行波长并且幅值小。Aigner(1935)的贡献是令人感兴趣的,因为他首次考虑到地闪时垂直的雷电通道的感应作用，他在这方面仅考虑到雷电放电时的磁场，同时计算是在似稳态的基础上进行的，Aigner 假设雷电流是正弦变化的。这点假设限制了他这项工作的价值。

1942 年 Wagner 和 McCann 发表了一篇论文。这篇论文可以看作是非直击雷过电压现代概念的基础。除了上面所说的 Aigner 的研究外，这篇文献第一次考虑到主放电期间在雷电通道中的电荷电流的感应作用。论文指出，雷电通道产生的场与雷雨云产生的场相比，前者占支配地位。作者以舍恩兰德对雷电的研究结果为起点，阐明了仅仅在主放电期间才会形成感应高电压。对雷电通道中的电荷、电流作如下近似，在主放电前的瞬间，假设沿着雷电通道均匀地分布着电荷。当主放电电流以某一常速沿着雷电通道向上传播时，通道中的电荷立即被中和，因此，电流可用阶跃函数表示。

Szpor(1948)计算了垂直雷击的感应电压，他所设的前提不同于 Wagner 和 McCann，而是更为复杂。Szpor 不但考虑了静电感应，同时也考虑了磁感应，但他把问题作为似稳态来处理，同时提出计算所得的结果只适用于距雷击很近的情况。所得的感应电压幅值与 Wagner 和 McCann 的计算结果相同。

1954 年 Golde 发表了关于感应电压对配电线路故障次数影响的研究论文。他在感应电压计算中所作的一些假设与 Wagner 和 McCann 的假设有所不同，他假设沿着先导通道的电荷分布随着距地面的高度指数衰减，同时还设放电的传播速度随时间的增加也是呈指数衰减。这两点假设也许比 Wagner 和 McCann 的假设更符合人们的经验。可是不同假设对于感应电压最大值所产生的影响也许不大。Golde 假设在地面附近主放电传播的速度为 80 m/μs，即大约为光速的 27%。Golde 的计算采用数值积分方法，他也只考虑到标量位。

Lundholm(1955)用了与 Wagner 和 McCann 的假设条件，计算了高压线路中短线和长线上的感应电压。他在分析中提出了有关主放电速度与雷电流之间关系以及感应电压定义的新观点。这是一个非常好的新理论。然而，在推演感应电压公式中，Lundholm 忽略了磁场，这表明其结果不十分精确，至少从理论上可以这么说。1958 年 Rusck 建立了计算非直接击所引起的过电压的论。用正确的方法同时考虑了施感场的矢量位和标量位。Chowdhuri 与 Gross(1967)提出了一种理论，但另有研究指出他们的理论是不正确的。Chowldhuri 和 Gross 不采用感应标量位，而用一感应电压代替，这个感应电压是感应标量位与矢量位线积分之和。

3.3.5.3 由垂直雷击引起的输电线上的感应电压

入地的雷电流的特征是波首短而波尾长。Wagner 和 McCann(1942)以及 Lundholm(1955)作研究的前提是，当梯级先导发展时，电荷沿着雷电通道均匀分布。其后是主放电阶段，阶跃电流波沿着雷电通道以常速 v 向上传播，中和了通道中原有的电荷。若忽略雷电流的波首时间，则上述处理方法可适用于雷电通道的较低部分，对这一部分可以忽略通道中电荷分布以及电流波传播速度随高度的变化，我们说的雷电通道的这一部分就决定了感应电压波首和幅值的那一部分。当后一假设不成立时，由上述假设所得的感应过电压值偏高，在下面的研究中承认这些假设。在电流 I_a 与电荷之间存在以下关系

$$I_a = vq_a \tag{3.133}$$

应用马克斯威尔方程以及上述假设，可以计算得到感应电压为

$$V_i = 2Z_0 I_0 h \frac{v_0}{v}\left(\frac{1}{(L^2 + r_0^2)^{1/2}} - \frac{1}{\{(vt)^2 + [1-(v/v_0)^2]r_0^2\}^{1/2}}\right) \tag{3.134}$$

按相同的假设可以计算得到

$$h\frac{\partial A_i}{\partial t} = 2Z_0 I_0 h \frac{v_0}{v} \frac{1}{\{(vt)^2 + [1-(v/v_0)^2]r_0^2\}^{1/2}} \tag{3.135}$$

$$U_i = Z_0 I_0 h \frac{v_0}{v} \frac{v_0 t - x}{y^2 + (v/v_0)^2(v_0 t - x)^2}\left(1 + \frac{x + (v/v_0)^2(v_0 t - x)}{\{(v/v_0)^2(v_0 t)^2 + [1-(v/v_0)^2](x^2 + y^2)\}^{1/2}}\right) \tag{3.136}$$

若研究非直击雷过电压随时间的变化规律，可以发现过电压的最大值出现在 $x=0$ 处，其值为

$$U_{0\max} = \frac{Z_0 I_0 h}{y}\left(1 + \frac{v}{\sqrt{2}v_0} \frac{1}{[1 - 1/2(v/v_0)^2]^{1/2}}\right) \tag{3.137}$$

随着 x 数值的增大，过电压的最大值下降。当 $x=\infty$ 时，过电压的最大值为

$$U_{0\max} = \frac{Z_0 I_0 h}{y} \tag{3.138}$$

以上在计算感应电压中都忽略了雷电流波首时间的影响，为了考虑这一因素，可以对前面等式采用卷积积分。当计算低压网络中避雷器的保护作用时，感应电压的波首时间的变化起着决定性的作用。为了对波首时间的影响有一总的概念，在图3.32中对于输电线与雷击点的不同距离画出了感应电压与时间的函数关系曲线，如图中光滑的曲线所示。在同一图中用虚线表示，假设电压在 t 时间内线性地上升到 $U_{\max}$ 情况下的电压变化情况。由图3.32可见，虚线表示的电压值高于实线所表示的除了在波首时间内虚线所示的感应电压较大外，两组曲线是比较一致的，这在所要求的精确度范围内是完全满足的。

电力工程师所感兴趣的不是在某种不利条件下感应电压会升到多高，而是某一配电线路在一年之中有多少次的故障以及线路的绝缘水平如何影响故障率。所以真正需要的是这样一种曲线图表，它能表明某一配电线路在每百千米·年内感

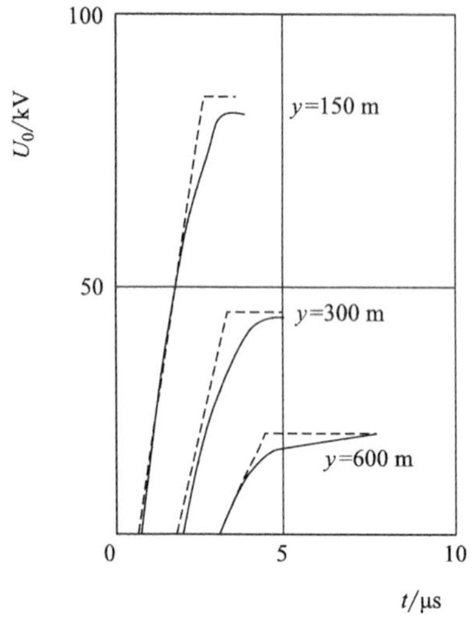

图 3.32　线路距雷击点不同距离的感应电压波头为 2 μs 的情况，I_0 = 50 kA

应电压超过某一数值的情况会发生多少次。现在要利用以前推导的方程为起点估算出这一类型的曲线图表。

由前面可知，在线路上最接近雷击点的那一点感应电压可达到最大值。假设整个线路具有同一绝缘水平，若这一绝缘水平比感应电压低，则在这一点将发生闪络，否则将有两个感应波沿着输电线向两侧传播。假设忽略线路上波的衰减，当波传播的距离达到线路与雷击点间距离的 5 倍、6 倍时感应电压将由 $U_{0\max}$ 降低到 $U_{\infty\text{maz}}$。若考到衰减，那么电压将下降得更多。在电路的末端，不管反射现象如何可求得感应电压。当线路终端处于开路情况下，电压值加倍，这时若这一电压高于绝缘水平，则将发生闪络。

许多变电站都有避雷器保护，以使电压值不会加倍。因而具有避雷器保护的变电站的故障数由 $U_{0\max}$ 的频率曲线决定。

由式(3.138)知道，感应电压 $U_{0\max}$ 是电流 I 及线路与击点间距离 y 的函数。若在某一雷电流 I 情况下，电压要超过某一数值 U，则 y 必须低于某一数值

$$y = f(U, I_0) \tag{3.139}$$

而式(3.139)可以由式(3.138)用作图法解得。若电流 I 大于某一数值的概率为

$$g = g(I_0) \tag{3.140}$$

则雷电流具有 I_0 值的概率为

$$\mathrm{d}g = \frac{\partial g(I_0)}{\partial I_0}\mathrm{d}I_0 \tag{3.141}$$

若每平方千米·年平均有 N 次雷击，则其中有 N_{dg} 次的雷电流值为 I_0。从而当电流为 I_0 时每百千米的线路上每年非直击雷过电压超过某一电压值 U 的次数为

$$\frac{\partial N_U}{\partial I_0}\mathrm{d}I_0 = 2 \times 100N(y - y_{\min})\mathrm{d}g \tag{3.142}$$

在表 3.10 中给出了 N_0/N 的计算结果。

雷电直击于线路几乎总会引起闪络，若要求出雷电故障的总数，则必须在以上算得的 N_0/N 中再加上 $200y_{\min}$。在表 3.10 中也给出了这一结果。

表 3.10　每百千米·年闪络次数与线络闪络电压的函数关系

闪络-电压/kV	由非直击雷引起的闪络 y_{min}/m			闪络总次数 y_{min}/m		
	0	7.5	15	0	7.5	15
100	12.1	10.6	9.2	12.1	12.1	12.2
200	6.1	4.6	3.6	6.1	6.1	6.6
300	4.1	2.7	1.9	4.1	4.2	6.9
400	3.0	1.8	1.1	3.0	3.3	4.1
500	2.4	1.3	2.4	2.4	2.8	3.7
600	2.0	0.9	0.5	2.0	2.4	3.5

在瑞典的不同地区，D 为 5～15，平均大约为 10。N 为 1～3，平均为 2。若把这些数值与上面所给的线路直击雷的数值结合起来考虑，将得到 y_{min}＝0.010～0.012 km，这些数值可以用以下方法验证，避雷针的保护范围通常考虑为一个半径等于避雷针本身高度 1～2 倍的域。用这一关系且设输电线高度为 10 m，则 y_{min}＝0.010～0.020 km。Golde(1945)在一篇有价值的论文中，试图对避雷针的保护半径作理论计算，他得到的结果与上述数值相符。Golde 认为，保护半径在很大程度上依赖于雷电流的幅值，其原因是他假设雷电通道的电荷正比于雷电流，不过将假设 y_{min} 与雷电流无关，取 y_{min}＝0.015 km，雷击数＝2 次/(100 km·a)作为平均值。

由表 3.10 看来，雷电故障的总数与 y_{min} 无关。实际上，开阔地带的架空线可考虑 y_{min}＝0.015 km，而在狭窄的林区，线路可考虑 y_{min}＝0。由于这两种情况在 100 kV 及 200 kV 的绝缘水平下总的故障次数大致相同，在更高电压等级时为架设线路开辟了更宽的林中通道。因而不必认为在开阔地带与森林线路的雷电特性有明显的区别。有一个因素可以有利于降低林区线路的故障次数，这就是从树梢上开始发展的向上流注长度大于由地面开始发展的向上流注长度。这些向上流注将与由雷雨云向下发展的梯级先导相会合。因而在林区，雷电通道中电荷中和起始于通道中的较高位置。但在瑞典，却不可能在实际运行中发现上述两种情况的明显区别。

在对雷电通道电流及电荷所作的某些假设的基础上，通过理论计算迄今已经得到了全部结果。为了证实以上假设的正确性，把计算得到的故障次数值与运行经验和测量结果比较是十分有用的。然而，要得到直接可以比较的统计资料是困难的，因为存在一些使直接比较不真实的因素。诸如，由于采用消弧线圈而减少了接地故障的次数、雷电日的变化以及电引起的故障次数包括在相当大的故障原因不清的总数之中，进一步说，运行的统计是基于断路器的动作次数，而理论计算则基于闪络次数。在一次运行中断里可能发生几次闪络，虽然中断次数与闪络次数的区别很小，但二者发生的基础并不完全一样。

在理论研究中假设线路上的电压一旦超过线路 1/50 波下的闪络电压就将发生闪络，当然事实上并非如此。因为闪络电压还受到电压波形尤其是电压波持续时间长短的影响。根据研究，感应电压下降到峰值一半的时间与距雷电通道的距离成正比，与主放电的速度成反比，而放电速度随电流的增大而增加。线路接近雷击点或是雷电流较大都会引起较高的感应电压。这两个因素都会使感应电压的持续时间缩短。由于感应电压下降到峰值一半的时间减少，若发生闪络则要求有更高的感应电压幅值，显然雷电故障次数随线路绝缘水平的升高而减少的速度比用 1/50 波计算的闪络次数减少、速度要快，这样可以得到使运行经验与理论计算值更加一致的结论。对闪络电压与过电压波形之间的关系还知道得不十分确切，还谈不上能试图计算波形对故障率的影响。所以对电压曲线给以适当考虑，只限于确定运行经验与计算值符合程度满足要求即可。在以上计算中所作的一系列假设与实际情况是相当符合的。

Berger(1934,1936)曾对输电线上的雷电过电压作了示波器测量。测量中记录得到的感应电压可以与直击雷引起的过电压区分开来，因为前者在所有的相导线上几乎具有相同的波形。Berger 记录到的感应电压随时间的变化规律与计算的结果是一致的。Berger(1936)断言感应电压的幅值难得超过 200 kV，更高幅值的过电压出现频率是由线路遭受直击雷情况确定。Berger 的结论与理论研究相符。但如果赞同用 400 kV 作为感应电的上限则除外。这里分歧的原因是由于 Berger 的测量受到衰减的影响，他测量用的示波器是安放在线路上的某一个固定位置的。就像上文曾提到的，随着线路与雷电通道间距离的减少以及雷电流幅值的增加，衰减将很快的增大，这表明高幅值感应电压比低幅值感应电压衰减得多。显然，在线路的固定点测量出的感应电压比不固定在哪一点计算出的感应电压的最大值要低，故障率曲线也不同。Berger 的结论与其他研究者的结论(Perry 等，1942)很一致，但与 Norinder(1939)的结论不一致。然而 Norinder 给出的感应电压与雷电通道距离间的关系与理论不一致，因而有理由怀疑 Norinder 的记录受到某些固有测量误差的影响，它使记录到的电压偏高。

最后，我们可以说经验的结论表明在理论中所引用的假设与实际情况是相符合的。

3.3.5.4 高压配电系统的保护

改进高压配电系统的雷电特性的主要方法不外乎是提高绝缘水平或采用架空地线，其他方法当然是通过对系统供电连续性方面进行适当的设计来减少线路绝缘闪络带来的后果。

绝缘水平的提高使得电故障率减少，木杆线路与用导体材料作杆塔的线路，例如钢筋混凝的电特性有很大的区别。木头即使在潮湿的条件下对于电波来说也相当一个绝缘体。木头的闪络电压可考虑为 3 kV/cm，而木头对于操作波及工频电压的绝缘能力却太低了。在计算绝缘子与木头串联后的绝缘能力时，必须考虑到在这两部分材料上的电压分布。显而易见，当木头长度增大时，几乎全部电压都将降落在木头上。另一方面，若木头较短，电压主要降落在绝缘子上，绝缘子将先发生闪络。按照测量结果，可以应用图 3.33 来估计绝缘子和木头串联时的闪络电压。

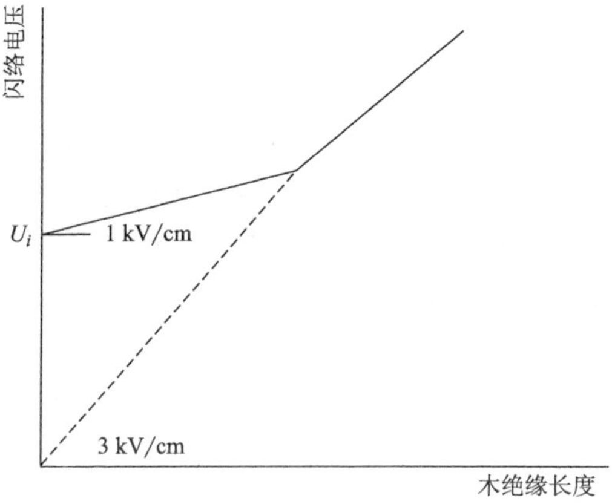

图 3.33　木绝缘闪络电压的估算 U_i = 绝缘子闪络电压

如果输电线路装一根架空地线，由非直击雷引起的过电压将下降 25%～40%，故障率大约也会下降同一百分数。如果排除用木头充当部分绝缘材料的情况，则上述的增加绝缘（在预防操作波的场合必须如此）或增加架空地线总是意味着增加线路的成本，所以配电线路很少采用这些方法，提高线路供电连续性的方法是采用消弧线圈以及广泛应用的自动重合闸装置。

消弧线圈或称接地故障补偿器是装在系统中性点与地之间的电感线圈，它的感抗等于系统与地之间的容抗。当消弧线圈与系统对地电容形成并联谐振回路时，系统的零序阻抗将很大，因而在接地故障点的电流就很小，单相故障通常可以由此排除采用自动重合闸装置时，线路发生故障后由断路器用一般的方法切断，然后经过适当的延时，电路又自动接通。若接通后故障依然存在，断路器第二次开断，然后再合闸，在第三次开断与重合之后，断路器再开断后就锁定了。

有时应用火花间隙保护设备（Golde，1966），其中一类是排气型间隙或称管型避雷器。它基本上是由空气中的一个棒间隙以及封装在一个纤维管中的另一个间隙串联而成。通过外间隙以及纤维管中内间隙的放电来防止与其并联的绝缘发生闪络，工频续流使部分纤维材料气化，气化时产生的气体把电弧所电离的气体排出管外。通常在头一两个半周内工频续流就被切断。由于这种装置的作用依赖于较大的工频续流,因而在中性点不接地系统以及中性点通过消弧线圈接地的系统不能采用管形避雷器,而在中欧的配电系统最常见的就是这两种情况。在北美、大部分的配电系统是中性点接地,因而管型避雷器成功地应用于线路绝缘的保护方面。

配电变电所通常是用阀型避雷器防止过电压。一般不采用连续的避雷线,只建议在重要配电站的进线段装设避雷线。一个较好的估计原则是进线保护段的长度应为系统电压的 5 倍,但进线段长度至少要 200 m。

终端保护的目的是降低侵入变电所过电压的幅值、陡度及其持续时间,这些都意味着避雷器的保护作用将增大而承受的热负担要降低。对于木杆线路,这一点尤其重要,因为木绝缘特性决定了过电压可达 2000～3000 kV。

雷击架空地线通常会引起地线与配电输电相导线之间的反击。架空地线的屏蔽作用是非常有限的,因而末端保护也可以采用将绝缘子金具接于单独的接地极或是接在连续的地中平衡线上(伸长水平射线接地体)。末端绝缘水平应该与变电所绝缘水平相等。若末端绝缘水平高于后者则对电站保护是不安全的,反之则线路受保护部分的闪络危险性增加。

从过电压角度看,低压系统表现为具有很高绝缘水平的特性。这是由于低压系统通常是按木杆线路设计的,而用户设备的电气强度却很低。这意味着所有的闪络都是发生在用户设备上。Rusck(1958)指出,用户的设备每年要发生 10 次左右的闪络在相互间隔为 300～600 m 处采用分别接地的避雷器后,闪络次数将减少到上述数值的十分之一,而由于直击雷引起的人身危险也会大大降低。然而,尽管有了这样良好的保护措施,仍要记住设备每年还会发生大约一次的闪络。

当然,会提出在每年 10 次的闪络与每年 1 次闪络所产生的损坏方面有否本质区别?如果放电发生在泄漏表面或通过固体绝缘,那么上述两种情况的区别是很大的,因为发生闪络的地方常会被烟灰所覆盖,从而降低了绝缘电阻,使泄漏电流加大并增加了起火的危险性。

3.4 雷电防护的标准

建筑物的理想雷电防护措施应该是把需保护建筑物置于接地良好、有足够厚度、电气贯通良好的屏蔽体内,并在连接到建筑物的线路进入屏蔽体的入口处作适当的等电位连接。

这种防护措施能避免雷电流及其电磁场侵入需保护建筑物并避免雷电流引起危险的热效应和电动力效应,同时防止在内部系统产生危险的火花及过电压。

实际提供这种最佳防护措施通常既不可能而且经济上也不合理。

如果屏蔽体电气贯通性不良或厚度不够，雷电流可能穿透屏蔽体，从而导致：

(1)物理损害或人和动物伤害；

(2)内部系统失效。

为了减少这些损害及其有关的损失，所采取的防护措施应按需防护的一组确定的雷电流参数值(雷电防护水平)进行设计。

3.4.1　雷电防护水平(LPL)

划分四类雷电防护水平(I～Ⅳ)。对每类 LPL 规定了一组雷电流参数的最大值和最小值。

注：①LPL Ⅰ所规定雷电流参数最大值和最小值范围外的雷电防护需要根据其特殊情况选择和安装更有效的防护措施。

②超出 LPLⅠ所规定雷电流参数最大值和最小值范围的雷电发生概率小于 2%。

不超出 LPLⅠ雷电流参数最大值的雷电发生概率为 99%。按假定的极性比例，该最大值取自正极性雷闪的概率低于 10%，而取自负极性雷闪的概率低于 1%。

LPL Ⅱ 最大雷电流参数为 LPL Ⅰ 的 75%，而 LPL Ⅲ 和 LPL Ⅳ 为 LPL Ⅰ 的 50%(I、Q、和 di/dt 是线性的关系，W/R 是平方的关系)，时间参数不变。

注：雷电防护水平的雷电流参数最大值小于 LPL Ⅳ 对应值时，允许考虑损害概率大于标称值，但这类值未量化，以便为经济合理性采取差异化防护措施。

表 3.11 给出不同雷电防护水平的雷电流参数最大值，这些最大值用来设计雷电防护部件，例如导体横截面积、金属板厚度、SPD 的通流容量、防止危险火花的最小隔离距离等，和确定模拟雷电流对这些部件影响的测试参数。

表 3.11　各 LPL 对应的雷电流参数最大值

首次正极性短时间雷击			LPL			
电流参数	符号	单位	Ⅰ	Ⅱ	Ⅲ	Ⅳ
电流峰值	I	kA	200	150	100	
短时间雷击电荷	Q_{shart}	C	100	75	50	
单位能量	W/R	MJ/Ω	10	5.6	2.5	
时间参数	T_1/T_2	μs/μs	10/350			
首次负极性短时间雷击[①]			LPL			
电流参数	符号	单位	Ⅰ	Ⅱ	Ⅲ	Ⅳ
电流峰值	I	kA	100	75	50	
平均陡度	di/dt	kA/μs	100	75	50	
时间参数	T_1/T_2	μs/μs	1/200			

续表

后续短时间雷击			LPL			
电流参数	符号	单位	Ⅰ	Ⅱ	Ⅲ	Ⅳ
电流峰值	I	kA	50	37.5	25	
平均陡度	di/dt	kA/μs	200	150	100	
时间参数	T_1/T_2	μs/μs	0.25/100			
长时间雷击			LPL			
电流参数	符号	单位	Ⅰ	Ⅱ	Ⅲ	Ⅳ
长时间雷击电荷	Q_{long}	C	200	150	100	
时间参数	T_{long}	s	0.5			
雷闪			LPL			
电流参数	符号	单位	Ⅰ	Ⅱ	Ⅲ	Ⅳ
雷闪电荷	Q_{flash}	C	300	225	150	

注：①该电流波形仅应用于计算，与试验无关。

不同 LPL 对应的雷电流最小幅值用来推导滚球半径，以便确定防直接雷击的雷电防护区 $LPZ0_B$。表 3.12 给出雷电流最小参数值及其对应的滚球半径。滚球半径用于接闪器的布置和确定雷电防护区 $LPZ0_B$。

表 3.12　各 LPL 雷电参数的最小值及其对应的滚球半径

参数	符号	单位	LPL			
			Ⅰ	Ⅱ	Ⅲ	Ⅳ
最小电流峰值	I	kA	3	5	10	16
滚球半径	r	m	20	30	45	60

假如雷电流处在设计所取 LPL 规定的参数范围内，则雷电防护措施是有效的。所以，可假定雷电防护措施的效率等于雷电流参数在这个范围内的概率（见表 3.13）。超出此范围则存在残余损害风险。

表 3.13　雷电流参数上下限值对应的概率

雷电流参数在下列范围内的概率	LPL			
	Ⅰ	Ⅱ	Ⅲ	Ⅳ
小于表 3.11 确定的最大值	0.99	0.98	0.95	0.95
大于表 3.12 确定的最小值	0.99	0.97	0.91	0.84

3.4.2　雷电防护区(LPZ)

雷电防护措施(如 LPS、屏蔽线、磁屏蔽和 SPD 等)决定了雷电防护区(LPZ)。与雷电防护措施上游的 LPZ 比较,其下游 LPZ 的特征是 LEMP 明显减小。根据雷电威胁的不同,定义以下的 LPZ(见图 3.34、图 3.35):

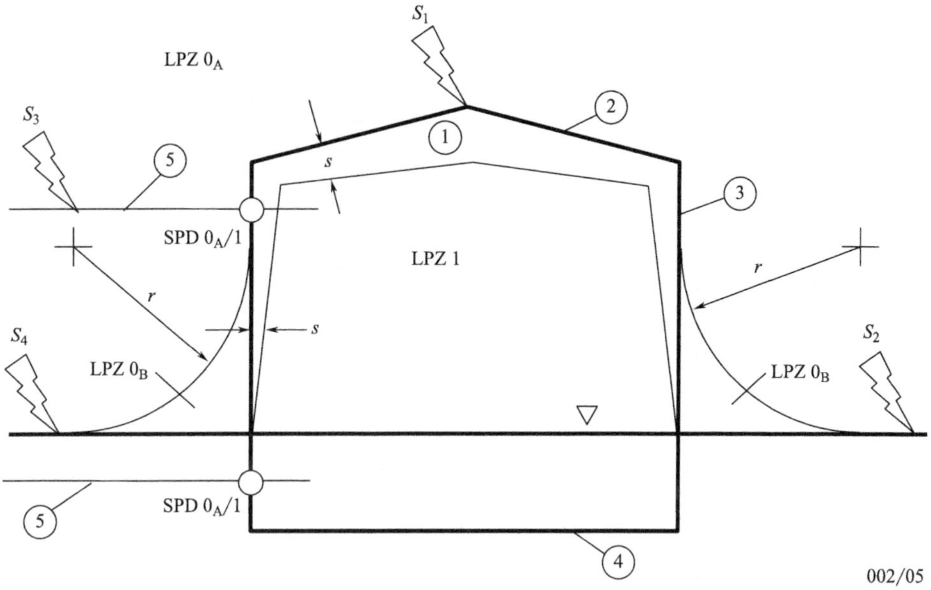

1:建筑物;
2:接闪器;
3:引下线;
4:接地体;
5:入户线路;

S_1:雷击建筑物;
S_2:雷击建筑物附近;
S_3:雷击连接到建筑物的线路;
S_4:雷击连接到建筑物的线路附近;
r:滚球半径;
s:防危险火花的隔离距离;

▽:地面;
○:采用 SPD 的雷电等电位连接;
$LPZ0_A$:直接雷击区,包含全部雷电流;
$LPZ0_B$:非直接雷击区,包含部分雷电流或感应电流;
LPZ1:非直接雷击区,包含已受限制的雷电流或感应电流;
LPZ1 内被保护空间必须考虑分隔距离 s。

图 3.34　LPS 确定的 LPZ

(1)$LPZ0_A$ 受直接雷击和全部雷电电磁场威胁的区域。该区域的内部系统可能受到全部或部分雷电浪涌电流的影响;

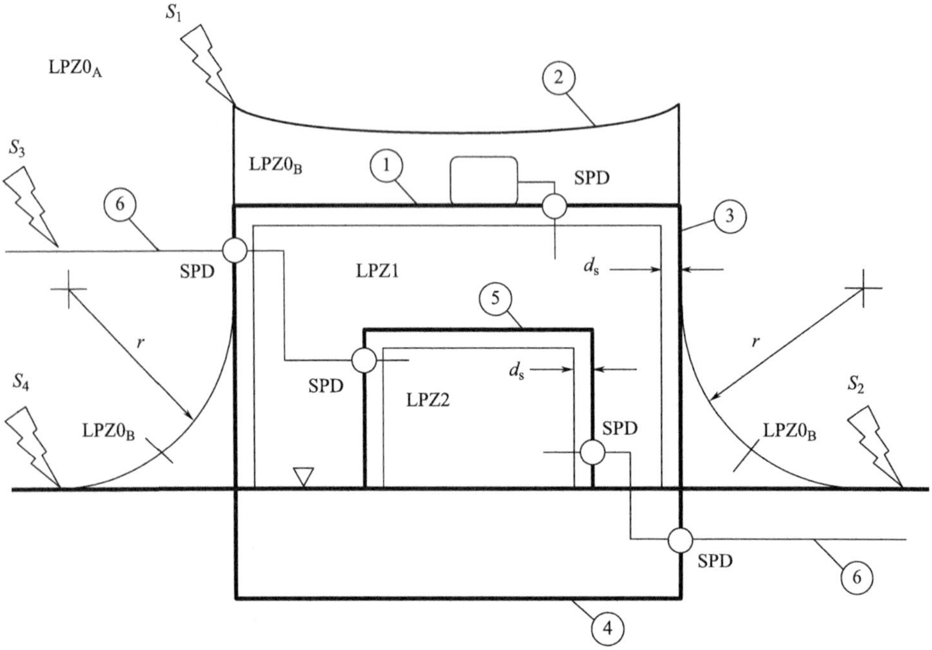

1:建筑物；　　S_1:雷击建筑物；

2:接闪器；　　S_2:雷击建筑物附近；

3:引下线；　　S_3:雷击连接到建筑物的线路；

4:接地体；　　S_4:雷击连接到建筑物的线路附近；

5:房间(LPZ2 的屏蔽体)；　　r:滚球半径；

6:连接到建筑物的线路；　　d_s:防过高磁场的安全距离；

▽:地面；

○:采用 SPD 的雷电等电位连接；

$LPZ0_A$:直接雷击区,包含全部雷电流,全部磁场；

$LPZ0_B$:非直接雷击区,包含部分雷电流或感应电流以及全部磁场；

LPZ1:非直接雷击区,包含已受限制的雷电流或感应电流以及衰减了的磁场；

LPZ2:非直接雷击区,包含感应电流和进一步衰减的磁场；

LPZ1、LPZ2 内的保护空间须考虑安全距离 d_s。

图 3.35　SPM 确定的 LPZ

(2)$LPZ0_B$ 直接雷击的防护区域,但该区域的威胁仍是全部雷电电磁场。该区域的内部系统可能受到部分雷电浪涌电流的影响；

(3)LPZ1 由于分流和边界处设置隔离界面和/或 SPD 使浪涌电流受到限制的区域。该区域的空间屏蔽可能衰减雷电电磁场；

(4)LPZ2～n 由于分流和边界处设置隔离界面和/或 SPD 使浪涌电流受到进一步限制的区域。该区域的附加空间屏蔽可能进一步衰减雷电电磁场。

注：一般，雷电防护区域的序数越大，电磁环境参数越低。

作为防雷的一般规律，需保护的对象应置于电磁特性与该对象耐受能力相兼容的 LPZ 内，使损害（物理损害、过电压使电气和电子系统失效）减小。

注：大多数电气、电子系统和设备耐压水平的资料由制造商提供。

3.4.3　建筑物的防护

3.4.3.1　减少物理损害和人和动物伤害的防护措施

需保护建筑物应处在 $LPZ0_B$ 或序数更高的雷电防护区内。为此，可采用雷电防护装置(LPS)。LPS 由外部 LPS 和内部 LPS 两部分构成。

外部 LPS 的功能是：

(1)拦截直击建筑物的雷电（利用接闪器）；

(2)安全引导雷电流入地（利用引下线）；

(3)使雷电流入地消散（利用接地装置）。

内部 LPS 的功能是在建筑物内利用等电位连接或 LPS 部件与建筑物内导电部件之间的隔离距离 S（从而达到电气绝缘）来避免危险火花。

基于对应的 LPL，施工规程规定有四类 LPS（Ⅰ，Ⅱ，Ⅲ，Ⅳ）。每类 LPS 的施工规程包含与保护水平有关（如滚球半径、网格宽度等）和与保护水平无关（如横截面积、材料等）两类施工要求。

当建筑物外部地面电阻率和建筑物内楼板电阻率较小时，减少接触电压和跨步电压对人和动物伤害的措施有：

(1)在建筑物外部，把外露导电部件绝缘、利用网状接地装置进行等电位处理、设置警示牌和限制人和动物活动范围；

(2)在建筑物内部，在线路入户处进行等电位连接。

3.4.3.2　减少内部系统失效的防护措施

为减小内部系统失效风险，对 LEMP 采取的防护措施应限制：

(1)雷击建筑物，因阻性或电感耦合引起的浪涌；

(2)雷击建筑物附近，因电感耦合引起的浪涌；

(3)雷击连接到建筑物的线路或其附近而传入的浪涌；

(4)与设备直接耦合的磁场。

注：如果设备符合相关的 EMC 产品标准规定的射频(RF)辐射和抗扰性试验要求，则由于雷电电磁场直接辐射进入设备而导致失效的情况可以忽略。

需保护系统应置于 LPZ1 或序数更高的雷电防护区内。为此，可采用电气和电子系统防护措施(SPM),包括衰减感应磁场的磁屏蔽和/或减小感应回路的合理布线。穿过LPZ边界的金属部件和系统应在边界处进行等电位连接。这种等电位连接可采用等电位连接导体或必要时采用SPD来实现。亦可采用隔离界面和/或协调配合的SPD系统限制导致内部系统失效的过电压使之低于被保护系统的额定冲击耐压来实现对过电压的有效防护。

第4章 雷电风险处理

风险评估主体通过对风险的识别和了解，对风险进行描述和评价，判断风险和风险的可接受性或可忍受性，并会在风险处理方面做出种种努力。这些努力的成效决定了风险所造成的不利影响的程度。一个明智的风险管理决策者应该以风险的变化或影响的控制来评价效益，并比较费用与效益，同时要充分认识随社会技术发展而日益增长的风险控制能力的不确定性。

4.1 雷电风险处理的步骤

4.1.1 风险链

风险链是描述风险从损失原因到损失后果全过程各环节及其相互联系的一个概念。它由五个环节组成，依次是：风险因素、环境、相互作用、结果和后果。

(1)风险因素：是指可能引起损失的条件。例如没有防雷设施，但常年有人员活动及设备运行的建筑物；

(2)环境：是风险因素据以存在的周边情况。例如该建筑物及附近区域每年发生有频繁的雷暴天气，属于强雷区；

(3)相互作用：是指风险因素与环境的相互影响过程，它可能造成损失。例如雷电直击建筑物致使建筑物的人员受伤、建筑物及其设备受损；

(4)结果：是指风险因素与环境相互作用引起的风险事件造成的当时损失。例如雷电直击建筑物致使建筑物的人员受到伤害的程度、建筑物及其设备受损情况的严重程度；

(5)后果：是指风险事件发生后较长期的影响。例如该雷击事故中人员、财产的保险索赔、建筑物修复、雷击事故中未按国家有关法规要求安装防雷装置的责任处罚等。

知道了风险链的几个环节，则风险处理的各种方式将围绕风险链的这些环节采取对策。例如，风险控制中的损失预防措施，比如消除、代替、工程控制和行政程序等，主要对风险链中前三个环节进行干预，即将注意力放在以下三个方面：

(1)消除或减轻风险因素；

(2)改变或改善存在风险因素的环境；

(3)抑制风险因素和环境的相互作用。

而应急程序、风险分离和风险转移等损失减少措施是一种事后的风险控制技术，它通过一系列措施来降低损失的严重程度，使发生损失的影响减到最小。主要与风险链的第四、第五这两个环节(结果和后果)有关。

4.1.2 处理风险的一般步骤

风险处理的目的是通过选择和实施风险处置措施，减少风险危害的可能性。一般有以下步骤：

(1)形成风险处理方案

首先是预防、准备、应对和恢复。一些成功的风险管理者在预防和准备阶段即可实现风险的有效控制。

其次是采取各种控制方法。包括：消除风险源；寻找一个导致更小危害的过程或事物来代替；利用结构方法等工程控制措施减少风险因素；建立一系列行政程序减少暴露于危险的机会；制定紧急事态中使用的应急程序。

为了有效地对风险进行控制，风险管理者必须熟知各种风险控制技术，通过比较各种技术的成本和效益，采取最佳对策，以达到风险管理的目标。

最后是建立标准的风险管理处置方案。包括决定不去执行可能形成风险的行动以避免风险；通过减轻危险来降低风险发生的可能性；通过减轻易损性或增强抗损能力来减轻风险发生的后果；通过安排另一个或多个单位或个人承担或分担风险；也可接受风险并准备应对其后果。

(2)考虑风险处置方案的评估标准

在考虑评估标准时，既要考虑相关政策，也要考虑不同风险对象的期望。然后做出利用哪些标准的决定，而且要适时修订这些决定以适应既定的风险管理目标。

(3)评定并选择风险处理方案的最佳组合

应该利用所选定的评估标准和风险评估标准，评估每一个风险处理方案。经过评估，应选择根据这些标准鉴定为最佳的那些风险处理方案。而鉴定风险处理方案的一个方法就是按必须实施、应该实施和能够实施的分类方法将每一个方案分类，然后建议有关部门执行风险处理方案。

(4)准备并实施风险处理进度和计划

风险处置计划应该明确责任、进度，明确风险处置的预期结果、预算、执行措施、适当规定的检查程序等。成功实施风险处置计划要求有效的管理系统，该系统要详细说明选择的方案，分配职责和个人行动责任。如果在处置后有残留风险，需要进一步决定是保留这个风险还是重复实施风险处置程序以进一步降低残留风险。

举例来说，为减少风险，风险处理方案中的控制措施常有以下几种：

1)减少或消除灾害发生的可能性，或保护某一区域及建筑物所在地免受灾害(区域防护)等的措施；

2)着眼于建筑物保护的措施。如建筑物采用混凝土框架结构，或增加防雷设施(抑或提高建筑物防雷级别)等措施提高建筑物防雷抗灾能力；

3)重视重要工程的选点或采取灾害预防措施。可以采取绘制风险区域地理分布图或进行风险区划的方法来躲避灾害的发生，防止或限制风险区的开发和利用；

4)建立灾害预警预报系统和应急广播、疏散、避灾系统。例如名山风景区为防止雷击引起的人身伤害，可以建立与气象部门联动的预警机制，在雷电来临之际暂停游客上山、利用应急广播系统或短信等手段及时由工作人员通知和疏导游客下山或到已建立并符合要求的避雨避雷亭躲雨；

5)为决策者提供信息和通信保障的指挥系统，以期做出有时效性的合理有效的灾害管理决策；

6)加强在全社会进行防灾减灾知识的宣传、普及工作，以期提高公众防灾意识。

以上这些措施如何整合，何时、何地、多少投入、所保护对象等，构成了一个重要的社会问题。

4.2　雷电风险消除

4.2.1　消除风险

消除风险是指不愿承担风险或不愿继续承担已经承担的风险，即消除风险源。它包括了避开风险的两种方式：

(1)先期消除；

(2)中途放弃。

这两种方式都是基于承担或继续承担风险的成本将远超过消除风险的可能费用这样一种认识。

先期消除或叫先期回避是最完全彻底的风险消除方法，也是较常见的一种回避方式。例如，航天发射一般会在较早的时间确定发射日期，但技术部门在临近发射的头一天或数天(取决于中短期天气预报和能力)了解到预定发射时间内可能出现雷暴天气，严重威胁航天发射的安全，则为消除雷电灾害风险，一般的做法会另择他日发射，提前或推迟均可。可以说，这种方法基本完全躲避和消除了航天发射的雷电事故风险源。

又如,一家庆典公司参与某单位一个大型户外庆祝活动,计划施放多个大型氢气球悬挂条幅以及数量较多的小型氢气球。但管理人员发现,由于庆典场所与会人员密集且杂,火种不容易得到控制,氢气球有发生爆炸的危险,可能面临严重的人身伤害事故风险,因此,公司必须购买保险以预防这种可能性。由于涉及人身伤害且不符合国家有关规定,一般保险公司都不愿意承保,即便同意承保,也因保费远高于公司愿意支付的数额,结果该庆典公司决定与庆典需方单位协商,或者增加庆典经费以不易爆炸的氦气球代替氢气球,或者取消放球这项庆典计划。这个例子虽然并没有完全消除大型活动中可能发生的人身安全风险源(只要有大型活动,就有人身伤害风险),但至少消除了由于氢气球爆炸引起的人身伤害这个风险因素,它是多个风险源中的一个。

消除自然灾害风险还有一种情况是主动出击消除风险源,而不是采取回避方式。例如,像北京奥运会开幕式这样的大型国际活动是无法临时改变时间的。但面对这样重大的防降雨和防雷任务,北京奥组委的气象保障部门采用大规模人工影响天气的方法,在雷雨天气过程的上游采用人工消雨的措施,成功地将雷雨截止在保定以北,北京以南的位置,确保了北京奥运会开幕式精彩绝伦的演出顺利进行。随着包括人工引雷(火箭引雷、激光引雷)等各种气象工程等技术的发展和成熟,人工消雷将有望作为从源头上消除雷电灾害风险的工程技术在国家重大活动中更广泛地使用。

如何消除、回避风险并不是一个轻而易举的事情。在许多场合,一些事情必须做,如上述的庆典活动,而风险源消除的成功与否可能取决于怎样应用相应技术,同样可能取决于如何定义风险单位。

中途放弃的风险消除方式属于不得已而为之的被动方式。已经进行的活动被发现有新的风险隐患,经过仔细测算、风险衡量、权衡利弊,决定改变原计划,终止该活动。这样做时已经发生了一定的损失,但消除了更大的损失风险。例如,一家汽车公司的管理层从事故报告得知其所生产的某款产品有新发现的涉及设计缺陷的事故隐患后,立即停止该款产品的销售,并在全球范围内召回问题车。这样,不仅避免了今后陆续可能发生的因设计缺陷造成的车毁人亡事故风险,还避免了丧失品牌信誉的风险。

4.2.2 消除风险的局限性

消除风险源是管理和控制风险的一种有效的、普遍应用的方法。个人、单位或部门通过消除风险,将从根本上排除风险来源和风险因素,从而避免可能产生的潜在损失和不确定性。直接回避某种风险是处置该风险的最简单易行的办法,也最具彻底性和经济性。因而在许多场合,消除风险源的方法是控制风险的首选措施,这是消除风险技术优于其他各种风险控制技术的地方。

然而,消除风险也有不利的一面,或者说消除风险源的方法有时可能施行不了,有时可能需要付出代价。人们面临的各种风险常以某种方式联系着,消除和回避一种风险,反过来将影响"风险组合"中的其他风险,还有些风险是无法或很难消除的。

例如,三峡大坝的建设可能会带来局地地质灾害风险、局地气候变化风险、洄游鱼种消亡风险、泥沙淤积风险、战争状态下的溃坝风险等。但若仅考虑这些风险而采取消除风险的方法——不建三峡大坝,则中国将失去三峡宝贵的水力发电这个巨大的清洁能源、失去三峡大坝极大地改善长江水运能力的功能、失去长江汛期调控蓄水量以防洪抗洪的巨大效能。这些利益,经过无数专家的几十年论证,被认为远高于可能的损失,所以不能不建三峡大坝。也就是说,消除某种风险可能意味着同时放弃某种获利的机会。一种特定的经营活动,如生产某种产品、提供某种服务或进行某项投资,都有可能获得经济上的回报,而回报的期望值可能远超过损失的成本。这一事实常使消除风险成为一种不可接受的选择,即无法实施。

又如,避雷针的使用使得在避雷针保护范围内的人员、建筑物、设备等不易遭受直接雷击,消除了直击雷击风险。但由于避雷针的原理是通过尖端放电主动吸引、接闪雷电,通过"牺牲"避雷针本体保护他人或他物。由此带来的问题是,有了避雷针,本地的雷击频次可能反而会增加(避雷针相对较高,尖端电场畸变等原因导致更容易形成大气放电)。那些距避雷针较近的设备有可能遭受雷电感应的影响而降低性能或损坏。也就是说,避雷针的使用消除了直击雷击风险,但增加了间接雷击——雷电感应对设备影响的风险。这也正是那些属于第一类防雷建筑物的易燃易爆场所一般都必须设计独立避雷针的原因。所谓独立避雷针,是指不在易燃易爆的建筑物、构筑物上直接安装避雷针,而是在与被保护物有足够距离(地上和地下距离)的地方设置独立避雷针,独立避雷针与被保护物相互独立,以防直接将雷电引到易燃易爆的建筑物、构筑物上,足够的距离还保证不会发生旁络闪击和地电位反击。这个例子说明消除一种风险可能产生另一种风险,消除一处的风险可能使别处产生风险或加大某种已存在的风险。

总之,消除风险源有它可取的一面,但也有局限性。当某种特定风险的损失频率和损失程度相当高,或者应用其他风险控制技术的成本超过其产生的效益时,可以采用消除风险技术,否则不宜采用。

4.2.3　替代风险

替代风险是指寻找一个导致更小危害的过程或事物来代替这个危险。为了完成一个任务，可以有不同的方式，不同的方式有不同的风险，风险管理者总是应该选择风险小的方式来代替风险大的方式并完成任务。

最简单的例子是，某人从南京到上海，可以坐高速大巴，也可以坐普通火车，而且方便程度、时间、票价也相差不大。但很明显，坐火车发生交通事故的风险远低于坐高速大巴发生交通事故的风险。因此，明智的旅行者应首选坐风险小的火车来代替风险大的汽车并顺利到达目的地。

替代风险也是管理和控制风险的一种简单有效、普遍应用的方法。替代风险道理看起来是那么简单，但风险主体首先要有风险意识才会考虑完成任务的方式，才会做出正确的选择。这种风险处理措施的本质是降低风险。

4.3 雷电风险工程控制

消除风险的处理方法是避免或停止与风险有关的一切活动，远离使风险事件发生的一切因素，以从根本上消除产生损失的可能性，即将损失的概率降到零。虽然这种对策显得消极，但从其主动避开风险而免致损失的意义上看，它可以被视为一种有效的风险控制对策。

工程控制是一种积极进取的风险控制对策。它是风险主体在愿意承担风险前提下采取各种结构工程控制措施减少风险因素，减少损失频率，降低损失严重程度的控制技术。这些技术可以通过国家、行业以及地方政府出台的政策来强制推行。工程控制是要积极改善风险单位的特性使之具备抵御风险能力，即通过减轻易损性或增强抗损能力来减轻风险发生的后果，而不是如消除风险那样消极地放弃或中止活动。

工程控制这种方法强调风险事件发生的机械原因或物理原因，如结构不合理的建筑物、绝缘等电气性能不良的电气电子设备、制动和操控性能较差的汽车等。工程控制是任何损失控制方案中不可缺少的内容。

以下是工程控制风险的两个例子：

例 1：针对地震灾害风险的结构加固及风险区建筑物保护措施

(1)结构改进，包括以下结构件基本设计的改变或加固，使达到抗震烈度要求。

1)结构框架(采用钢筋混凝土框架结构、钢结构、轻钢结构)防止类似于汶川大地震时出现的粉碎性坍塌；

2)建筑基础(桩基础、箱形基础、筏形基础、井格基础、条形基础等)，按岩土类型和承重要求设计；

3)钢筋混凝土墙(剪力墙)和现浇钢筋混凝土楼板；

4)地板、隔墙；

5)预制板的连接或取消预制板。

(2)非结构性改进,包括以下构件的适当锚固、连接和采用分离式结构以减少地震区受震结构物的破坏。

1)预制板、隔断;

2)各种管道;

3)电气设备及线路;

4)电梯;

5)窗户;

6)各种金属件;

7)建筑物安全管理结构措施,增加消防系统、应急广播系统、应急照明系统等;

8)将某些关键的操作控制移入室内或布置在建筑物较坚固的地方;

9)逃生通道,以保证地震发生时能安全撤离。

例2:针对雷电灾害风险的结构改进及风险区建筑物保护措施。

(1)结构改进,包括以下结构件基本设计的改变,使达到防雷等级的要求。

1)结构框架(采用钢筋混凝土框架结构或钢结构)利用结构梁柱钢筋作为接闪器和引下线;

2)建筑基础(桩基础、箱形基础、筏形基础、井格基础、条形基础等),利用基础钢筋体量大、埋得深因而接地电阻小且稳定等特点作为良好的自然接地体;

3)钢筋混凝土墙(剪力墙)和现浇钢筋混凝土楼板,加强防侧击雷击和屏蔽效果;

4)预制板与圈梁钢筋的连接或取消预制板;

5)强电井、弱电井。

(2)非结构性改进,包括以下所有金属构件的接地、等电位连接以减少雷电感应引起的人身伤害、起火爆炸、电气电子设备损坏。

1)建筑物顶敷设明装避雷带;

2)楼顶所有金属构件与避雷带的连接,如旗杆、放散管、广告架、爬梯等;

3)综合布线,线路采用屏蔽电缆或穿金属管、电气设备;

4)各种金属管道、金属桥架;

5)金属门窗、金属栏杆、预制板、金属隔断;

6)金属机箱、机柜;

7)玻璃幕墙的金属龙骨、外墙干挂砖的金属龙骨;

8)电梯;

9)建筑物安全管理结构措施,增加消防系统、应急广播系统、应急照明系统等;

10)逃生通道,以保证雷电引发火灾时能安全撤离。

4.4 雷电风险程序控制

程序控制即建立一系列行政程序减少暴露于危险的机会，包括建立准则和标准、划分和避开风险区、安全教育、安全检查等。

4.4.1 建立准则和标准

不管是主动还是被动的原因，建立准则和标准使得风险主体抗灾能力得到强化，在法规、标准的指导或强制下，风险得到一个基本的控制。尤其是涉及人的生命安全或国家财产损失风险时，强制标准和法规起到了决定性作用。不管风险主体的风险认知能力和风险态度如何，标准和法规所规定的风险处置措施必须实施。

当然，标准和规范的建立必须符合国情，要考虑不同风险对象的期望。要与当地经济实力相适应，应避免采用建设费用昂贵导致无法实施的技术措施。适宜的规范和标准需要具备充分的灵活性，以减少对经济的影响，减少风险主体的抵触情绪。

4.4.2 划分和避开风险区

由政府指导、组织，专家研究的风险区域划分成果将为风险处理提供坚实的科学基础。重视重要工程的选点或采取灾害预防措施，可以采取绘制风险区域地理分布图或进行风险区划的方法来躲避灾害的发生，防止或限制风险区的开发和利用。

以下是两个有关的例子：

例 1：与地震灾害有关的风险区划分和避开风险区的地形学研究和土地利用规划的方法。

(1)地方地震史调查，以识别高风险区并减小风险区建筑物的密度。

1)当地断层地质图；

2)震中图；

3)断层应力或蠕变图。

(2)在可能的近代断层或活动区及其附近做地质调查、监控。

1)地表勘测；

2)绘制地质图；

3)航片、遥感信息研究；

4)地下水位、土壤含水率等数据检查及监控；

5)地下勘测；

6)土壤电阻率；

7)土壤钻探；

8)地球物理勘测。

(3)基于 GIS 的土地利用管理。

限制高风险区的用途以减少风险区建筑物与人口的密度。例如，汶川大地震后，由于发现地震中完全损毁的旧县城处于地震断裂带的高风险区，国家决定另择地方重建北川县城。

例 2：与雷电灾害有关的风险区划分和避开风险区的气象环境、地形学研究以及建筑物易损性研究的方法。

(1)地方雷电环境调查，以识别雷电灾害高风险区并加强风险区建筑物防雷等级。

1)当地雷击灾害历史纪录；

2)雷暴日、雷暴时、雷击大地密度；

3)雷电强度、极性、基于 GIS 系统的雷电活动时空分布规律。

(2)在不同的地理环境、建筑形状、建筑结构等地及其附近做雷电调查、监控，以确定雷击的选择性、危害性和成灾机理。

1)岩石土壤地表勘测、地下勘探(地下金属矿藏)；

2)雷电灾害分行业损失情况统计分析；

3)建筑物与周边其他建筑物的距离及相对高度；

4)地下水位、土壤含水率等数据检查及监控；

5)建筑结构；

6)建筑物形状及尺寸；

7)存放物、建筑物使用性质；

8)土壤电阻率分布。

(3)引起电气电子设备性能下降或损坏的最小失效电流研究。

1)电气电子设备耐受冲击电压；

2)线路过电压保护器；

3)引起元器件、设备损毁的最小能量、电场强度和磁场强度；

4)户外、户内、机箱外、机箱内等不同的电磁环境区；

5)线路架设或敷设方式，防雷电缆。

4.4.3　安全教育、安全检查

实践证明，仅靠开发、推广和实施减灾技术，不能完全控制风险。要更多地考虑风险的人为因素。损失原因有些是物质方面的因素，有些是人员方面的因素，还有些则是二者兼而有之。只有找出隐藏在事物背后的真正危险因素，采取相应预防措施，才能有效地控制风险，防止风险事故的发生。

统计结果显示公路交通事故中，由于汽车故障、道路结冰等物理的、机械的、工程技术上的原因其实比重并不大，更多的交通事故是由于超速驾驶、疲劳驾驶、飙车、开赌气车、闯红灯等违反交通法规的人为因素引起的。

H. W. Heinrich 在研究结果中声称导致人身伤害的工业事故中，有 88％的事故主要是由人们的不安全行为(违反操作规程、误用设备、注意力分散、视工作为儿戏等)造成的。在自然灾害风险中，这个比例可能不会有这么高，但也绝不能忽视风险事件中人的因素。所以风险管理者应注重安全教育、加强安全检查、保证休息时间和调整人员心态，确保在一些不可抗拒的自然灾害面前，不要出现因人为因素而导致的重大损失。

4.5　雷电风险应急程序

应急程序是一种损失减少措施，它是一种事后的风险控制技术，它通过一系列措施来降低损失的严重程度，使发生损失的影响减到最小。它们主要与风险链的第四、第五这两个环节(结果和后果)有关。在自然灾害风险方面，这些损失减少措施称为减灾。

风险分离和风险转移等技术仍然属于一种事前的风险控制技术，但要避免或停止与风险有关的一切活动，远离使风险事件发生的一切因素，从根本上消除产生损失的可能性，从源头上消除风险的方法相比，或与以工程的方法减小风险造成的损失相比，它们有着明显的不同。不同之处在于，风险分离和风险转移等风险控制方法总体上不能消除风险甚至不能减轻风险，但能将风险转嫁或分摊，使得某个团体或个人的风险免除或降低。

4.5.1　应急程序

应急程序即制定紧急事态中使用的程序。当突发风险事件已经发生，一个强有力的风险响应应急机制将使得抗灾行动目标明确、组织有序，将极大地减轻风险造成的损失严重程度。

例如，地震来临时，在第一时间组织逃生、疏散，立刻抢救埋在废墟中的人员将使人员伤亡损失大大降低。及时疏散地震造成的堰塞湖下游群众或及时爆破、疏通堰塞湖将使地震灾害的二次损失风险大大降低。所以，应急程序是一种综合性的损失减少计划，它反映风险管理部门在识别可能的重大灾害方面，以及在如何应对这类突发事件方面的种种努力和能力。

国内政府各部门、机构一般都已建立灾害应急响应机制，按照可能的灾害强度规定不同级别灾害应急响应预案。例如，国务院气象主管机构制定了台风、暴雨、雷电等气象灾害的蓝色、黄色、橙色和红色预警以及一级响应、二级响应等应急预案。一旦风险事件发生，立刻启动相应级别的灾害应急响应预案。

如图 4.1 所示为雷雨大风蓝色预警信号，其含义为：6 小时内可能受雷雨大风影响，平均风力可达到 6 级以上，或阵风 7 级以上并伴有雷电；或者已经受雷雨大风影响，平均风力已达到 6～7 级，或阵风 7～8 级并伴有雷电，且可能持续。

图 4.1　雷雨大风蓝色预警信号

重大风险事件的应急程序、应急内容一般十分庞杂，其制定原则是建立统一指挥机构，分级负责，做好重点风险对象的防护和日常管理，灾害预警，区域自救与部队、公安等社会救援相结合等。

一个详细的应急程序内容一般包括以下几点：

(1)组织机构、程序，明确职责、任务分工，成立紧急情况救援队；

(2)预警预报；

(3)应急救援制度、程序；

(4)信息传递及记录的备份；

(5)全员培训、进行紧急情况安全程序培训、逃生演习；

(6)协同消防部门或有关政府机构进行防灾教育，制定防灾计划；

(7)设备冗余；

(8)改变、加强建筑结构；

(9)消防系统现代化；

(10)制定公共关系策略；

(11)国家和地方及部门的救灾资金，保险机构、贷款机构的保证。

这里有一个加强建筑结构强度并且利用应急程序减轻损失的典型示例[①]。2008 年汶川地震发生时，安县桑枣中学校长挽救了 2000 多条生命。因为在 1999 年，这位校长花钱将已经不太新的实验教学楼原来华而不实却又很沉重的砖栏杆拆掉，换上轻巧美观结实的钢管栏杆。接着，他又对这栋楼动了大手术，将整栋楼的 22 根承重柱子，按正规的要求，从 37 cm 直径的三七柱，重新灌水泥，加粗为 50 cm 以上的五零柱。这栋实验教学楼，建筑时才花了 17 万元，光加固就花了 40 多万元。此外，他从 2005 年开始，每学期要在全校组织一次紧急疏散的演习，由于平

注：①资料来源：https://www.sohu.com/a/680793343_121619955.

时的多次演习，地震发生时，全校师生，2200 多名学生，上百名老师，从不同的教学楼和不同的教室中，全部冲到操场，以班级为组织站好，用时 1 分 36 秒。学生无一伤亡，老师无一伤亡。而相邻的北川中学死伤惨重。

可以看出，应急程序重点在于减少重灾的损失及其影响。各级部门都应建立主要灾害的应急响应机制，制定应急程序。

图 4.2 是较为典型的重大风险事件应急程序流程图。

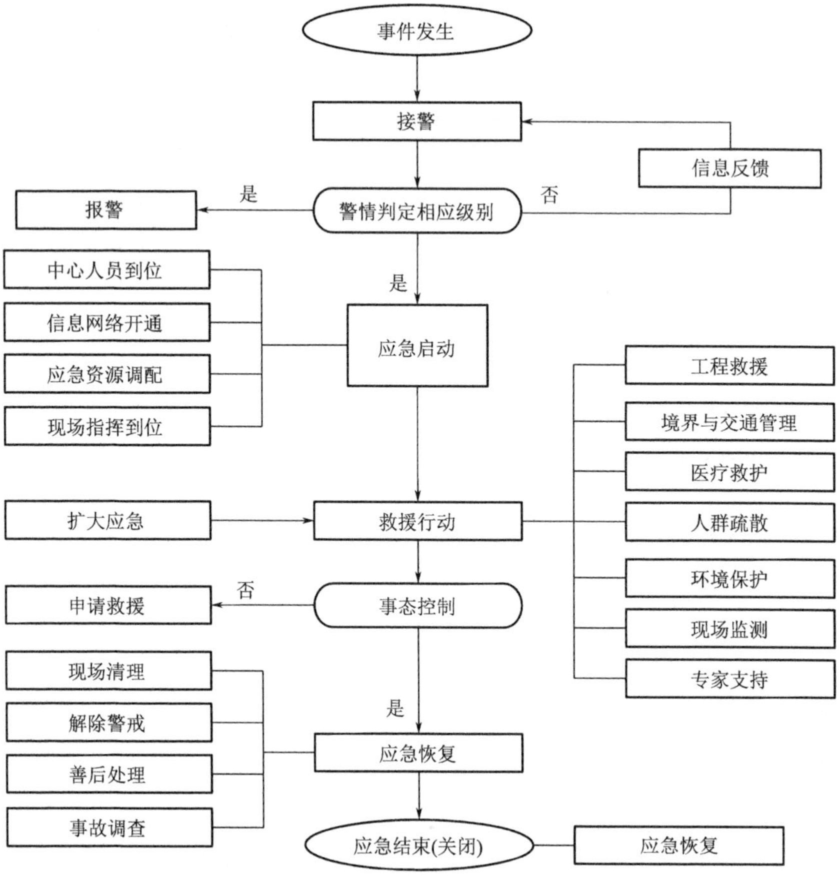

图 4.2　重大风险事件应急程序流程图

4.5.2　风险分离

从风险主体的角度来考虑，还可以应用分离的风险处置方法减少损失。

“分离”对策是将风险主体分立成各个独立的较小主体，避免同一风险事件波及较大的范围，以达到减少损失的目的。

股民们经常讲的一句话很好地诠释了风险分离的内涵，这就是：不要将所有鸡蛋放在一个篮子里。

损失分离的一个例子是海上巨轮都有数个完全隔离的隔舱组成，碰撞事故一般只能导致某隔舱进水，而不易引起严重沉船事故。与之相同的例子是建筑结构内的防火墙和防火栅栏及防火门。它们将建筑结构内部分成若干个由防火材料隔开的局部空间，将使火损被限制在一个分隔间内。甚至连确保汽车行驶时相互间的安全距离以防连环追尾事故发生这种做法也属于风险分离。

普通公民将剩余资金分三份分别投在储蓄、股票和不动产是一个风险投资的明智、安全做法，这种做法的道理也是基于损失分离对策。

还有一个例子有必要介绍。一些重要的信息系统属于不可中断的公众服务或具有军事战略用途，为了确保这些至关重要的系统在任何时间、任何情况下不会瘫痪，电力供应保障是基本的需求。为此，正确的做法是：申请双路高压供电、增加后备柴油机发电机组、交流稳压器、不间断电源（在线式和后备式都要）、每路安装多级电涌保护器等。这里的供电方式采用了冗余结构，每个设备都是两套以上，分离了由于雷电等原因引起的断电风险，确保这些重要系统的安全。国内外的一些重要行业如金融业这种做法较多。

分离的措施虽然一般不能减少损失发生的次数，但它趋向于减少发生重灾的可能性。使得个人、家庭、企事业单位遭遇风险时不至于受到毁灭性打击而一蹶不振。

4.5.3 风险转移

风险转移也是一种风险控制工具，它使面临风险的团体或个人可能遭受的损失由其他团体或个人来承担或分担，即一方（转让人）将潜在损失及其财务后果转嫁给另一方（受让人）。所以，对全社会而言，这种风险转移措施不能实质性地消除或降低风险和减轻损失的影响。

风险转移包括风险控制转移和风险财务转移两种类型。前者是将风险和潜在损失随同所有权一起转移，后者则只转移风险和损失的财务后果。

4.5.3.1 风险控制转移

风险控制转移的方式大致有以下三种：

(1)风险完全转移，即将担有风险的财产和活动通过合同转移给其他单位或个人，完全将风险随着财产和经营活动一起转移到合同另一方。当然，这可能不得不将利润也转移走。这种方法一般适用于企业生产经营活动相关的风险控制，不太适用于自然灾害风险控制，因为转移或分包是将风险转嫁出去，而不是中止风险。风险依然存在。面对自然灾害风险，现时的风险主体即风险转让方应有风险告知的社会责任。也就是说，风险转移必须通过合理、合法的正当途径来转移。无限制的、任意的、带欺诈性等不择手段的转移均是不道德和非法的。实施风险转移应遵守职业道德，遵守政府法规和法令，这是任何团体或个人都必须履行的社会职责。

(2)风险部分转移(风险分担)，即将一项工程的部分项目或经营活动的部分环节转包给他人。尤其是将没有把握、存有风险的部分项目或经营活动的部分环节分包出去，将这部分风险转移出去，减轻了本单位或个人的风险负担。

(3)签署风险责任分担协定。这种方式不是转移财产或活动，而是转移风险本身。例如，大型商场和大型超市与产品供货商签署协议，一种是厂家要求商家保证一定数量的销售额，这可以将可能由于市场波动引起的损失风险转移给商家，保证生产厂家预先安排产品生产数量；还有一种情况例如是商家要求食品供货厂家在食品保质期内确保符合国家有关食品卫生安全的规定，一旦发生食品卫生或中毒事件时，由厂家承担责任风险。同时，食品保质到期时，无条件收回过期食品，承担经济损失风险。

这涉及厂家与商家合作的经济利益平衡点，风险分摊、合作共赢是成功合作的关键。所谓有福同享，有难同当即是此意。

4.5.3.2 风险财务转移

个人、家庭或企事业单位面对风险，采取一定的财务对策将潜在损失及严重后果完全或部分地转移出去，这种风险控制方法称为风险财务转移。

(1)财务型保险转移

个人、家庭的经济生活或企事业单位的经济活动中极为普遍的理财方式之一就是上保险。从汽车的交通强制险及商业保险到个人的大病保险、失业保险以及单位和个人的各类财产损失保险都是常用的风险转移财务对策。在这种转移对策中，保险人有条件地同意接受由损失引起的财务负担，因此投保人将损失的财务后果转嫁给了保险人。这里所谓的有条件是指投保人必须拿出不影响平时生活质量的部分资金投保来换取一旦出现重大风险事件的损失补偿。否则，风险事件的严重后果可能导致个人、家庭及单位的无法承受的家毁、人亡和破产。例如，在没有医疗保险的家庭，因一人生病，全家致贫的例子比比皆是。

保险是保险人和投保人之间的合同协议，在这种协议下，保险人愿意承担保险合同所界定的“损失”，以换取投保人的保险费支付。从风险管理的角度分析，作为风险损失的经济补偿手段，保险主要有提供有效的损失补偿、分散风险、风险控制和监督等作用。

保险的分散风险作用使集中在某一被保险人处的因偶发灾害事件或人身事故所致的经济损失，以保险人收取保险费的方式，平均分摊给未发生风险事件的其他被保险或个人。通过保险，所有的投保人都已结成互助共济关系而受到保险的保障了。

例如，职工医疗保险或专门的大病保险，就是由社会上多数人缴纳的保险费汇聚，使得由保费积聚的保险基金担负相对于投保人数少得多的大病患者的医疗费用，这可能挽救了病人、挽救了家庭，使得社会和谐稳定。只要保险公司运作得当，不出现收入不敷赔偿的现象，保险就有可能在较大范围内分散个人、家庭、单位和社会风险。

又如，人身险已经将雷电灾害造成的人身意外事故纳入投保范围，投保人如遇雷击导致身故或受伤皆可获赔。因为人身险中，寿险是以人的生命为保险标的，以生死为保险事故的保险，投保人不论以什么方式遭遇事故都将获得赔付。如果投保人在投保寿险时增加住院医疗险和住院津贴险等险种，以便得到医疗补偿或津贴补助，就可以对雷击造成的各类人身风险有一个全面的医疗保障。而针对汽车等遭雷击造成的车损险，其保险责任都已列明包括“雷击、雹灾、暴雨、洪水、海啸所造成的车辆损失”。

因此，保险业在建立完善的综合减灾机制中具有重要的作用和地位。保险应用社会经济等手段支持经济的发展，稳定社会秩序。保险为被保险人遇险时提供保险责任内的灾害补偿，尤其从保险公司的经济补偿职能派生出防灾减损职能。这既是保险公司风险管理的重要手段，更是社会综合减灾的重要工作。由灾前防灾防损保险和灾后的赔偿等所形成的完整的保险减灾体系，构成了社会综合减灾体系中独具特色的重要部分。保险防灾防损工作范围几乎涵盖综合减灾工作的全部内容，并由专设的机构和人员组成了一个遍及全国的、规范管理的网络体系。

(2)财务型非保险转移

财务型非保险风险转移是风险转移方以签订免责协定或保证书的方式将约定的人身伤害、财产损坏的责任损失转移给另一方的协定或保证。它们都属于契约，涉及契约各方或被保证人、保证人和权利人三方利益。由转让方(或保证人)对受让方(或被保证人)的违约等行为所致的权利人损失承担赔偿责任。

例如，某建筑的建设单位(建筑产权人)可以与建筑承包商签订一揽子合同，该合同必然要包括明确工程建设期内工伤事故由建筑承包商承担的条款，以及在保质期内由于建筑质量问题引起的人身伤害、财产损坏的责任由筑承包商承担的条款。

生产经营活动中还有一个较常用的财务型非保险转移方法是中性化和期货交易。它是利用可能收益来平衡可能损失的方法。一般仅适用于处理投机风险。例如，为防止石油、铁矿石等能源或原材料价格大起大落影响企业的长期稳健发展战略，世界上能源或原材料主要供应国和进口国都喜欢签订长期协议做期货交易，以应对短期内由于市场供求关系变化导致的损失风险，因为在较长的时期内看，由于价格的波动，企业既会出现收益也会出现损失，如果收益和损失相当，则风险被转移。当然,期货交易的前提是供需双方不要出现严重的供需失衡情况,以防一方出现垄断的局面。

4.6 雷电风险灾害保险

对于大多数自然灾害而言,以人类现今的科技水平是难以杜绝其发生的,而对于自然灾害所造成的巨大的危害,却可以采取防护措施以及响应措施去减轻、分散灾害对区域的破坏性伤亡影响。2010 年中国西南的云南、贵州、广西、四川、重庆五个省(自治区、直辖市)发生了百年不遇的特大干旱灾情,造成 246 亿元人民币的经济损失,超过 700 万人生活用水困难。因此对于自然灾害的研究,所做的不仅仅应该是对于灾害发生的预测、预警、防护等工作,还应该致力于研究灾害发生之后的应急处理,损失风险分散化管理等。

为了减轻自然灾害对于受灾区域的灾害影响,分散受灾区域经济损失、人员伤亡风险,可以借助于灾害保险体系,将单一年份单一区域的灾害风险进行分散化转移化。自然灾害保险对策方案研究已经成为我国政府所关心和推进的政策性研究方向。本书就雷电灾害这一自然灾害进行研究分析,探究雷电灾害的可保性,并在研究区域的雷电受灾的具体情况的基础之上,构建合适的数学模型,设计出针对雷电灾害的保费厘定方案。

4.6.1 雷电灾害保险

自然灾害保险是指由于自然灾害的发生,导致投保方出现财产损失、人员伤亡事故,按照保险合同的约定项目,承保方给付投保方约定的赔付金额,履行规定责任的行为。由于“天时不合”发生意外的自然灾害对单一受灾体而言有过大的风险,保险就发挥着分散意外风险的作用。由于我国近年来自然灾害频发,现阶段已经充分认识到自然灾害保险在巨灾风险管理,分散灾害保险中的重要作用,致力于建立以政府机构为主导、市场经济为有力部分、多主体宽领域的灾害风险保障体系,实现一方有难八方支援,一方风险多主体共同承担的保险目的。

雷电灾害作为一种常见的易发生的自然灾害,其灾害保险的保费厘定方案设计分析应更加受到人们的重视。本节就雷电灾害风险进行论述,根据雷电灾害的形成以及发生特点,分析雷电灾害的风险性特征,对不同区域内的灾害发生风险以及风险损失进行评估,拟定雷电灾害保险的区域风险系数,设计制定出合理可行的保险赔付方案。

4.6.1.1 雷电灾害可保性分析

对于一种自然灾害进行保险保费的方案设计,首先得分析其是否具备可保性条件。进行灾害保险的目的在于，利用所设计的灾害保险将灾害发生可能造成的灾害风险转嫁给保险承保人，降低投保人受灾害风险影响，而其中的灾害风险损失是依托于所有的投保人进行保险认购的保费进行承担的。根据此过程，美国国家税务总局提出了可保性必须具备三个必要的条件：风险可转移性、风险可分配性、保险风险性。

雷电灾害作为一种常见的自然灾害，其风险能够通过诸多方式进行转移和分散分配化，符合自然灾害可保性条件。不仅如此，从保险的原理方面来看，雷电灾害作为一种可统计计量的小概率事件，是可保风险的对象，开展雷电保险符合保险行业“大数法则”的基本原理。从雷电灾害数据分析的可行性来看，近年来，气象部门对于雷电现象的重视，开始观测并记录雷电现象相关数据，气象部门也更加完善了对于全国雷电灾害的时间分布、行业分布、经济损失、人员伤亡等信息的统计汇总。从市场开发方面来看，个人对意外保险的更高要求，以及各高新企业特别是没有很多固定资产但其网络集成系统安全才是企业核心资产的信息公司，迫切需要投保雷电灾害保险，将自己暴露在雷电灾害下的资产进行保护。从产品的设计角度考量，设计开发雷电灾害风险保险产品可以将原来分布在人身保险、财产保险中的雷电灾害部分细化综合为雷电灾害保险，更有利于灾害定损及灾害责任判定。这一举措不仅有利于单一雷电灾害保险的开发发展，还对于探索以单一风险作为保险对象的突发自然灾害的保险产品开发（例如冰雹、龙卷等风险），为商业保险单位在应对单一自然灾害风险管理保险保费厘定方案方面提供了启示作用，也为丰富细化保险产品，合理化保险厘定费率，具有十分积极的意义。

然而在自然灾害保险的保费方案的设计过程中，不仅需要对该自然灾害的理论可保性进行分析研究，还需要对该自然灾害保险的实施可行性进行分析。一般而言，自然灾害风险数据若呈现出肥尾特征，其保险保费厘定精算过程将十分复杂。因此本节利用 2000—2016 年的雷电灾害损失数据为依据，进行雷电灾害损失分布肥尾特征情况的量化分析，进一步探讨雷电灾害保险的可行性。将 2000—2016 年度的雷电灾害直接经济损失数据作为数据样本，对损失数据取对数作 Q-Q 图，如图 4.3 所示。

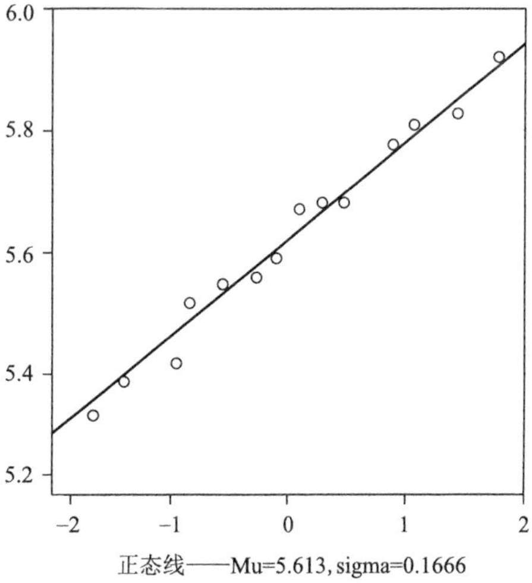

图 4.3　雷电灾害损失数据对数 Q-Q 图

通过观察雷电灾害损失数据对数 Q-Q 图可以发现,其中的数据点基本都是紧密围绕在直线的附近,以此可以判定原始数据的分布特点是非肥尾的。为了验证结果的正确性,同时引入峰度值进行数据肥尾性检验判定。

将雷电灾害的直接经济损失数据,利用峰度值计算公式带入计算

$$K(x)=E\left(\frac{(x-u)^3}{s^3}\right) \tag{4.1}$$

计算得出峰度值尺 $K(x)=0.178246$,小于肥尾数据峰度临界值 3,说明雷电灾害损失数据无肥尾特征。综合考虑 Q-Q 图和峰度系数的情况,于是认为雷电灾害损失数据无肥尾特征,具有保险精算定价实施的可行性。

4.6.1.2　雷电灾害保险分散模式

确定灾害保险的制定方案之前,首先要明确该自然灾害应该采取何种风险分散机制。我国对于自然灾害风险分散机制的方式主要分为两类:(1)风险分散“并联模式”;(2)风险分散“串联模式”。

风险分散“并联模式”是指投保单位承担的是保费和部分免赔额 A,当灾害损失大于 A 的部分,投保单位的损失将由直接保险公司赔付。而直接保险公司通过风险分散的方式,自身最多只承担 $B-A$ 的损失和各级的交易费用,B 以上的损失将由次级的再保险公司、资本市场或者政府基金进行赔付(如图 4.4)。这种模式中,直接保险公司是将所承担的风险分别平行分担给再保险公司和政府基金,通过与两个主体之间签订分保协议进行风险分散。

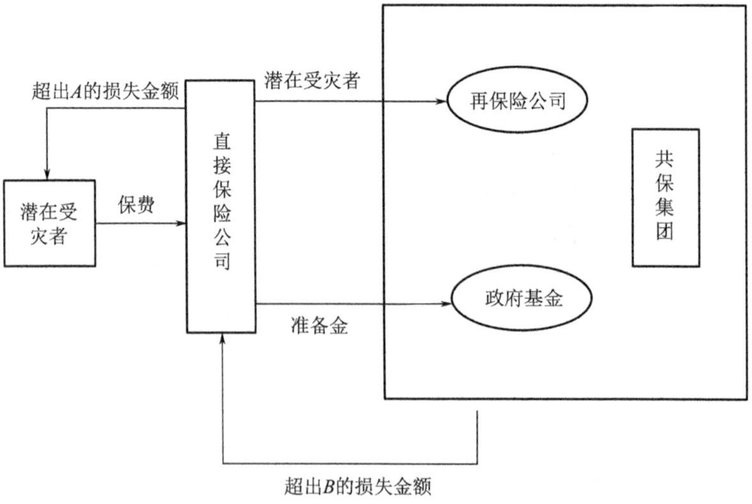

图 4.4　风险分散“并联模式”

显而易见的是，在“并联模式”进行风险分散化的过程中，是将再保险公司和政府基金作为两个相互独立的部分，而将超过 B 以上的赔付部分采取一分为二的分散模式。但是在实际的风险分散运作过程中，由于主体之间相对独立，缺乏有效的沟通，因此也会产生两个主体部分对于直接投保公司的有效监控，这就变相地导致了直接保险公司需要支付的再保险保费和准备金增多。直接投保公司所需高额的费用将会以高额保费的形式反映到市场，随之而来的将是灾害保险市场的萎缩，最终造成灾害保险产品被市场所淘汰的局面。

相较于风险分散的“并联模式”，另一种模式“串联模式”更适合作为我国的雷电灾害保险风险分散模式。风险分散“串联模式”是当投保单位发生灾害损失时，保险单位承担的灾害损失赔付仅 $B-A$ 的部分，剩下的再保险公司赔付承担 B 以上的部分，而政府扮演的角色是对投保人的费用以及可能需要自身承担的 A 以下的部分进行直接补助(如图 4.5)，这样有助于提高投保人进行灾害保险的积极性。

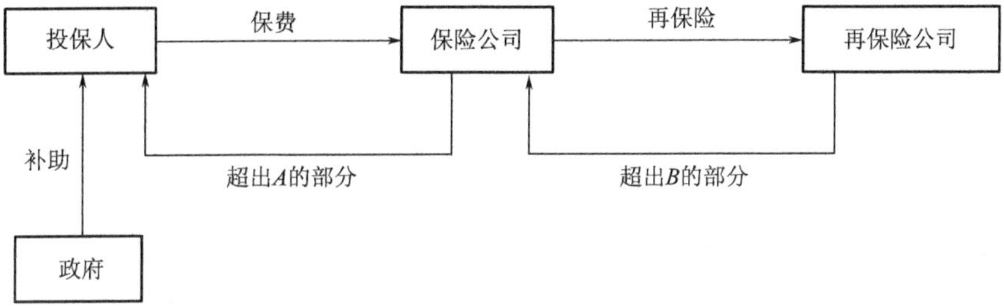

图 4.5　风险分散“串联模式”

针对雷电灾害的发生特点，其灾害波及范围较其他自然灾害而言小、单次自然灾害造成损伤通常规模较小、雷电灾害频率高各地区每年都时有发生。因此，现阶段对于区域内雷电灾害造成的灾害损失规模，由经济市场的保险公司有能力承担相应的理赔金额。并且由于单次雷电灾害的损失额度较其他自然灾害而言十分小，所以政府可以通过适当补助的形式对投保人本身进行经济援助，提高投保人的投保意愿。随着国家自然灾害的管理水平的提高，将有更有效的国家扶持措施促进雷电灾害保险的发展。本书就商业保险风险承担，政府补助保险金的分散模式，对雷电灾害保险制定进行推导，试图制定出合理的灾害保险保费定价方案。

4.6.2　雷电灾害保险的保费定价模型设计

4.6.2.1　雷电灾害保险的理赔指数设计

区域雷电现象造成灾害的损失额，主要受到区域发生雷电灾害的概率和发生雷电灾害所造成的灾害风险损失额两方面的影响。若雷电灾害发生的概率越高，受到雷电灾害损失的风险越大，那么由于雷电灾害造成的损失额就越大。同样的，若区域属于雷电灾害敏感地区，当发生雷电灾害时造成的损失额就越大。

(1)雷灾概率指数

雷灾概率，即雷电灾害风险发生的可能性，往往与3个因素有关：1)所在区域内发生雷电现象的致灾环境；2)所处区域的孕灾环境；3)所处区域的承灾体敏感程度。雷电灾害的发生概率的确定，往往并不能够通过雷电现象的发生可能性进行确定。因为可能会出现雷电现象频发的区域但实际发生雷电灾害却很少，而发生雷电现象频率一般的区域出现雷电灾害的次数却异常地多，因此对于雷电灾害风险概率的分析确立，需要依据雷电灾害区划的风险等级。

现在可以利用雷电灾害风险区划结果进行雷电灾害风险概率进行分析，将雷电灾害风险划分为四种类型的区域：极高风险区、高风险区、中风险区、低风险区，分别对应的级别数为4,3,2,1，那么就可以用级别对应的比重来进行雷电灾害在该区域内发生的概率的划分，例如高风险区占该地区发生雷电灾害总概率$4/\sum_{1}^{i}G_i$。

本书选取四个季度为时间划分的对象，对雷电灾害风险评估值进行划分，定义：

d_s(其中$s=1,2,3,4$)为多年间待评估区域整体发生雷电现象的次数(例如江苏省辖区内7年的雷电频数)；

T_s(其中$s=1,2,3,4$)表示多年间待评估区域整体发生的雷电灾害次数(例如江苏省辖区内7年内发生的雷电灾害次数)；

G_i(i表示第i个待评估区域)为所在区域所属雷电灾害区划等级的级别得分(例如江苏省南京市属于雷电灾害极高风险区，则灾害区划等级级别得分为4)；

那么对于整个待评估区域整体的春夏秋冬四季发生雷电灾害的概率指数P_s，为

$$P_s=\frac{T_s}{d_s} \tag{4.2}$$

它表示所有待评估区域的整个区域发生雷电灾害的概率。按照雷电灾害风险综合评价值的大小，对每个小的待评估区域内发生雷电灾害的概率进行加权，那么就可以将每个小的待评估区域对应四个季度的雷灾概率指数记为

$$H_{\mathrm{is}}=\frac{T_s}{d_s}\times\frac{G_i}{\sum_{1}^{i}G_i} \tag{4.3}$$

应该注意到，本书采取的是以四个季度为时间对象划分的，具体的划分方式可以根据承保单位或者投保单位的具体情况而定，设计出符合各自实际情况的概率

划分方式。

(2)雷灾损失指数

雷灾损失是指当雷电灾害发生时，区域经济受到雷电灾害影响，由此产生的经济损失。区域发生雷灾时，造成的损失情况主要取决于区域的雷电承灾体敏感性，区域对雷电越敏感，那么发生雷电灾害时造成的损失越大：

P_ρ 人口密度(单位：人/km^2)：该因子表示每平方千米范围的人口数；

V 区域单位面积生产总值(单位：万元)：该因子表示某一区域内单位面积的生产总值；

Q_{is} (其中 $s=1,2,3,4$；i 表示待评估区域个数)为较小的待测区域内的四季度经非负化处理的雷电灾害风险综合评价值(例如江苏省南京市的雷电灾害风险综合评价值)；

将区域的雷灾损失指数表示为

$$I_{is}=(\alpha P_\rho+\beta V+C)\times\frac{Q_{is}}{\sum_1^i Q_{is}} \tag{4.4}$$

式中，C 为常数。这样就得到了对雷灾损失的描述，它表示某一区域发生雷灾时，由于雷灾导致的可能损失值。

4.6.2.2　雷电灾害保险的保费定价模型的建立及检验

雷电灾害损失期望的大小不仅与该区域发生雷灾概率有关联，还与发生雷电灾害造成的损失指数有关。发生雷灾的概率指数越大，对应区域的雷灾损失指数越大，那么由雷电灾害造成的损失期望值就越大。已知雷灾概率指数 H，雷灾损失指数 I，那么可以得出某待评测区域某段时间的雷电灾害损失期望为

$$E_{is}=H_{is}\times I_{is}=\frac{T_s}{d_s}\times\frac{G_i}{\sum_1^i G_i}\times(\alpha P_\rho+\beta V+C)\times\frac{Q_{is}}{\sum_1^i Q_{is}} \tag{4.5}$$

不妨设某保险的佣金为 l，保险赔付率为 r_s，保险费为 g_s 元，政府每年保险补贴 $p\%$。

根据收益风险原则，保险公司为了保持收益与风险相平衡，因此

$$E_s\times r_s=\frac{g_s}{(1-p\%)} \tag{4.6}$$

于是得

$$g_{is}=E_{is}\times r_{is}\times(1-p\%)=\frac{T_sG_iQ_{is}r_{is}(1-p\%)(\alpha P_\rho+\beta V+C)}{d_s\sum_1^i G_i\sum_1^i Q_{is}} \tag{4.7}$$

这样，就得到了针对某一待评测地区 Z 的第 s 季度的纯保费保险定价模型，本书将其称为雷电灾害保险的 PAL 定价模型。同样的，通过不同的时间划分方式，还可以根据月份更加细化雷电灾害保险的承保时间，划分方式更多的是取决于市场需求。例如某些行业在特定的月份需要进行投保，那么需要根据实际的需求计算出该时间区间内的保费定价是多少。

第 5 章　雷电风险评估过程与实例

IEC62305-2 雷电防护第 2 部分：风险管理(IEC：Protection against lightning-Part2：Risk management)适用于建筑物或服务设施的雷击风险评估。这是目前国际上适用面最广的雷击风险评估方法。

IEC62305-2 引用了以下规范性文件：

IEC60079-10-2002 爆炸气体环境中的电气设施第 10 部分：危险区域的分类(Electrical apparatus for explosive gas atmosphere-Part10：Classification of hazardous areas)。

IEC61241-10-2004 有可燃粉尘场合用电气设备第 10 部分：可燃粉尘场合的分类(Electrical apparatus for use in the presence of combustible dust-Part10：Classification of areas where combustible dusts are or may be present)。

IEC62305-1 雷电防护第 1 部分：总则(Protection against lightning-Part1：General principles)。

IEC62305-3 雷电防护第 3 部分：对建筑物的物理损害和生命危害(Protection against lightning-Part3：Physical damages and life hazard instructures)。

IEC62305-4 雷电防护第 4 部分：建筑物内的电气和电子系统(Protection against lightning-Part4：Electrical and electronic systems within structures)。

IEC62305-5 雷电防护第 5 部分：服务设施(Protection against lightning-Part5：Services)。

ITU-TR ecommendationK. 46：2000 使用金属对称导线的通信线路的雷击浪涌防护(Protection of telecommunication lines using metallic symmetric conductors against lightning induced surges)。

ITU-TRecommendationK. 47：2000 使用金属导线的通信线路的直击雷防护(Protection of telecommunication lines using metallic conductors against direct lightning discharges)。

5.1　雷击损害风险

5.1.1　雷击损害类型

雷击损害根据需保护对象特性的不同，雷击可能会引起各种损害。其中最重要的特性包括：建筑物的结构类型、内存物、用途、服务设施的类型以及所采取的保护措施。

在实际的风险评估中，将雷击引起的基本损害类型划分为以下三种（见表 5.1 和表 5.2）：

D_1：生物伤害；

D_2：物理损害；

D_3：电气和电子系统失效。

雷电对建筑物的损害可能被限制在建筑物的某一部分，也可能扩展到整个建筑物，还可能涉及四周的建筑物或环境，例如化学污染或辐射性的扩散。

影响服务设施的雷电可以对线路或管道本身以及相关电气和电子系统造成物理损害。损害还可能扩展到与服务设施相连的内部系统。

5.1.2　雷击损失类型

每种单独发生或共同发生的损害类型，可以在需保护对象中导致不同的间接损失（损失后果）。可能出现的损失类型取决于需保护对象的特性及其内存物。应当考虑以下几种类型的损失（见表 5.1）：

建筑物中的损失类型包括：

L_1：人员生命损失；

L_2：公众服务损失（建筑物及其内存物的损失）；

L_3：文化遗产损失；

L_4：经济损失（建筑物及其内存物的损失）。

服务设施中的损失类型包括：

L'_2：公众服务的损失（服务设施以及活动中断的损失）；

L'_4：经济损失（服务设施以及活动中断的损失）。

在 IEC62305-2 标准中，服务设施中的损失，没有考虑人员生命损失这一损失类型。

表 5.1　按照雷击点区分的损害源、损害类型和损失类型

		建筑物		服务设施	
雷击点	损害源	损害类型	损失类型	损害类型	损失类型
	S_1	D_1 D_2 D_3	L_1,L_4 L_1,L_2,L_3,L_4 L_1,L_2,L_4	D_2 D_3	L'_2,L'_4 L'_2,L'_4
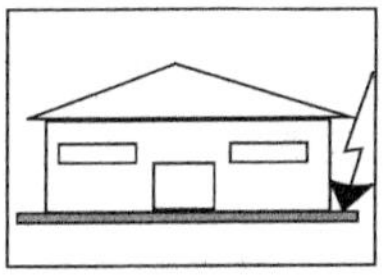	S_2	D_3	$L_1$①,L_2,L_4		
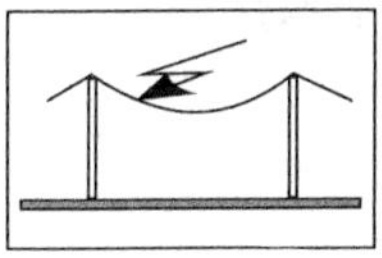	S_3	D_1 D_2 D_3	L_1,$L_4$② L_1,L_2,L_3,L_4 $L_1$①,L_2,L_4	D_2 D_3	L'_2,L'_4 L'_2,L'_4
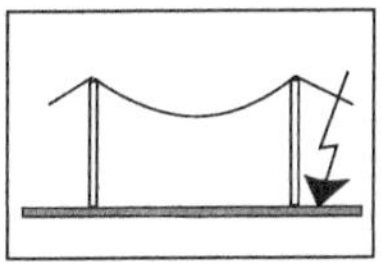	S_4	D_3	$L_1$①,L_2,L_4	D_3	L'_2,L'_4

注:① 仅对于具有爆炸危险的建筑物或医院或其他内部系统的失效马上会危及人员生命的建筑物。
② 仅对于可能出现牲畜损失的情况。

5.1.3　建筑物中各种损害和损失类型对应的风险

表 5.2 是建筑物中各种损害和损失类型对应的风险,其中的 R_S、R_F 和 R_O 分别代表雷击引起的生物伤害风险、物理损害风险和电气或电子系统失效风险。

表 5.2　建筑物中各种损害和损失类型对应的风险

损失 损害	L_1 人员生命损失	L_2 公众服务损失	L_3 文化遗产损失	L_4 经济损失
D_1 生物伤害	R_S	—	—	R_S①
D_2 物理损害	R_F	R_F	R_F	R_F
D_3 电气或电子系统的失效	R_O②	R_O	—	R_O

注:① 仅对于可能出现牲畜损失的情况。
② 仅对于具有爆炸危险的建筑物或医院或其他内部系统的失效马上会危及人员生命的建筑物。

5.2 雷电风险评估体系

IEC62305-2 确定的雷电灾害风险评估的基本方程是

$$R = \mathrm{NPL} = \sum N_X P_X L_X \tag{5.1}$$

为了计算风险值 R，应当定义并计算有关的风险分量(风险分量取决于损害源和损害类型)，每种风险都是其对应风险分量的总和。

5.2.1 IEC62305-2 确定的雷电灾害风险评估体系

图 5.1 给出了雷电灾害风险评估体系结构图，为了得到风险 R，需要计算年预计雷击次数 N，雷电灾害损失概率 P 和雷电灾害损失 L 等 3 个基本量。

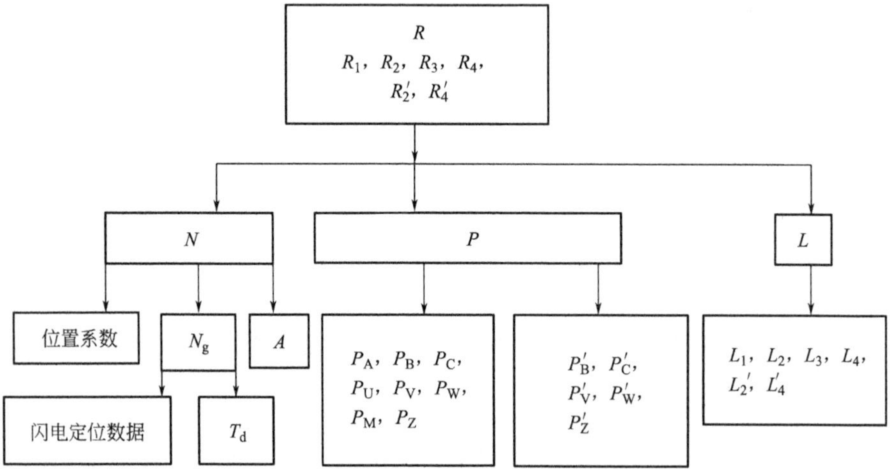

图 5.1 雷电灾害风险评估体系结构图

获得 N 的方法是确定建筑物或服务设施所处环境位置系数，同时计算被评估建筑物或服务设施的有效雷击截收面积 A 和雷击大地密度 N_g(雷击大地密度 N_g 是每年每平方千米雷击大地的次数)。

而 N_g 的获得方法有两种，一种方法是根据当地的雷暴日数 T_d(可从当地气象局获得该资料)，利用公式 $N_g = 0.1T_d$ 求得。另一种方法是通过当地地闪定位网络系统资料得到更准确的被评估对象所在位置的雷击大地密度 N_g 值。N 的计算方法在第 5.3 节中详细介绍。

P 可以根据建筑物雷击点的位置和损害类型分为 P_A，P_B，P_C，P_U，P_V，P_W，

P_M,P_Z 8 个概率分量(对服务设施而言 P'_B,P'_C,P'_V,P'_W,P'_Z 5 个概率分量)。其中:P_A 是雷击建筑物引起生物伤害的概率;P_B 是雷击建筑物引起物理损害的概率;P_C 是雷击建筑物造成内部电气电子系统失效的概率;P_U 雷击相连的服务设施生物伤害的概率;P_V 是雷击与建筑物相连的服务设施使建筑物遭受物理损害的概率;P_W 是雷击与建筑物相连的服务设施使建筑物内部系统失效的概率;P_Z 是雷击与建筑物相连服务设施的附近使建筑物内部系统失效的概率;P'_B 是雷击服务设施引起物理损害的概率;P'_C 是雷击建筑物引起服务设备失效的概率;P'_V 是雷击服务设施引起服务设施遭受损害的概率;P'_W 是雷击服务设施使服务设备失效的概率;P'_Z 是雷击服务设施附近使服务设备失效的概率。

图 5.1 中,建筑物中可能需要计算的风险包括 R_1,R_2,R_3 和 R_4,而服务设施中可能需要计算的风险包括 R'_2,R'_4。

5.2.2　风险分量

在计算风险值时,可以按照损害源和损害类型对风险分量进行分组。

(1)建筑物风险分量

1)直接雷击引起的建筑物风险分量

R_A:建筑物户外距离建筑物 3 m 以内的区域中与接触和跨步电压造成生物伤害有关的风险分量。可能出现 L_1 类型的损失,当有农业财产时,还可能出现 L_4 类型的损失。

在 IEC 本部分内容中,没有考虑雷击建筑物时,户内因接触和跨步电压造成生物伤害的风险分量。

在特定的建筑物中,人们可能有遭受直接雷击的危险(例如停车库的顶层或露天运动场)。这些情况也可以用本部分的理念来考虑。

R_B:与建筑物内因危险火花放电触发火灾有关的风险分量,这种情况还可能会对环境造成危险。所有类型的损失(L_1,L_2,L_3,L_4)都可能发生。

R_C:与 LEMP 造成内部系统失效有关的风险分量。所有情况下都可能出现 L_2,L_4 类型的损失,在具有爆炸危险的建筑物或医院或其他内部系统的失效马上会危及人员生命的建筑物中还可能伴随出现 L_1 类型的损失。

2)邻近雷击引起的建筑物风险分量

R_M:与 LEMP 引起内部系统失效有关的风险分量。所有情况下都可能出现 L_2 和 L_4 类型的损失,在具有爆炸危险的建筑物或医院或其他内部系统的失效马上会危及人员生命的建筑物中还可能伴随出现 L_1 类型的损失。

3)雷击相连服务设施引起的建筑物风险分量

R_U:与建筑物内雷电流注入入户线路产生的接触电压造成人身伤害有关的风

险分量。可能会出现 L_1 类型的损失，当有牲畜时，还可能出现 L_4 类型的损失。

R_V：与雷电流经过入户服务设施产生的物理损害（入户设施和金属部件之间的危险火花放电触发火灾或爆炸，通常位于线路入户处）有关的风险分量。所有类型的损失（L_1，L_2，L_3，L_4）都可能出现。

R_W：与入户线路上感应出的并传导进入建筑物内的过电压引起内部系统失效有关的风险分量。在所有情况下都可能出现 L_2 和 L_4 类型的损失，在具有爆炸危险的建筑物或医院或其他内部系统的失效马上会危及人员生命的建筑物中还可能伴随出现 L_1 类型的损失。

在 IEC 评估中所考虑的服务设施仅指进入建筑物的线路。基于管道已经连接到等电位连接排，所以没有把雷击管道或管道附近考虑为损害源。如果没有安装等电位连接排，应当考虑这种威胁。

4）雷击相连服务设施附近引起的建筑物风险分量

R_Z：与入户线路上感应出的以及传导进入建筑物内的过电压引起内部系统失效有关的风险分量。在所有情况下都可能出现 L_2 和 L_4 类型的损失，在具有爆炸危险的建筑物或医院或其他内部系统的失效马上会危及人员生命的建筑物中还可能伴随出现 L_1 类型的损失。

在 IEC 评估中所考虑的服务设施仅是进入建筑物的线路。基于管道已经连接到等电位连接排，所以没有把雷击管道或管道附近考虑为损害源。如果没有等电位连接排，应当考虑这种威胁。

（2）服务设施风险分量

1）直接雷击引起的服务设施风险分量

R'_V：与雷电流的机械、热力效应造成的物理损害有关的风险分量。可能出现 L'_2，L'_4 类型的损失，当有管道的时候，还可能出现 L_1 类型的损失。

R'_W：与电阻性耦合产生的过电压造成相连设备失效有关的风险分量。可能出现 L'_2，L'_4 类型的损失。

2）邻近雷击引起的服务设施风险分量

R'_Z：与线路上的感应过电压造成线路或相连设备失效有关的风险分量。可能出现 L'_2，L'_4 类型的损失。

3）雷击相连建筑物引起的服务设施风险分量

R'_B：与流经线路的雷电流的机械、热力效应造成物理损害有关的风险分量。可能出现 L'_2，L'_4 类型的损失，当有管道的时候，还可能出现 L_1 类型的损失。

R'_C：与线路上的感应过电压造成线路或相连设备失效有关的风险分量。可能出现 L'_2，L'_4 类型的损失。

5.2.3　建筑物风险分量的组合

建筑物内所考虑的各种损失的相应风险分量如下：

R_1：人员生命损失的风险；

$$R_1 = R_A + R_B + R_C{}^{①} + R_M{}^{①} + R_U + R_V + R_W{}^{①} + R_Z{}^{①} \tag{5.2}$$

注：① 仅对于具有爆炸危险的建筑物或医院或其他内部系统的失效马上会危及人员生命的建筑物。

R_2：公众服务损失的风险；

$$R_2 = R_B + R_C + R_M + R_V + R_W + R_Z \tag{5.3}$$

R_3：文化遗产损失的风险；

$$R_3 = R_B + R_V \tag{5.4}$$

R_4：经济价值损失的风险。

$$R4 = R_A{}^{②} + R_B + R_C + R_M + R_U{}^{②} + R_V + R_W + R_Z \tag{5.5}$$

注：② 仅对于可能出现牲畜损失的情形。

各种损失类型对应的风险分量组合在表 5.3 中给出。

表 5.3　建筑物中各种损失类型对应的风险分量

损害源	雷击建筑物 S_1			雷击建筑物附近 S_2	雷击连接到建筑物的线路 S_3			雷击连接到建筑物的线路附近 S_4
风险分量	R_A	R_B	R_C	R_M	R_U	R_V	R_W	R_Z
各种损失类型对应的风险	*	*	*①	*①	*	*	*①	*①
R_1		*	*	*		*	*	*
R_2	*②	*				*		
R_3		*	*	*	*②	*	*	*
R_4								

注：① 仅对于具有爆炸危险的建筑物或医院以及其他内部系统的失效马上会危及人员生命的建筑物。
② 仅对于可能出现牲畜损失的情况。

损害源对应的风险分量组合

$$R = R_D + R_I \tag{5.6}$$

式中，R_D 是雷击建筑物产生的风险（损害源 S_1），定义为以下几个风险分量的总和

$$R_D = R_A + R_B + R_C \tag{5.7}$$

R_I 是中建筑物但对其产生影响的雷击产生的风险（损害源：S_2，S_3 和 S_4），定义为以下几个风险分量的总和

$$R_I = R_M + R_U + R_V + R_W + R_Z \tag{5.8}$$

损害类型对应的风险分量组合

$$R = R_S + R_F + R_O \tag{5.9}$$

式中，R_S 是人身伤害产生的风险，定义为以下几个风险分量的总和

$$R_S = R_A + R_U \tag{5.10}$$

R_F 物理损害产生的风险，定义为以下几个风险分量的总和

$$R_F = R_B + R_V \tag{5.11}$$

R_O 是内部系统失效产生的风险，定义为以下几个风险分量的总和

$$R_O = R_M + R_C + R_W + R_Z \tag{5.12}$$

5.2.4　服务设施的风险分量组合

服务设施中的各种损失相应的风险分量如下：

R'_2：公众服务损失的风险；

$$R'_2 = R'_V + R'_W + R'_Z + R'_B + R'_C \tag{5.13}$$

R'_4：经济价值损失的风险；

$$R'_4 = R'_V + R'_W + R'_Z + R'_B + R'_C \tag{5.14}$$

表 5.4 中给出所考虑的服务设施中各种损失类型对应的风险分量。

表 5.4　服务设施的各种损失类型相应的风险分量

损害源	雷击服务设施 S_3		雷击服务设施附近 S_4	雷击建筑物 S_1	
风险分量	R'_V	R'_W	R'_Z	R'_B	R'_C
各种损失类型对应的风险					
R'_2	*	*	*	*	*
R'_4	*	*	*	*	*

损害源对应的风险分量组合

$$R' = R'_D + R'_I \tag{5.15}$$

式中，R'_D 是雷击服务设施产生的风险（损害源 S_3），定义为以下几个风险分量的总和

$$R'_D = R'_V + R'_W \tag{5.16}$$

R'_I 是没有直接击中服务设施但对其造成影响的雷击产生的风险（损害源 S_1 和 S_4），定义为以下几个风险分量的总和

$$R'_I = R'_B + R'_C + R'_Z \tag{5.17}$$

损害类型对应的风险分量组合（见表 5.37）

$$R' = R'_F + R'_O + R'_Z \tag{5.18}$$

式中，R'_F 是物理损害（D_2）产生的风险，定义为以下风险分量的总和

$$R'_F = R'_V + R'_B \tag{5.19}$$

R'_O是电气和电子设备失效(D_3)产生的风险,定义为以下风险分量的总和

$$R'_O = R'_W + R'_Z + R'_C \tag{5.20}$$

以上服务设施的风险分量的组合请参见表 5.37。

5.2.5　风险分量的影响因子

(1)建筑物风险分量的影响因子

影响建筑物风险分量的建筑物特性以及可能防护措施特性在表 5.5 中给出。

表 5.5　建筑物风险分量的影响因子

建筑物或内部系统的特性保护措施	R_A	R_B	R_C	R_M	R_U	R_V	R_W	R_Z
截收面积	×	×	×	×	×	×	×	×
地表土壤电阻率	×							
楼板电阻率					×			
遮拦措施,绝缘物,警示牌,大地等电位	×							
LPS	×①	×	×②	×②	×③	×③		
配合的 SPD 保护			×	×			×	×
空间屏蔽			×	×				
外部线路的屏蔽					×	×	×	×
内部线路的屏蔽			×	×				
合理布线			×	×				
等电位连接网络			×					
火灾预警		×				×		
火灾敏感度		×				×		
特殊伤害		×				×		
冲击耐受电压			×	×	×	×	×	×

注:① 如果“自然”LPS 或符合标准的 LPS 的引下线间隔小于 10 m,或采取遮拦措施时,与接触和跨步电压造成人身伤害有关的风险可以忽略不计。

② 仅对于格栅形外部 LPS。

③ 等电位连接引起。

(2)服务设施风险分量的影响因子

影响服务设施风险分量的服务设施的特性、与服务设施相连的建筑物的特性以及可能防护措施的特性在表 5.6 中给出。

表 5.6　服务设施风险分量的影响因子

服务设施的特性防护措施	R'_V	R'_W	R'_Z	R'_B	R'_C
截收面积	×	×	×	×	×

续表

服务设施的特性防护措施	R'_V	R'_W	R'_Z	R'_B	R'_C
电缆屏蔽	×	×	×	×	×
防雷电缆	×	×	×	×	×
防雷电缆导管	×	×	×	×	×
附加屏蔽导体	×	×	×	×	×
冲击耐受电压	×	×	×	×	×
SPD	×	×	×	×	×

(3)风险容许值 R_T

确定风险容许值是政府部门的职责。当雷击涉及人员生命损失或者涉及到社会或文化损失时,表 5.7 给出了具有代表性的风险容许值的 R_T。

表 5.7 典型的风险容许值 R_T

损失类型	$R_T/(1\times/a)$
人员生命损失	10^{-5}
公众服务损失	10^{-3}
文化遗产损失	10^{-3}

5.2.6 年平均雷电风险事件次数 N 的评估

对于需保护建筑物,所考虑的雷电风险事件有:雷击建筑物、雷击建筑物附近、雷击入户服务设施、雷击入户服务设施附近、雷击与入户服务设施相连的建筑物。

对于服务设施,所考虑的雷电风险的事件有:雷击服务设施、雷击服务设施附近、雷击与服务设施相连的建筑物。

雷击大地密度

(1)概述

雷击大地密度是防雷工作中最重要的技术参数之一,反映了一个区域雷击发生的严重程度,直接关系到建(构)筑物防雷类别的选取。影响需保护对象的雷击引起的年均危险事件次数 N 取决于需保护对象所处区域雷暴活动的情况以及需保护对象的物理特性。普遍接受的 N 的计算方法是:将雷击大地密度 N_g 乘上需保护对象的等效截收面积,同时还要考虑需保护对象物理特性所对应的修正因子。

雷击大地密度 N_g 是每年每平方千米雷击大地的次数。在世界上的大部分地区,这个数值可以根据地闪定位网络系统得到。

如果没有 N_g 的分布图,则应该根据雷击大地密度与雷暴日数的密切关系推算，一般用公式 $N_g = \alpha T_d^{1+c}$ 来表示。

(2)雷击大地密度与雷暴日数的关系

国内，在 GB50057-2010《建筑物防雷设计规范》中规定，雷击大地密度与雷暴日数呈唯一的对应关系，全国用统一的公式

$$N_g = 0.024 T_d^{1.3} \tag{5.21}$$

由于我国幅员辽阔，各地气候差异较大，雷击大地密度与雷暴日数的关系相对比较复杂。

国际上，在温带地区，可以作以下估算

$$N_g = 0.1 T_d \tag{5.22}$$

式中，T_d 为年平均雷暴日，可以从雷暴日分布图上得出。

雷电是积雨云云中、云间或云地之间产生的放电现象，表现为闪电兼有雷声，有时亦可只闻雷声而不见闪电。雷暴日的统计是通过人耳听来确定的，即一天内只要听到一次或一次以上的雷声就算是一个雷暴日。在中国，一般一个县只有一个气象观测场，仅凭借这些观测点来观测全县区域的雷暴日是远远不够的，并不能保证观测员能听到所有的雷声。通常情况下，距离观测点 15 km 以内的雷电可以听到其雷声，超出此范围的雷电不能够被听到。也就是说，该指定区域的范围是以观测点为圆心，以 15 km 为半径的圆形区域。因此就产生了一定的观测误差。这里的雷声既包括云地闪发出的，也包括云内闪和云际闪发出的，并不能准确表征地面落雷的频繁程度。所以某一个雷暴日不能反映雷击大地密度，只有长期的平均值才能体现与雷击大地密度的关系，雷暴日数资料一般应有 30 年以上的积累，才能体现其统计平均状况。因此，在进行建筑物年预计雷击次数的估算时，最好以建筑物所在区域测得的地闪密度为准，而不应以通过雷暴日计算的地闪密度为准。当测量地闪密度困难或不可能时，可用通过雷暴日计算得出的地闪密度进行计算，但误差较大。

卫星观测的闪电资料是总闪，包括云闪和云地闪，雷击大地密度是指云地闪密度，故需把总闪次数转换成云地闪次数。

其转换方法使用下面的公式

$$N_C / N_g = 4.16 + 2.16\cos(3\varphi) \tag{5.23}$$

式中，N_C 为云闪次数；N_g 为云地闪次数；φ 为纬度。

马明、吕伟涛、张义军等(2008)对中国雷电活动特征进行分析后指出：闪电密度(总闪密度)和雷暴日在中国的地理分布是有差异的，青藏高原及邻近地区是雷暴日的次高值区，却是闪电密度的次低值区；华北、华东是雷暴日的次低值区，却是闪电密度的次高值区。可见闪电密度与雷暴日数不是唯一固定的关系，不同的区域呈现出不同的关系。

表 5.8 为中国不同地区雷击密度对比表。其中平均总闪密度和平均地闪密度

等的闪电资料来自美国的全球水文资料中心(GHRC),是由卫星光学瞬态探测器(OTD)、闪电成像传感器(LIS)观测获取的,这两种仪器探测的是总闪,不区分云闪和云地闪。OTD 观测时间为 1995 年 4 月至 2000 年 3 月,LIS 观测时间为 1997 年 12 月至 2005 年 12 月。

表 5.8　中国不同地区雷击密度对比表

地区	平均总闪密度/(次/(km^2·a))	平均地闪密度/(次/(km^2·a))	平均雷暴日/(d/a)	按国标计算的地闪密度/(次/(km^2·a))	相对误差/%
北京	8.9	2.18	36.3	2.56	17.3
天津	9.7	2.32	29.3	1.94	−16.5
河北	7.9	1.89	34.3	2.38	25.8
山西	5.0	1.14	36.5	2.58	126.1
内蒙古	3.6	0.95	30.6	2.05	116.4
辽宁	6.4	1.65	27.4	1.78	7.9
吉林	4.5	1.18	32.7	2.23	88.7
黑龙江	4.1	1.18	31.8	2.15	82.9
上海	7.4	1.47	28.4	1.86	26.9
江苏	8.5	1.76	33.5	2.31	30.8
浙江	8.2	1.56	44.6	3.34	115.1
安徽	8.1	1.64	38.9	2.80	70.6
福建	8.5	1.52	58.0	4.71	210.6
江西	9.7	1.76	61.2	5.05	186.0
山东	8.1	1.85	28.0	1.83	−1.1
河南	6.6	1.37	25.6	1.63	18.7
湖北	7.0	1.39	39.7	2.88	107.3
湖南	8.1	1.50	52.0	4.08	171.5
广东	16.6	2.80	76.9	6.79	142.8
广西	12.6	2.12	81.0	7.27	242.2
海南	11.5	1.81	104.3	10.09	456.1
重庆	8.5	1.65	35.4	2.48	50.4
四川	4.7	0.93	49.6	3.84	312.4
贵州	10.2	1.86	56.9	4.59	147.4
云南	6.0	1.03	66.9	5.67	450.3
西藏	1.7	0.34	64.4	5.39	1500.8

续表

地区	平均总闪密度/(次/(km^2·a))	平均地闪密度/(次/(km^2·a))	平均雷暴日/(d/a)	按国标计算的地闪密度/(次/(km^2·a))	相对误差/%
陕西	3.5	0.76	25.9	1.65	116.9
甘肃	2.6	0.61	19.5	1.14	87.9
青海	2.1	0.47	41.8	3.07	557.7
宁夏	3.0	0.68	24.4	1.53	123.2
新疆	1.3	0.33	17.5	0.99	203.7

从表中可见，按国家标准 GB50057-2010《建筑物防雷设计规范》中相应公式计算的雷击大地密度，其值大部分明显高于卫星观测转换得到的数据，有 18 个省（自治区、直辖市）高出 1 倍以上，其中海南、四川和云南高出 3～4 倍，其值已接近卫星观测得到的总闪次数，青海和西藏的计算值则高于卫星观测得到的总闪次数，西藏更是高出 2 倍以上，这是明显不合理的。总的分析，青藏高原及其东部的四川相对误差最大，海南、云南等南方地区次之，华北、东北及华东地区相对小些。这与马明、吕伟涛、张义军等(2008)对中国雷电活动特征的分析基本一致。

分析闪电定位资料和人工观测雷暴日资料所得雷击大地密度值不同的原因，首先要了解闪电的成因。闪电的成因主要有两种，一种是天气系统过境时形成系统性闪电，另一种是局地热对流形成闪电。一般而言，一次系统过境形成的系统性闪电次数要明显多于一次局地热对流形成的闪电次数。在青藏高原，由于海拔高，空气稀薄，空气热容较小，受下垫面影响，晴天午后近地面空气温度升高得快，容易出现局地层结不稳定，又由于高原地形起伏较大，在地形的抬升作用下，较易出现局地热对流而形成闪电。张义军、葛正谟等(1998)通过对青藏高原东部地区雷暴天气电场特征分析后指出：该地区雷暴持续时间短，大约有 73.3%的雷暴持续时间小于 0.5 h，闪电较少。因此青藏高原的雷暴日以局地热对流为主，闪电密度相对于雷暴日显得小一些。同理，在华南地区，冷空气影响比较少，系统性闪电不多，而气候炎热，同样以局地热对流为主。而华北、东北及华东地区冷空气活动相对频繁，因此系统性闪电相对较多，使其雷击大地密度相对较大。

5.2.7　年平均雷击建筑物的次数 N_D 以及雷击连接到线路“a”端的建筑物的次数 N_{Da} 的评估

(1)截收面积 A_d 的确定

对于平地上的孤立建筑物来说，截收面积 A_d 是与建筑物上沿接触的斜率为 1/3 的直线沿建筑物旋转一周在地面上划出的面积。可以通过作图法来确定 A_d

的值。

1)矩形建筑物

对于长度为 L，宽度为 W，高度为 H 的孤立矩形建筑物，截收面积等于

$$A_d = LW + 6H(L+W) + 9\pi(H)^2 \tag{5.24}$$

L，W 和 H 是所考虑建筑物的尺寸，单位：m(见图 5.2)。

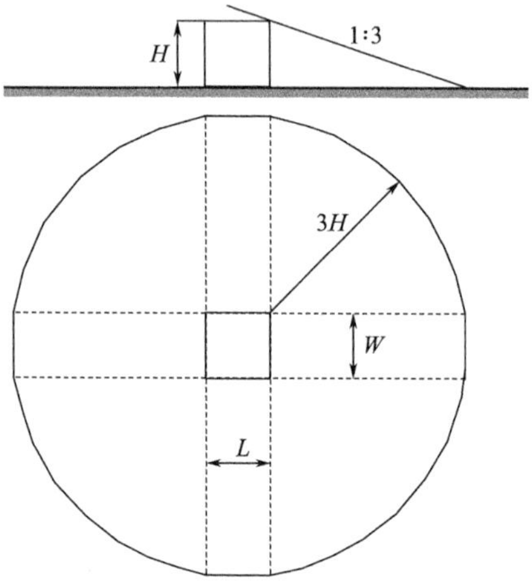

图 5.2　孤立建筑物的截收面积 A_d

考虑建筑物与建筑物周围 $3H$ 距离内的对象或大地之间的相对高度后可以得到更精确的计算结果。

2)形状复杂的建筑物

如果建筑物具有复杂的形状，例如具有突兀的屋顶(见图 5.3)，应当用作图法来计算 A_d(见图 5.4)，因为如果使用最大值($A_{d\max}$)或最小值($A_{d\min}$)时，差别可能太大(见表 5.9)。

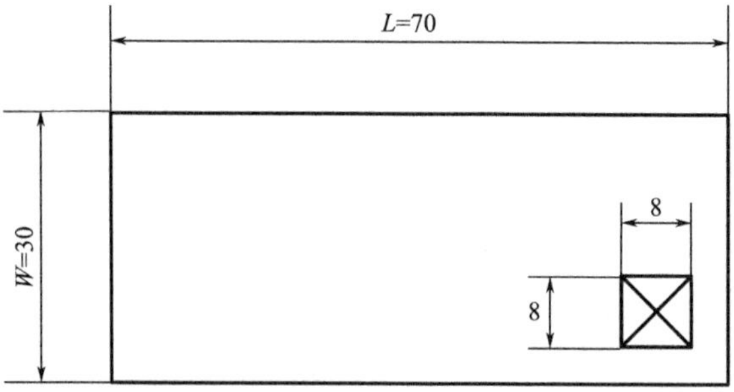

图 5.3　具有突兀的屋顶的复杂形状建筑物

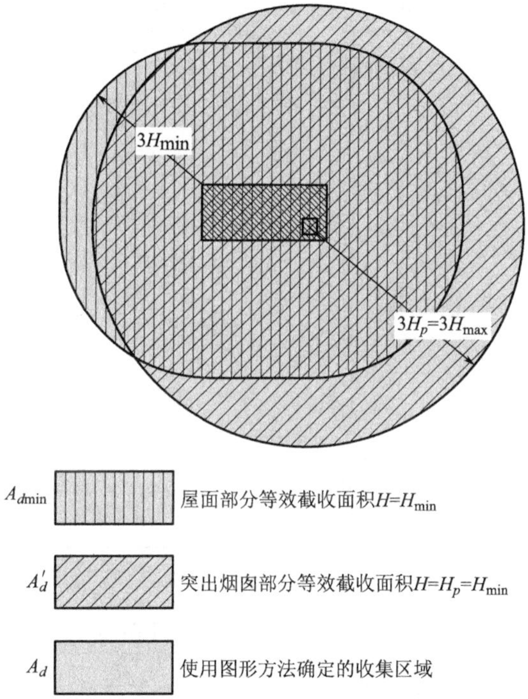

图 5.4　不同方法得出的图 5.3 所示的建筑物的截收面积(单位:m)

表 5.9　各种方法得出的截收面积

	作图法	建筑物(最大尺寸)	建筑物(最小尺寸)	突兀屋顶 H_p
建筑物尺寸 (L,W,H)/m	见图 5.4	70×30×40	70×30×25	40
截收面积/m^2	A_d=47700	A_{dmax}=71316	A_{dmin}=34770	A'_d=45240

截收面积的一个可以接受的近似值是 $A_{d\min}$ 和 A'_d 之间的最大值

$$A'_d = 9\pi(H_p)^2 \tag{5.25}$$

这里 H_p 是突兀屋顶的高度。

按照上述各种方法得出的截收面积的值在表 5.9 中给出。

3)建筑物是大厦的一部分

当所考虑的建筑物 S 仅仅是大厦的一部分时，如果满足以下条件的话，建筑物 S 的尺寸可以用于计算 A_d（见图 5.5）：

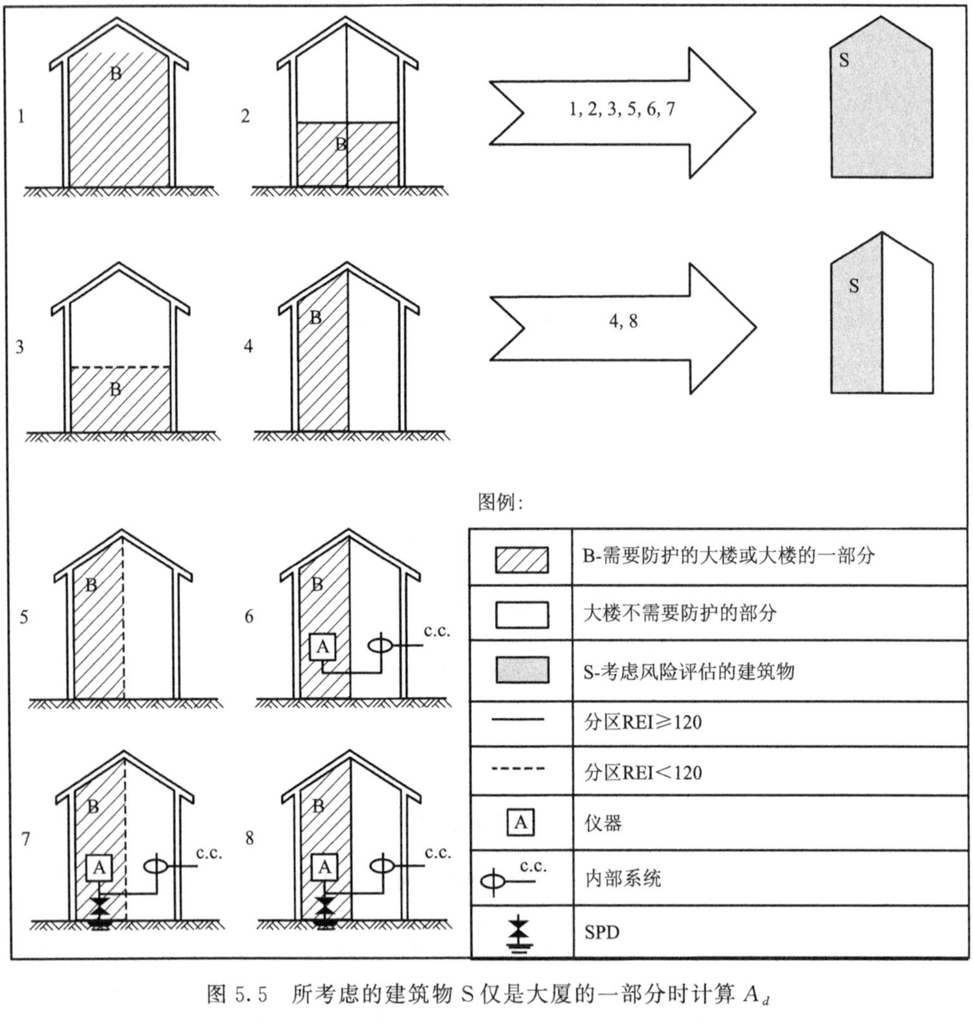

图 5.5 所考虑的建筑物 S 仅是大厦的一部分时计算 A_d

(a)建筑物 S 是大厦 B 的一个分离的垂直部分；

(b)大厦 B 没有爆炸的风险；

(c)建筑物 S 与大厦 B 的其他部分之间通过能够耐火 120 min 的墙体(REI120)或者其他等效保护措施来避免火灾的蔓延；

(d)通过在共用线路(如果有的话)入户处安装 SPD 或其他的等效保护措施来避免过电压沿着共用线路传播。

REI 的定义和资料请参见《欧盟公报》,1994/28/02,n. C62/63。

如果不能满足这些条件,应当使用整个大厦 B 的尺寸计算 A_d。

(2)建筑物的相对位置

通过位置因子 C_d 考虑建筑物相对位置的影响,例如被其他对象围绕或处在暴露场所等(见表 5.10)。

表 5.10　位置因子 C_d

相对位置	C_d
被更高的对象或树木所包围	0.25
被相同高度的或更矮的对象或树木所包围	0.5
孤立对象:附近没有其他的对象	1
小山顶或山丘上的孤立对象	2

(3)建筑物(位于服务设施"b"端)的危险事件次数 N_D 可以计算为

$$N_D = N_g \times A_{d/b} \times C_{d/b} \times 10^{-6} \tag{5.26}$$

式中,N_g 是雷击大地密度,单位:次/km²/a;$A_{d/b}$ 是孤立建筑物的截收面积,单位:m²;$C_{d/b}$ 是建筑物的位置因子(见表 5.10)。

(4)邻近建筑物(位于服务设施的"a"端)的危险事件次数 N_{Da}

雷击位于线路"a"端的建筑物(见图 5.6)引起的年平均危险事件次数 N_{Da} 可以计算为

$$N_{Da} = N_g \times A_{d/a} \times C_{d/a} \times C_t \times 10^{-6} \tag{5.27}$$

式中,$A_{d/a}$ 是孤立建筑物的截收面积,单位:m²;$C_{d/a}$ 建筑物的位置因子(见表 5.10);C_t 是连接到建筑物的服务设施上在雷击点与建筑物之间安装有 HV/LV 变压器时的修正因子(见表 5.12)。该因子适用于从变压器开始的位于建筑物上游的线路段。

5.2.8　雷击建筑物附近的年平均危险事件次数 N_M 的评估

N_M 可以计算为

$$N_M = Ng(Am - A_{d/b} \times C_{d/b}) \times 10^{-6} \tag{5.28}$$

式中,N_g 是雷击大地密度,单位:雷击次数/km²/a;A_m 是雷击建筑物附近的截收面积,单位:m²;A_m 延伸到距离建筑物周边 250 m 远的地方(见图 5.6)。

如果 $N_M<0$，则假定 $N_M=0$。

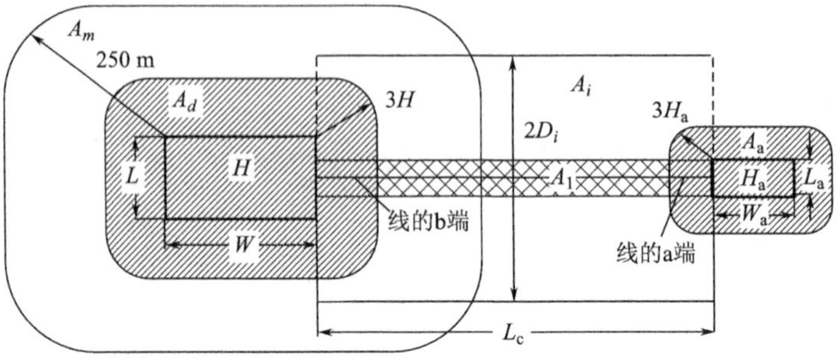

图 5.6 A_d，A_m，A_i，A_l 的截收面积

5.2.9 雷击服务设施的年平均危险事件次数 N_L 的评估

对于一段服务设施，N_L 可以计算为

$$N_L=N_g\times A_l\times C_d\times C_t\times 10^{-6} \tag{5.29}$$

式中，A_l 雷击服务设施的截收面积，单位：m^2（见表 5.11）；C_d 服务设施的位置因子（见表 5.10）；C_t 当雷击点与建筑物之间有 HV/LV 变压器时的修正因子（见表 5.12）。这个因子适用于从变压器开始的建筑物上游的线路段。

表 5.11 取决于服务设施特性的截收面积 A_l 和 A_i

	架空	埋地
A_l	$(L_c-3(H_a+H_b))6H_c$	$(L_c-3(H_a+H_b))\sqrt{\rho}$
A_i	$1000L_c$	$25L_c\sqrt{\rho}$

表 5.12 变压器因子 C_t

变压器	C_t
服务设施具有双绕组变压器	0.2
仅有服务设施	1

表 5.11 中，A_l 是雷击服务设施的截收面积，单位：m^2；A_i 是雷击服务设施附近大地的截收面积，单位：m^2；H_c 是服务设施导线的离地高度，单位：m；L_c 是建筑物与第一个节点之间的服务设施线路段的长度，单位：m，最大值为 1000 m；H_a 是连接到服务设施“a”端的建筑物的高度，单位：m；H_b 是连接到服务设施“b”端的建筑物的高度，单位：m；ρ 是线路埋设处的土壤电阻率，单位：Ω·m，最大值为 500 Ω·m。

为了进行计算：

当不知道 L_c 的值时，假定 $L_c=1000$ m；

当不知道土壤电阻率的值时，假定 $\rho=500\ \Omega\cdot m$。

对于全部穿行在高密度网格形接地装置中的埋地电缆，假定等效截收面积 $A_i=A_l=0\ m^2$；需保护的建筑物应当假定为连接到建筑物的“b”端。

5.2.10　雷击服务设施附近的年平均危险事件次数 N_I 的评估

对于只有一段线路(架空，埋地，屏蔽，非屏蔽等)的服务设施，N_I 的值可以计算为：

$$N_I=N_g\times A_i\times C_e\times C_t\times 10^{-6} \tag{5.30}$$

式中，A_i 是雷击服务设施附近的截收面积，单位：m^2(见表 5.11)；C_e 是环境因子(见表 5.13)；C_t 当雷击点与建筑物之间有 HV/LV 变压器时的修正因子(见表 5.12)。这个因子适用于从变压器开始的建筑物上游的线路段。

表 5.13　环境因子 C_e

环境	C_e
具有高层建筑的市区①	0
市区②	0.1
郊区③	0.5
农村	1

注：① 建筑物的高度大于 20 m。
② 建筑物的高度在 20 m 和 10 m 之间。
③ 建筑物的高度小于 10 m。

服务设施的截收面积 A_i 由其长度 Lc 和侧向距离 D_i(见图 5.6)来确定，雷击与服务设施之间的距离小于侧向距离时会(在服务设施上)导致不小于 1.5 kV 的过电压。

5.2.11　建筑物内损害概率 P_X 的评估

(1)雷电对普通建筑物的损害影响

雷电对普通建筑物的损害影响主要有：

1)对住宅

(a)电气装置击穿、火灾或损害材料；

(b)损害通常限于暴露于雷击点或暴露于雷电流通道的对象；

(c)装设的电气电子设备和系统失效(电视机计算机调制解调器电话等)。

2)对农舍

(a)火灾、危险的跨步电压以及材料的损害是首要的风险;

(b)其次的风险是由于电源断电、通风系统、饲料供应系统、电子控制失效等,使牲畜生命受到伤害。

3)剧院、宾馆、学校、百货商店和运动场等公共场所

(a)电气装置损害(如电灯照明)很可能导致恐慌;

(b)火警失效使消防延误。

4)银行、保险公司、商业公司等

(a)电气装置损害(如电灯照明)很可能导致恐慌;

(b)火警失效使消防延误;

(c)通信不畅、计算机失效和数据丢失所产生的问题。

5)医院疗养院监狱

(a)电气装置损害(如电灯照明)很可能导致恐慌;

(b)火警失效使消防延误;

(c)特护人员问题、行动不便人员的救援困难等。

6)工厂

额外的影响取决于工厂的存贮物,影响范围从轻微的损害到不可接受损害和停产。

7)博物馆、美术馆、教堂

文化遗产不能复原的损失。

8)电信、电厂

对公众服务不可接受的损失。

9)烟花厂、军火厂

火灾和爆炸危及工厂和四邻。

10)化工厂、冶炼厂、核工厂、生化实验室和工厂

工厂发生火灾和故障给当地和全球环境带来不利的后果。

以下是雷击引起的各种损害概率计算,如果保护措施符合以下标准的要求,本节中给出的雷击损害概率值是有效的。

IEC62305-3,适用于为了减少生物伤害和物理损害而采取的保护措施;IEC62305-4,适用于为了减少内部系统失效而采取的保护措施。如果能够证实,也可以选择其他值。如果保护措施或特性对于整个建筑物或需保护的建筑物区域(Z_S)以及所有相关设备都是有效的,概率 P_X 只能取小于 1 的值。

(2)雷击建筑物导致生物伤害的概率 P_A

作为典型保护措施的函数,表 5.14 中给出了雷击建筑物导致人员因接触和跨步电压触电的概率 P_A 的数值。

表 5.14　雷击产生的接触和跨步电压导致生物触电的概率 P_A 的数值

保护措施	P_A
无保护措施	1
暴露引下线的电气绝缘(例如,最少 3 mm 厚的交链聚乙烯)	10^{-2}
有效的大地等电位连接	10^{-2}
警示牌	10^{-1}

如果采取了一项以上的措施,P_A 的值是各个相应 P_A 值的乘积。

当利用了建筑物的钢筋构件或框架作为引下线时,或者安装了遮拦物时,概率 P_A 的数值可以忽略不计。

(3)雷击建筑物导致物理损害的概率 P_A

雷击建筑物导致物理损害的概率 P_B 的数值作为防雷级别(LPL)的函数在表 5.15 中给出。

表 5.15　取决于减少物理损害的保护措施的 P_B 的数值

建筑物特性	LPS 的级别	P_B
建筑物没有 LPS 保护	—	1
建筑物受到保护	Ⅳ	0.2
	Ⅲ	0.1
	Ⅱ	0.05
	Ⅰ	0.02
建筑物具有符合 LPS Ⅰ要求的接闪器以及作为自然引下线的连续金属框架或钢筋混凝土框架		0.01
建筑物具有金属屋顶或可能包含自然部件的接闪器,所有的屋顶装置都有着完善的直击雷防护,具有作为自然引下线的连续金属框架或钢筋混凝土框架		0.001

在详细调查的基础上,并考虑了 IEC62305-1 中定义的尺寸要求以及拦截标准,P_B 也可以取表 5.15 以外的值。

(4)雷击建筑物导致内部系统失效的概率 P_c

雷击建筑物导致内部系统失效的概率 P_c 取决于所采用的配合的 SPD 保护

$$P_c = P_{SPD} \tag{5.31}$$

表 5.16 给出了各个雷电防护等级对应的 P_{SPD} 的值,SPD 按照防雷等级来进行设计。

表 5.16 各个 LPL 对应的概率 P_{SPD} 的数值,SPD 按照 LPL 设计

LPL	P_{SPD}
没有配合的 SPD 保护	1
Ⅲ-Ⅳ	0.03
Ⅱ	0.02
Ⅰ	0.01
注③	0.005～0.001

注:① 只有配合的 SPD 保护作为保护措施对于减少 P_c 才是适合的。只有在具有包括等电位连接和接地在内的 LPS 保护或作为自然 LPS 的连续金属框架或钢筋混凝土框架的建筑物内,配合的 SPD 保护才能有效地减少 P_c。

② 连接到由防雷电缆或穿行在防雷管道、金属管道中的电缆组成的外来线路的有屏蔽的内部系统,可以不需要配合地 SPD 保护。

③ 当在相应安装位置的 SPD 的保护特性比 LPLⅠ的要求更好时(更高的电流耐受能力,更低的电压保护水平等),P_{SPD} 的值可能会更小。

(5)雷击建筑物附近导致内部系统失效的概率 P_M

雷击建筑物附近引起内部系统失效的概率 P_M 取决于所采用的与对应于因子 K_{MS} 的防雷措施(LPM)。

如果没有提供符合 IEC62305-4 要求的配合的 SPD 保护时,P_M 的值等于的 P_{MS} 值。

表 5.17 中给出了作为 K_{MS} 的函数的 P_{MS} 的值,K_{MS} 是考虑了所采用的保护措施的因子。

表 5.17 作为因子 K_{MS} 的函数的概率 P_{MS}

K_{MS}	P_{MS}
0.4	1
0.15	0.9
0.07	0.5
0.035	0.1
0.021	0.01
0.016	0.005
0.015	0.003
0.014	0.001
0.013	0.0001

如果提供了符合 IEC62305-4 要求的配合的 SPD,P_M 的值应当是 P_{SPD} 和 P_{MS} 两者中的较小值。

对于设备不符合相关产品标准对电压耐受水平要求的内部系统，应当假定 $P_{MS}=1$。

因子 K_{MS} 的值计算如下

$$K_{MS}=K_{S_1}\times K_{S_2}\times K_{S_3}\times K_{S_4} \tag{5.32}$$

式中，K_{S_1} 考虑了建筑物的屏蔽效能，在 LPZ0/1 的交界处具有 LPS 或其他的屏蔽物；K_{S_2} 考虑了在建筑物内部 LPZ$X/Y(X>0,Y>1)$交界处的屏蔽物的屏蔽效能；K_{S_3} 考虑了内部布线的特性(见表 5.18)；K_{S_4} 考虑了受保护系统的冲击耐受电压。

在 LPZ 内部，当与屏蔽物边界之间的距离不小于网格宽度 w 时，LPS 或空间格栅形屏蔽体的因子 K_{S_1} 和 K_{S_2} 可以计算为

$$K_{S_1}=K_{S_2}=0.12w \tag{5.33}$$

式中，w 为格栅形空间屏蔽或者网格状 LPS 引下线系统的网格宽度，或是作为自然 LPS 的建筑物金属柱子的间距或钢筋混凝土框架的间距，单位：m。

对于完全连续的金属护套的屏蔽，当屏蔽体厚度 s 的范围在 0.1～0.5 mm 时，应当假定 $K_{S_1}=K_{S_2}=10^{-4}\sim10^{-5}$。

注：如果提供了符合 IEC62305-4 要求的网格形等电位连接网络时，K_{S_1} 和 K_{S_2} 的值可以缩小一半。

如果感应环路靠近 LPZ 边界屏蔽体布设，与屏蔽体之间的距离小于安全距离，K_{S_1} 和 K_{S_2} 的值会更高。例如，当与屏蔽体之间的距离在 $0.1w\sim0.2w$ 的范围内时，K_{S_1} 和 K_{S_2} 的值要增加 1 倍。

对于多级的 LPZ，最后一级 LPZ 的 K_{S_2} 是各级 LPZ 的 K_{S_2} 的乘积。

注：K_{S_1} 的最大值不能超过 1。

表 5.18　因子 K_{S_3} 的值取决于内部布线

内部布线的类型	K_{S_3}
无屏蔽的电缆，没有为了避免形成环路而合理布线①	1
无屏蔽的电缆，为了避免形成大的回路而合理布线②	0.2
无屏蔽的电缆，为了避免形成回路而合理布线③	0.02
有屏蔽的电缆，屏蔽层单位长度的电阻④ $5\ \Omega/km<R_S\leqslant20\ \Omega/km$	0.001
有屏蔽的电缆，屏蔽层单位长度的电阻④ $1\ \Omega/km<R_S\leqslant5\ \Omega/km$	0.0002
有屏蔽的电缆，屏蔽层单位长度的电阻④ $R_S\leqslant1\ \Omega/km$	0.0001

注：① 导线在大厦中以分开的路线布设(环路面积大约为 50 m^2)。

② 导线布设在同一电缆导管中或导线在较小建筑物中分开布设(环路面积大约为 10 m^2)。

③ 导线布设在同一电缆导管中(环路面积大约为 0.5 m^2 左右)。

④ 屏蔽层两端以及设备连接到同一等电位连接排的电缆，屏蔽层单位长度的电阻为 R_S。

对于穿行在两端都连接到等电位连接排的连续金属导管中的电线，K_{S_3} 的值应当乘上 0.1。

因子 K_{S_4} 应当计算为

$$K_{S_4}=1.5/U_W \tag{5.34}$$

式中，U_W 为受保护系统的额定冲击耐受电压，单位：kV。

如果在内部系统中，有着若干具有不同冲击耐受电压水平的设备，K_{S_4} 应当假定为最低的冲击耐受电压水平所对应的值。

(6)雷击服务设施导致生物伤害的概率 P_U

雷击入户服务设施导致生物因接触电压受到伤害的概率取决于服务设施屏蔽物的物理特性、连接到服务设施的内部系统的冲击耐受电压、典型的保护措施以及在服务设施入户处所安装的 SPD。

当没有按照 IEC62305-3 的要求为了进行等电位连接而安装 SPD 时，P_U 的值等于 P_{LD} 的值，这里 P_{LD} 是雷击相连服务设施导致内部系统失效的概率。表 5.19 中给出了 P_{LD} 的值。

表 5.19　取决于电缆屏蔽层电阻 R_S 以及设备冲击耐受电压 U_W 的概率 P_{LD} 的值

U_W /kV	$5<R_S\leqslant 20$ /(Ω/km)	$1<R_S\leqslant 5$ /(Ω/km)	$R_S\leqslant 1$ /(Ω/km)
1.5	1	0.8	0.4
2.5	0.95	0.6	0.2
4.0	0.9	0.3	0.04
6.0	0.8	0.1	0.02

注：R_S/(Ω/km)为电缆屏蔽层单位长度的电阻。

当按照 IEC62305-3 的要求为了进行等电位连接而安装 SPD 时，P_U 的值等于 P_{SPD}(见表 5.16)与 P_{LD} 之间的较小值。

在这里，符合 IEC62305-4 要求的配合的 SPD 保护对于减小 P_U 来说不是必需的。符合 IEC62305-3 要求的 SPD 就足够了。

对于无屏蔽的服务设施，应当假定 $P_{LD}=1$。

当采取了遮拦物、警示牌等保护措施时，概率 P_U 的值通过与表 5.14 中给出的概率 P_A 的值相乘而进一步减少。

(7)雷击服务设施导致物理损害的概率 P_V

雷击入户服务设施导致物理损害的概率的值取决于服务设施屏蔽体的特性、连接到服务设施的内部系统的冲击耐受电压以及所安装的 SPD。

当没有按照 IEC62305-3 的要求为了进行等电位连接而安装 SPD 时，P_V 的值等于 P_{LD} 的值，这里 P_{LD} 是雷击相连服务设施导致内部系统失效的概率。表 5.19

给出了 P_{LD} 的值。

当按照 IEC62305-3 的要求为了进行等电位连接而安装 SPD 时，P_V 的值取 P_{SPD}（表 5.16）和 P_{LD} 的两者之间的较小值。

在这里，符合 IEC62305-4 要求的配合的 SPD 保护对于减小 P_U 来说不是必需的。符合 IEC62305-3 要求的 SPD 就足够了。

(8)雷击服务设施导致内部系统失效的概率 P_W

雷击服务设施导致内部系统失效的概率 P_W 的数值取决于服务设施屏蔽的特性、连接到服务设施的内部系统的冲击耐受电压以及所安装的 SPD。

如果没有安装符合 IEC62305-4 要求的配合的 SPD，P_W 的值等于 P_{LD} 的值，P_{LD} 是雷击相连服务设施导致内部系统失效的概率。表 5.19 给出了 P_{LD} 的数值。

如果安装了符合 IEC62305-4 要求的配合的 SPD，P_W 的值取 P_{SPD}（表 5.16）和 P_{LD} 的两者之间的较小值。

(9)雷击入户服务设施附近导致内部系统失效的概率 P_Z

雷击入户服务设施附近导致内部系统失效的概率取决于服务设施屏蔽的特性、连接到服务设施的内部系统的冲击耐受电压以及所采取的保护设施。

如果没有安装符合 IEC62305-4 要求的配合的 SPD，P_Z 的值等于 P_{LI} 的值，P_{LI} 是雷击相连服务设施导致内部系统失效的概率。表 5.20 给出了 P_{LI} 的数值。

如果安装了符合 IEC62305-4 要求的配合的 SPD，P_Z 的值取 P_{SPD}（表 5.16）和 P_{LI} 两者之间的较小值。

表 5.20　取决于电缆屏蔽层电阻 R_S 以及设备冲击耐受电压 U_w 的概率 P_{LI} 的数值

U_w /kV	无屏蔽	屏蔽层没有连接到与设备相连的等电位连接排	屏蔽层连接到与设备相连的等电位连接排		
			$5<R_S\leq20$ /(Ω/km)	$1<R_S\leq5$ /(Ω/km)	$R_S\leq1$ /(Ω/km)
1.5	1	0.5	0.15	0.04	0.02
2.5	0.4	0.2	0.06	0.02	0.008
4	0.2	0.1	0.03	0.008	0.004
6	0.1	0.05	0.02	0.004	0.002

5.2.12　建筑物损失量 L_X 的评估

损失量 L_X 的数值应当由防雷设计人员或业主来进行计算或确定。本书中给出的数值是 IEC 建议采用的数值。在计算以及有文档记录的假定的基础上，也可以选用其他的数值。

建议应用给出的近似关系式：

(1)年均损失相对量

损失 L_X 与雷击可能引起的某一特定类型损害的平均相对量、损害的程度及其后果有关。其数值取决于：

1)人员的数量以及人员在危险场所逗留的时间；

2)公众服务的类型及其重要性；

3)损害所影响的货物的价值。

损失 L_X 随着所考虑的损失类型(L_1,L_2,L_3 和 L_4)而变化，对于每一种损失类型，还随着导致损失的损害类型(D_1,D_2 和 D_3)而变化。以下是所使用的符号：

L_t：接触和跨步电压导致伤害的损失；

L_f：物理损害导致的损失；

L_o：内部系统失效导致的损失。

(2)人员生命损失

人员生命损失可以按照以下近似关系式，用受害者的相对量来确定 L_t,L_f 和 L_o 的数值

$$L_x = n_p / n_t \times t_p / 8760 \tag{5.35}$$

式中，n_p 为可能受到威胁人员(受害者)的数量；n_t 为预期的总人数(建筑物内)；t_p 为以小时计算的人员每年处于危险场所的时间，包括建筑物外(只有 Lt)和建筑物内(L_t,L_f 和 L_o)。

表 5.21 中给出了当无法或很难确定 n_p,n_t 和 t_p 时，L_t,L_f 和 L_o 所应当假定的典型平均值。

表 5.21 L_t,L_f 和 L_o 的典型平均值

项目	典型平均值	建筑物的类型
L_t	10^{-4}	所有类型：人员处于建筑物内
	10^{-2}	所有类型：人员处于建筑物外
L_f	10^{-1}	医院、旅馆、民用建筑
	5×10^{-2}	工业建筑、商业建筑、学校
	2×10^{-2}	公共娱乐场所、教堂、博物馆
	10^{-2}	其他
L_o	10^{-1}	爆炸的风险
	10^{-3}	医院

人员生命损失受建筑物特性的影响，通过引入增长因子(h)和缩减因子(r_f,

r_p, r_a, r_u)对建筑物特性加以考虑

$$L_A = r_a \times L_t \tag{5.36}$$

$$L_U = r_U \times L_t \tag{5.37}$$

$$L_B = L_V = r_p \times h \times r_f \times L_f \tag{5.38}$$

$$L_C = L_M = L_W = L_Z = L_O \tag{5.39}$$

式中,r_a 为减少人员生命损失的因子,取决于土壤类型(见表 5.22);r_u 为取决于表面类型的减少人员生命损失的因子(见表 5.22);r_p 为减少物理损害导致的损失的因子,取决于所采取的减小火灾后果的措施(见表 5.23);r_f 为减小物理损害导致的损失的因子,取决于建筑物的火灾危险(见表 5.24);h 为在具有特殊伤害的时候增加物理损害导致的损失的因子(见表 5.25)。

表 5.22　取决于土壤或地板表面类型的缩减因子 r_a 和 r_u 的数值

表面类型	接触电阻/kΩ①	r_a 和 r_u
农地,混凝土	<1	10^{-2}
大理石,陶瓷	1～10	10^{-3}
沙砾,毛毯,地毯	10～100	10^{-4}
沥青,油毡,木头	≥100	10^{-5}

注:①400 cm^2 电极在加 500 N 压力时与无穷远点之间测量到的数值。

表 5.23　取决于所采取的减小火灾后果的缩减因子 r_p 的数值

措施	r_p
无措施	1
以下措施之一:灭火器、固定的人工灭火装置、人工报警装置、消防栓、防火隔间、有保护的逃生通道	0.5
以下措施之一:固定的自动灭火装置、自动报警装置①	0.2

注:①仅当具有过电压和其他损害的防护并且消防员能够在 10 min 之内赶到时。

如果采取了一项以上措施,r_p 的数值应当是各相应数值中的最小值。在具有爆炸危险的建筑物内部,任何情况下,$r_p = 1$。

表 5.24　取决于建筑物火灾危险的缩减因子 r_f 的数值

火灾危险	r_f
爆炸	1
高	10^{-1}
一般	10^{-2}

续表

火灾危险	r_f
低	10^{-3}
无	0

注:① 当建筑物具有爆炸危险以及建筑物内存储有爆炸性混合物质时,可能需要更精确地计算 r_f。

② 由易燃材料建造的建筑物或者屋顶由易燃材料建造的建筑物或者单位面积燃料荷载大于 800 MJ/m^2 的建筑物可以看作具有高火灾风险的建筑物。

③ 单位面积燃料荷载在 400~800 MJ/m^2 之间的建筑物应当看作具有一般火灾风险的建筑物。

④ 单位面积燃料荷载小于 400 MJ/m^2 的建筑物或者只是偶尔存储有易燃性物质的建筑物应当看作具有低火灾风险的建筑物。

⑤ 单位面积燃料荷载是建筑物内全部易燃物质的能量与建筑物总的表面积之比。

表 5.25 在具有特殊伤害时,增加损失相对量的因子 h_Z 的数值

特殊伤害的种类	h_Z
无特殊伤害	1
低度惊慌(例如,建筑物不高于两层、人员数量不大于 100 人)	2
一般程度的惊慌(例如,为了文化或体育活动而设计的建筑物、同时参加人员的数量在 100~1000 人)	5
疏散困难(例如,具有移动不便的人员的建筑物、医院)	5
高度惊慌(例如,为了文化或体育活动而设计的建筑物、同时参加人员的数量大于 1000 人)	10
对周围或环境造成危害	20
对四周环境造成污染	50

(3)不可接受的公众服务中断损失

L_f 和 L_o 的数值可以按照从下列近似关系式得到的可能损失的相对量来确定

$$L_X = n_p / n_t \times t / 8760 \tag{5.40}$$

式中,n_p 为可能遭受危害的人员的平均数量(失去服务的用户);n_t 为总人数(接受服务的用户);t 为用小时表示的年平均服务中断时间。

表 5.26 中给出了当无法或很难确定 n_p,n_t 和 t_p 时,L_f 和 L_o 所应当假定的典型平均值。

表 5.26 L_f 和 L_o 的典型平均值

服务类型	L_f	L_o
煤气,水	10^{-1}	10^{-2}
电视、TLC(通信)、供电	10^{-2}	10^{-3}

公众服务中断受到建筑物的特性以及以下若干缩减因子 r_p 的影响:

$$L_B = L_V = r_p \times r_f \times L_f \tag{5.41}$$

$$L_C = L_M = L_W = L_Z = L_o \tag{5.42}$$

表 5.23 和表 5.24 中分别给出因子 r_p 和 r_f 的数值。

(4)无法替代的文化遗产损失

L_f 的数值可以按照从下列近似关系式得到的可能损失的相对量来确定

$$L_X = c/c_t \tag{5.43}$$

式中，c 为用货币表示的建筑物可能损失的平均值(例如，货物可能损失的可保价值)；c_t 为用货币表示的建筑物总价值(例如，建筑物内全部现有货物的总可保价值)。

当无法或很难确定博物馆或展览厅的 n，n_t 和 t 时，L_f 所应当假定的典型平均值为

$$L_f = 10^{-1} \tag{5.44}$$

无法替代的文化遗产损失通过缩减因子 r_p 受到建筑物特性的影响

$$L_B = L_V = r_p r_f L_f \tag{5.45}$$

表 5.23 和表 5.24 中分别给出因子 r_p 和 r_f 的数值。

(5)经济损失

可以按照下列近似关系式，用可能损失的相对量来确定 L_t，L_f 和 L_o 的数值

$$L_X = c/c_t \tag{5.46}$$

式中，c 为货币表示的建筑物损失的平均数值(包括其存储物的损失、相应活动的中断及其间接后果)；c_t 为用货币表示的建筑物的总价值(包括其存储物以及有关活动的价值)。

表 5.27 中给出了当无法或很难确定 n，n_t 和 t 时，所有类型建筑物的 L_t，L_f 和 L_o 所应当假定的典型平均值。

表 5.27　L_t，L_f 和 L_o 的典型平均值

项目	典型平均值	建筑物的类型
L_t	10^{-4}	所有类型：建筑物内
	10^{-2}	所有类型：建筑物外
L_f	0.5	医院、工业、博物馆、农业
	0.2	旅馆、学校、办公楼、教堂、公众娱乐场所、经济性大楼
	0.1	其他
L_o	10^{-1}	爆炸风险
	10^{-2}	医院、工业、办公楼、旅馆、经济性大楼
	10^{-3}	博物馆、农业建筑、学校、教堂、公众娱乐场所
	10^{-4}	其他

经济价值的损失通过以下增长因子 h 和缩减因子(r_p, r_a, r_f, r_u)受到建筑物特性的影响

$$L_A = r_a \times L_t \tag{5.47}$$

$$L_U = r_u \times L_t \tag{5.48}$$

$$L_B = L_V = r_p \times r_f \times h \times L_f \tag{5.49}$$

$$L_C = L_M = L_W = L_Z = L_o \tag{5.50}$$

式中,因子 r_a 和 r_u 的数值在表 5.22 中给出;因子 r_p 的数值在表 5.23 中给出;因子 r_f 的数值在表 5.24 中给出;因子 h_Z 的数值在表 5.25 中给出。

5.2.13 服务设施损害概率 P'_X 的评估

对服务设施产生影响的雷电可能损害与之相联的电气和电子设备,也对用于提供服务的实际设施(线路或管道)本身造成损害。雷电侵害的对象有:

1)电信交换局与用户楼宇、两电信交换局、两用户楼宇之间的通信线 TLC;

2)电信交换局或用户楼宇与分配装置之间、两分配装置之间的通信线 TLC;

3)高压变电站 HV 与用户楼宇之间的电力线;

4)主分配站与用户楼宇管道。

损害波及范围与服务设施的性质、电气和电子系统的类型和延伸的范围大小以及雷电性质有关。本节中给出的概率值是 IEC 同意的数值。如果得到证实,也可以选择其他的数值。如果保护措施符合 IEC62305-5 的要求,本节中给出的概率值是有效的。

具有金属导体的线路

(1)雷击与线路相连的建筑物造成服务设施损害的概率 P'_B 和 P'_C。

雷击与线路相连的建筑物造成服务设施物理损害的概率 P'_B 以及雷击与线路相连的建筑物造成相连设备失效的概率 P'_C 与失效电流 I_a 有关,失效电流 I_a 又与线路的特性、入户服务设施的数量以及所采取的保护措施有关。

对于无屏蔽的线路,可以假定 $I_a = 0$。

对于有屏蔽的线路,失效电流 I_a(单位:kA)应当按照下式计算

$$I_a = 25 \times n \times U_W \times / (R_s \times K_d \times K_p) \tag{5.51}$$

式中,K_d 为取决于线路特性的因子(见表 5.28);K_p 为考虑了所采取保护措施的效应的因子(见表 5.29);U_W 为冲击耐受电压,单位:kV(电缆请参见表 5.30,设备请参见表表 5.31);R_S 为电缆屏蔽层的电阻,单位:Ω/km;n 为入户服务设施的数量。

注:① 在入户处安装 SPD 提高失效电流 I_a 上限,并起到保护作用。

② ITUk. 47 建议中给出与通信线路有关的详细资料。

表 5.28 作为有屏蔽电缆特性的函数的因子 K_d 的数值

线路	K_d
具有屏蔽层，与土壤有接触	1
具有屏蔽层，与土壤无接触	0.4

表 5.29 作为保护措施的函数的因子 K_p 的数值

保护措施	K_p
无保护措施	1
附加的屏蔽线：单根导线①	0.6
附加的屏蔽线：两根导线①	0.4
防雷电缆导管	0.1
防雷电缆	0.02
附加的屏蔽线：钢管	0.01

注：① 单根屏蔽线安装在电缆正上方大约 30 cm 处；两根屏蔽线则对称地布置在电缆轴线上方大约 30 cm 处。

表 5.30 作为电缆类型的函数的冲击耐受电压 U_w

电缆的类型	U_n/kV	U_w/kV
TLC，纸绝缘	—	1.5
TLC-PVC，聚乙烯绝缘	—	5
电力	1	15
电力	3	45
电力	6	60
电力	10	75
电力	15	95
电力	20	125

表 5.31 作为设备类型的函数的冲击耐受电压 U_w

设备的类型	U_w/kV
电子	1.5
电气设备（U_n<1 kV）	2.5
电子网络设备（U_n<1 kV）	6

作为失效电流 I_a 数值的函数的 P'_B 和 P'_C 的值在表 5.32 中给出。

如果安装了符合 IEC62305-5 要求的 SPD，P'_B 和 P'_C 的值为 P_{SPD}（表 5.16）的数值。

表 5.32　作为失效电流 I_a 的函数的概率 P'_B，P'_C，P'_V，P'_W 的数值

I_a/kA	P'_B，P'_C，P'_V，P'_W
0	1
3	0.99
5	0.95
10	0.9
20	0.8
30	0.6
40	0.4
50	0.3
60	0.2
80	0.1
100	0.05
150	0.02
200	0.01
300	0.005
400	0.002
600	0.001

(2)雷击线路导致损害的概率 P'_V 和 P'_W

雷击线路导致物理损害的概率 P'_V 以及雷击线路导致相连设备失效的概率 P'_W 与失效电流 I_a 有关，失效电流 I_a 与线路的特性以及所采取的服务的保护措施有关。

对于无屏蔽的线路，应当假定 $I_a=0$。

对于有屏蔽的线路，失效电流 I_a 应当按照下式计算

$$I_a=25U_W/(R_S\times K_d\times K_P) \tag{5.52}$$

式中，K_d 为取决于线路特性的因子(见表 5.28)；K_P 为考虑了所采取保护措施的因子(见表 5.29)；U_W 为冲击耐受电压，单位：kV(电缆请参见表 5.30，设备请参见表 5.31)；R_S 为电缆屏蔽层的电阻，单位：Ω/km。

在计算电信线路的 P'_V 时，要假定的失效电流 I_a 的最大数值为：

1)对于具有铅护套的电缆，$I_a=40$ kA；

2)对于具有铅护套的电缆，$I_a=20$ kA。

注：这些数值是对在雷击点处达到损害典型电信电缆的测试电流 I_t 大小的粗略估计。如果有证据表明该数值不适用于给定的电缆设计，应当使用 IEC62305-5 中所说明的方法来计算失效电流。

表 5.32 中给出了作为失效电流 I_a 的函数的 P'_V 和 P'_W 的数值。

(3)雷击线路附近引起损害的概率 P'_Z

雷击线路附近造成相连设备失效的概率 P'_Z 取决于线路的特性以及所采用的保护措施。

如果没有安装符合 IEC62305-5 要求的 SPD，P'_Z 的数值等于 P_{LI} 的数值。表 5.20 中给出了 P_{LI} 的数值。

如果安装了符合 IEC62305-5 要求的 SPD，P'_Z 的数值等于 P_{SPD}(表 5.16)和 P_{LI} 的两者之间的较小值。

5.2.14　服务设施损失量 L'_X 的评估

(1)雷电对常用服务设施的影响

雷电对常用服务设施的影响主要为：

1)电信线路

(a)雷击造成线路的机械损伤,屏蔽层和导体的熔化；

(b)雷击造成电缆和设备绝缘的击穿导致直接失效使对公众服务立即受到损失；

(c)雷击造成光缆受损害造成间接失效,但不会导致对公众服务的损失。

2)电力线路

雷击使低压 LV 架空线路绝缘子损坏,电缆绝缘层击穿,线路设备和变压器的绝缘击穿造成对公众服务的间接损失。

3)水管

电气和电子控制设备受损有可能造成对公众服务的损失。

4)煤气管

非金属法兰盘衬垫的穿孔有可能造成火灾或爆炸。

5)燃料管

电气和电子控制设备受损有可能造成对公众服务的损失。

(2)服务设施的雷电损害源和损害类型

对服务设施而言,雷电流是损害源,按雷击点相对于所考察的服务设施来分：

1)S_1 雷击支撑服务设施的建筑物

雷击支撑服务设施的建筑物可能导致：

(a)流入服务设施的部分雷电流由于阻性加热而使金属线或电缆屏蔽层熔化；

(b)由于电阻耦合使线路和相连设备的绝缘击穿；

(c)管道法兰盘中非金属衬垫及绝缘连接处衬垫的穿孔。

注：雷击支撑服务设施的建筑物不会使无金属光纤受到影响。

2)S_3 雷击入户服务设施

雷击入户服务设施可能导致：

(a)雷电流产生的电动应力或热效应(使金属线屏蔽层或管道的断裂和/或熔化)和由于雷电等离子弧本身的热(使塑料保护层穿孔)使金属线或管道直接受到机械损害；

(b)线路(绝缘击穿)和与之相连设备的直接电气损害；

(c)架空的薄金属管道和法兰盘的非金属衬垫的穿孔其结果可能引起火灾和爆炸由所传送液体性质而定。

3)S_4 雷击入户服务设施邻近大地

雷击入户服务设施邻近大地可能导致：

电感耦合(感应过电压)使线路及与其相连的设备绝缘击穿。

注:无金属导体的光纤电缆不受雷击大地的影响。

因此对服务设施,雷电可能导致二种基本损害类型：

D_2:雷电流的热效应造成有形损害(火灾、爆炸、机械损坏、化学品泄漏)；

D_3:过电压使电气和电子系统失效。

(3)年平均相对损失量

损失 L'_X 与某一特定损害类型的平均相对量,其程度以及雷击服务设施可能造成的间接效应有关,其数值取决于：

1)提供给公众的服务的类型及其重要性；

2)损害所影响的商品的价值。

损失 L'_X 随着所考虑的损失类型而变化,而且对于每种损失类型(L'_1,L'_2 和 L'_4),还随着造成损失的损害类型(D_2 和 D_3)而变化。其中:L'_f 物理损害造成的损失;L'_o 内部系统失效造成的损失。

(4)不可接受的对公众服务的中止

L'_f 和 L'_o 的数值可以通过以下近似关系式按照可能损失的相对量来确定

$$L'_X=(n_p/n_t)t/8760 \tag{5.53}$$

式中,n_p 为失去服务的用户的平均数量;n_t 为用户的总数量;t 为每年失去服务的时间,单位:h。

当无法或很难确定 n_p,n_t 时,表 5.33 中给出了 L'_f 和 L'_o 所应假定的典型平均数值。

表 5.33　L'_f 和 L'_o 典型的平均值

服务设施的类型	L'_f	L'_o
煤气、水	10^{-1}	10^{-2}
TV,TLC,供电	10^{-2}	10^{-3}

如下式所示，公众服务设施的损失受到服务设施特性的影响

$$L'_B=L'_V=L'_f \tag{5.54}$$

$$L'_C=L'_W=L'_Z=L'_o \tag{5.55}$$

（5）经济损失

L'_f 和 L'_o 的数值可以通过以下近似关系式按照可能损失的相对量来确定

$$L'_X=c/c_t \tag{5.56}$$

式中，c 为用货币表示的建筑物、其内存物以及有关活动可能损失的平均价值；c_t 为用货币表示的建筑物、其内存物以及有关活动的价值。

当无法或很难确定 n_p，n_t 和 t 时，L'_f 和 L'_o 所应假定的典型平均数值为

$$L'_f=10^{-1} \tag{5.57}$$

$$L'_o=10^{-3} \tag{5.58}$$

如下所示，经济价值的损失受到服务设施特性的影响

$$L'_B=L'_V=L'_f \tag{5.59}$$

$$L'_C=L'_W=L'_Z=L'_o \tag{5.60}$$

5.3 雷击风险分量的评估

5.3.1 与建筑物有关的雷击风险分量

（1）建筑物的直接雷击风险分量的评估（S_1）

下列关系式用于计算与建筑物遭受直接雷击有关的风险分量：

1）与生物伤害有关的分量（D_1）

$$R_A=N_D P_A L_A \tag{5.61}$$

2）与物理损害有关的分量（D_2）

$$R_B=N_D P_B L_B \tag{5.62}$$

3）与内部系统失效有关的分量（D_3）

$$R_C=N_D P_C L_C \tag{5.63}$$

表 5.34 中给出了评估这些风险分量时所用的参数。

（2）建筑物的邻近雷击风险分量的评估（S_2）

以下关系式用于计算与雷击建筑物附近有关的风险分量：

与内部系统失效有关的分量（D_3）

$$R_M=N_M P_M L_M \tag{5.64}$$

表 5.34 中给出了评估风险分量时所用的参数。

（3）雷击与建筑物相连的线路产生的风险分量的评估（S_3）

以下关系式用于计算与雷击入户线路有关的风险分量的评估：

1)与人身伤害有关的分量(D_1)

$$R_U = (N_L + N_{Da}) P_U L_U \tag{5.65}$$

2)与物理损害有关的分量(D_2)

$$R_V = (N_L + N_{Da}) P_V L_V \tag{5.66}$$

3)与内部系统失效有关的分量(D_3)

$$R_W = (N_L + N_{Da}) P_W L_W \tag{5.67}$$

表 5.34 中给出了评估这些风险分量时所用的参数。

如果线路不止一个区段，R_U，R_V 和 R_W 的值是各区段线路的 R_U，R_V 和 R_W 值的和。只需考虑建筑物和第一个配线节点之间的各个区段。

如果建筑物有着多于一条并且布线方式不同的线路，应当对各条线路分别进行计算。

(4)雷击与建筑物相连的线路附近产生的风险分量的评估(S_4)

以下关系式适用于计算和雷击与建筑物相连的线路附近有关的风险分量。

与内部系统失效有关的风险分量(D_3)

$$R_Z = (N_I - N_L) P_Z L_Z \tag{5.68}$$

表 5.34 中给出了评估风险分量所需的参数。

表 5.34　与建筑物风险分量评估有关的参数

符号	名称	参考取值
	雷击引起的年均危险事件次数	
N_D	雷击建筑物	第 5.2 节
N_M	雷击建筑物附近	第 5.2 节
N_L	雷击入户线路	第 5.2 节
N_I	雷击入户线路附近	第 5.2 节
N_{Da}	雷击处于线路“a”端的建筑物(见图 5.7)	第 5.2 节
	一次雷击建筑物事件造成损害的概率	
P_A	人身伤害	第 5.2 节
P_B	物理损害	第 5.2 节
P_C	内部系统的失效	第 5.2 节
	一次雷击建筑物附近事件导致损害的概率	
P_M	内部系统的失效	第 5.2 节
	一次雷击线路事件导致损害的概率	
P_U	人身伤害	第 5.2 节

续表

符号	名称	参考取值
P_V	物理损害	第 5.2 节
P_W	内部系统的失效	第 5.2 节
	一次雷击线路附近事件导致损害的概率	
P_Z	内部系统的失效	第 5.2 节
	雷击损失	
$L_A=r_aL_t$ $L_U=r_uL_t$	人身伤害	第 5.2 节
$L_B=L_V=r_pr_fhL_f$	物理损害	第 5.2 节
$L_C=L_M=L_W=L_Z=L_o$	内部系统的失效	第 5.2 节

如果线路不止一个区段，R_Z 的值是各区段线路的 R_Z 值的总和。只需考虑建筑物与第一个配线节点之间的各个区段。

如果建筑物有着多于一条并且布线方式不同的线路，应当对各条线路分别进行计算。

在本评估方法中，如果$(N_I-N_L)<0$，则假设$(N_I-N_L)=0$。

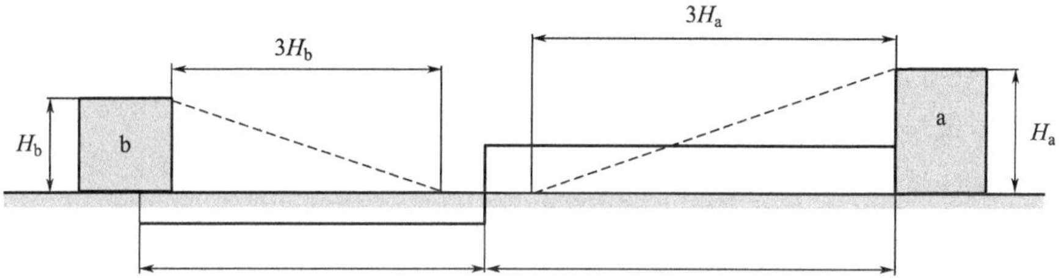

图 5.7　雷击处于线路“a”端的建筑物

(5)建筑物中的风险分量汇总

表 5.35 中按照不同的损害类型以及不同的损害源对建筑物风险分量作了汇总。

表 5.35　各种损害类型和损害源对应的建筑物风险分量

损害类型	损害源				
	S_1 雷击建筑物	S_2 雷击建筑物附近	S_3 雷击入户服务设施	S_4 雷击服务设施附近	根据损害类型划分的风险结果
D_1 人身伤害	$R_A=N_DP_Ar_aL_t$		$R_U=(N_L+N_{Da})P_Ur_uL_t$		$R_S=R_A+R_U$

续表

损害类型	损害源				
	S_1 雷击建筑物	S_2 雷击建筑物附近	S_3 雷击入户服务设施	S_4 雷击服务设施附近	根据损害类型划分的风险结果
D_2 物理损害	$R_B=N_DP_Br_phr_fL_f$		$R_V=(N_L+N_{Da})P_Vr_phr_fL_f$		$R_F=R_B+R_V$
D_3 电气和电子系统的失效	$R_C=N_DP_cL_o$	$R_M=N_MP_ML_o$	$R_W=(N_L+N_{Da})P_WL_o$	$R_Z=(N_I-N_L)P_ZL_o$	$R_O=R_C+R_M+R_W+R_Z$
根据损害源划分的风险结果	$R_D=R_A+R_B+R_C$		$R_I=R_M+R_U+R_V+R_W+R_Z$		

如果将建筑物划分为各个区域 Z_S，应当对各个区域 Z_S 进行风险分量的计算。建筑物的总风险是构成建筑物的各个区域 Z_S 的相应风险分量的总和。

(6)建筑物的分区

为了对各个风险分量进行评估，可以将建筑物划分为若干个各自具有均一特性的分区 Z。一幢建筑物可以是或可以假定为一个单独的区域。

区域的划分

区域主要根据以下情况来进行定义：

(a)土壤或地板的类型(风险分量 R_A 和 R_U)；

(b)防火隔间(风险分量 R_B 和 R_V)；

(c)空间屏蔽(风险分量 R_C，R_M，R_W 和 R_Z)。

此外，还可以根据内部系统的布置、已有的或将采取的保护措施和损失 L_X 的值(对于所有的风险分量)等情况对区域进行定义。

建筑物的分区应当考虑到实现最适当保护措施的可行性。

(7)具有多个分区的建筑物的风险分量评估

计算风险类型的法则取决于风险的类型。

1)风险 R_1，R_2 和 R_3

(a)单区域建筑物

在这种情况下，建筑物内只定义了一个区域，正好是建筑物本身。风险 R 是建筑物内的风险分量 R_X 的总和。对于风险分量 R_A，R_B，R_U，R_U，R_W 和 R_Z，每个所涉参数只能有一个确定值。当参数的可选值多于一个时，应当选择其中的最大值。

对于风险分量 R_C 和 R_M，如果区域中涉及的内部系统多于一个，P_C 和 P_M 的

值应当如下计算

$$P_C = 1 - (1 - P_{C_1})(1 - P_{C_2})(1 - P_{C_3}) \tag{5.69}$$

$$P_M = 1 - (1 - P_{M_1})(1 - P_{M_2})(1 - P_{M_3}) \tag{5.70}$$

式中，参数 P_{Ci}，P_{Mi} 与内部系统 i 有关。

根据建筑物的用途，区域中的缺省 L 值可以假定为 5.2.14 节给出的典型平均值。

除了 P_C 和 P_M 以外，如果区域中的参数有一个以上的可选值，应当采用导致最大风险结果的参数值。

将建筑物假定为只有一个区域可能会导致保护措施花费高昂，因为保护措施要延伸到保护整个建筑物。

(b)多区域建筑物

在这种情况下，建筑物被划分为多个区域。建筑物的风险 $R_{(\text{structure})}$ 是建筑物各个区域相应风险 $R_{(\text{zone})}$ 的总和；在每个区域中，风险 $R_{(\text{zone})}$ 是该区域中各个相关风险分量 $R_{x(\text{zone})}$ 的总和。

对建筑物进行分区使得设计人员在计算风险分量时能考虑到建筑物每一部分的特性，对每个区域分别选择最合适的保护措施以减少防雷的总费用。

2)风险 R_4

不管是否有必要确定减少风险 R_1，R_2，R_3 的保护措施，在选取保护措施时，为了减少经济损失风险 R_4 计算其经济合理性是有用的。

要作风险 R_4 评估的项目应当在以下范围中定义：

(a)整个建筑物；

(b)建筑物的一部分；

(c)内部装置；

(d)内部装置的一部分；

(e)设备的一部分；

(f)建筑物的内存物。

5.3.2 服务设施风险分量的评估

服务设施各个风险分量 R'_V，R'_W，R'_Z，R'_B 和 R'_C 的评估，可以用以下一般方程表示：

$$R'_X = N_X P'_X L'_X \tag{5.71}$$

(1)服务设施直接雷击风险分量的评估(S_3)

以下关系式适用于计算与服务设施遭受直接雷击有关的风险分量：

1)与物理损害有关的风险分量(D_2)

$$R'_V = N_L P'_V L'_V \tag{5.72}$$

2)与相连设备失效有关的风险分量(D_3)

$$R'_W = N_L P'_W L'_W \tag{5.73}$$

表 5.36 中给出了评估这些风险分量所用的参数。

(2)服务设施邻近雷击风险分量的评估(S_4)

以下关系式适用于计算与雷击服务设施附近有关的风险分量:

与相连设备失效有关的风险分量(D_3)

$$R'_Z = (N_I - N_L) P'_Z L'_Z \tag{5.74}$$

表 5.36 中给出了评估这些风险分量所用的参数。

对于本风险评估,如果$(N_I - N_L) < 0$,那么应当假定$(N_I - N_L) = 0$。

(3)雷击与服务设施相连的建筑物引起的风险分量的评估(S_1)

以下关系式适用于对服务设施段进行与雷击连接到服务设施上的各幢建筑物有关的风险分量的评估:

1)与物理损害有关的风险分量(D_2)

$$R'_B = [N_{Da} + N_{Db}] P'_B L'_B \tag{5.75}$$

2)与设备失效有关的风险分量(D_3)

$$R'_C = [N_{Da} + N_{Db}] P'_C L'_C \tag{5.76}$$

表 5.36 中给出了评估该风险分量所用的参数。

表 5.36 与服务设施风险分量评估有关的参数

符号	名称	参考取值
	年平均雷击次数	
N_D	雷击与服务设施相连的建筑物	第 5.2 节
N_L	雷击服务设施	第 5.2 节
N_I	雷击服务设施附近	第 5.2 节
	雷击相邻建筑物造成损害的概率	
P'_B	物理损害	第 5.2 节
P'_C	相连设备的失效	第 5.2 节
	雷击服务设施造成损害的概率	
P'_V	物理损害	第 5.2 节
P'_W	相连设备的失效	第 5.2 节
	雷击服务设施附近造成损害的概率	
P'_Z	相连设备的失效	第 5.2 节
	相应的损失	
$L'_B = L'_V = L'_f$	物理损害	第 5.2 节
$L'_C = L'_W = L'_Z = L'_o$	相连设备的失效	第 5.2 节

(4)服务设施风险分量汇总

表 5.37 按照不同的损害类型和损害源对服务设施的风险分量作了汇总。

表 5.37　各种损害类型和损害源对应的服务设施风险分量

损害类型	损害源			
	S_3 雷击服务设施	S_4 雷击服务设施邻近	S_1 雷击与服务设施相连的建筑物	不同损害类型导致的风险
D_2 物理损害	$R'_V=N_LP'_VL'_V$		$R'_B=N_DP'_BL'_B$	$R'_F=R'_V+R'_B$
D_3 电气和电子系统失效	$R'_W=N_LP'_WL'_W$	$R'_Z=(N_l-N_L)P'_ZL'_Z$	$R'_C=N_DP'_CL'_C$	$R'_O=R'_Z+R'_W+R'_C$
不同损害来源导致的风险	$R'_D=R'_V+R'_W$	$R'_I=R'_Z+R'_B+R'_C$		

如果服务设施被划分为若干个区段 S_S，服务设施的风险分量 R'_V，R'_W应当计算为各段相应的风险分量的总和。

应当在两段服务设施之间的过渡点对风险分量 R'_Z进行计算，并将最高的值假定为 R'_Z值。服务设施风险分量 R'_B，R'_C应为各个连接到服务设施的建筑物的相应风险分量的总和。服务设施的总风险 R 是各个风险分量 R'_B，R'_C，R'_V，R'_W，R'_Z的总和。

(5)将服务设施划分区段为 S_S

为了对各个风险分量进行评估，可以将服务设施划分区段为 S_S。然而，一个服务设施可以是或可以假设为一个单独的区段。

对于所有的风险分量(R'_B，R'_C，R'_V，R'_W，R'_Z)，区段 S_3 主要根据以下情况进行划分：

1)服务设施的类型(架或埋地)；

2)影响截收面积的因子(C_d，C_e，C_t)；

3)服务设施的特性(电缆绝缘的类型，屏蔽层的电阻)；

4)区段 S_S 还可以根据以下情况进一步进行划分：

5)相连设备的类型；

6)已有的或将采取的保护措施；

7)服务设施的区段划分应当考虑到采取最适当保护措施的可行性。

如果一个区段中的参数不止一个值，应当假设其为能够导致最大风险的值。网络操作员或服务设施的业主应当评价每次损害造成的服务设施的预期损失相对量。

5.4 雷电防护的必要性、合理性及损失费用的计算

5.4.1 雷电防护的必要性

为了减少社会价值损失 L_1，L_2 和 L_3 应对受保护对象雷电防护的必要性进行估算。

如果风险 $R(R_1 \sim R_3)$ 大于风险容限 R_T 即

$$R > R_T \tag{5.77}$$

则雷电防护措施是必要的。这种情况下应采取雷电防护措施使风险 $R(R_1 \sim R_3)$ 减少至不大于风险容限 R_T 即

$$R \leqslant R_T \tag{5.78}$$

如果受保护对象上可能出现多种损失类型，则对每一种损失类型（L_1，L_2 和 L_3）都应满足条件 $R \leqslant R_T$。

凡是雷电导致多种社会价值损失的地方风险容限 R_T 值应由各国有关部门考虑。

注：有管辖权当局可能不经风险评估就规定特殊应用场合必须采取雷电防护措施。在这些情况下（主要是有可能造成人员伤亡产生重大社会影响的场所），所需的雷电防护水平将由当局规定。在某些情况下，风险评估可能作为判断是否放弃雷电防护要求而进行的一项技术措施。

图 5.8 是判断防护必要性的程序流程图。

5.4.2 雷电防护措施的经济合理性

除了受保护对象雷电防护的必要性外，为了减少经济损失 L_4，估算所提供的防护措施的经济效益是有用的。在这种情况下，为了计算这种费用，需要对建筑物、内存物及服务设施，甚至服务活动（经营活动）的风险分量 R_4 进行评估（对于服务设施则为 R_4'）。风险 R_4 的评估应分别计算采取防护措施前后的经济损失。

确定防护措施经济性的程序，如下：

1）确认 R_4 型风险的组成部分 R_X；

2）计算无防护措施下被确认的风险组成部分 R_X 的值；

3）计算每种风险组成 R_X 导致的损失成本；

4）计算无防护措施下总损失的成本 C_L；

5）采用选定的防护措施；

6）在选定防护措施的情况下，计算风险组成部分 R_X 的值；

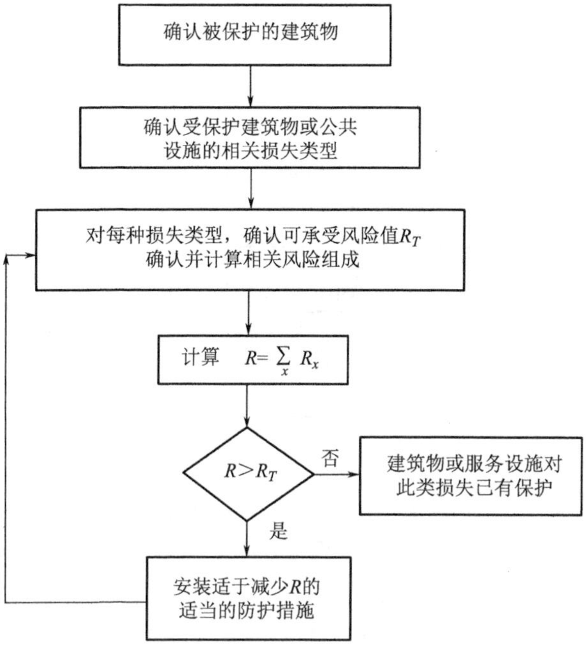

图 5.8　判断防护必要性的程序图

7)计算在受保护的建筑物或公共设施内由每种风险组成 R_X 导致的剩余损失成本；

8)在采取防护措施的情况下，计算剩余的总成本 C_{RL}；

9)计算选定的防护措施的年度成本 C_{PM}；

10)成本比较。

如果采取防护措施后仍有的损失价值 C_{RL} 与防护措施费用 C_{PM} 的和低于未采取防护措施时的总损失价值 C_L，即

$$C_{RL}+C_{PM}<C_L \tag{5.79}$$

则采取防护措施经济上是合理的。

图 5.9 是确定防护措施经济效益的程序。

5.4.3　损失费用计算

全部损失的费用 C_L 可以通过以下公式进行计算

$$\begin{aligned}C_L=&(R_A+R_U)\times C_A+(R_B+R_V)\times(C_A+C_B+C_S+C_C)+\\&(R_C+R_M+R_W+R_Z)\times C_S\end{aligned} \tag{5.80}$$

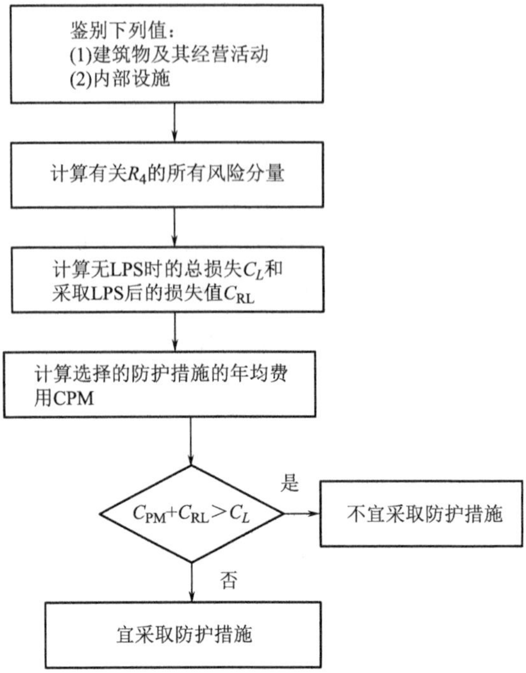

图 5.9　确定防护措施经济效益的程序

式中，R_A 和 R_U 为与牲畜损失有关的风险分量，没有保护措施；R_B 和 R_V 为与物理损害有关的风险分量，没有保护措施；R_C，R_M，R_W 和 R_Z 为与电气和电子系统失效有关的风险分量，没有保护措施；C_A 为牲畜的价值；C_S 为建筑物中的系统的价值；C_B 为建筑物的价值；C_C 为内存物的价值。

当没有保护措施的时候，剩余损失的总花费 C_{RL} 可以通过以下公式进行计算

$$C_{RL}=(R'_A+R'_U)\times C_A+(R'_B+R'_V)\times(C_A+C_B+C_S+C_C)+(R'_C+R'_M+R'_W+R'_Z)\times C_S \tag{5.81}$$

式中，R'_A 和 R'_U 为与牲畜损失有关的风险分量，有保护措施；R'_B 和 R'_V 为与物理损害有关的风险分量，有保护措施；R'_C，R'_M，R'_W 和 R'_Z 为与电气和电子系统失效有关的风险分量，有保护措施。

保护措施的年平均费用 C_{PM} 可以通过以下公式进行计算

$$C_{PM}=C_P\times(i+a+m) \tag{5.82}$$

式中，C_P 为保护措施的费用；i 为利率；a 为折旧率；m 为维护费率。

每年节约的金钱为

$$S = C_L - (C_{PM} + C_{RL}) \tag{5.83}$$

如果年平均节省的金钱 $S>0$,防雷保护措施是经济合理的。

5.5　雷电风险评估报告模板案例

5.5.1　概述

(1)评估目的

通过对工程项目的雷击风险评估,首先可以了解项目自身雷击风险,对指导该项目防雷设计与施工方面起着重要作用;其次可以确定对周边环境影响,对相邻建筑或设施是否应当采取更加有效的防雷措施提供理论依据;最后通过评估制定最为经济合理的防雷技术措施,从而寻求最低的雷电灾害事故率、最少的雷电灾害损失和最优的防雷安全投资效益。

(2)评估工作内容、范围

评估工作内容:项目资料收集、项目防雷安全需求分析、制定雷击风险评估方案、地物环境勘查、雷击风险评估和计算、雷电防护对策措施、编制雷击风险评估报告等。

评估范围:工程项目。

(3)评估技术依据

GB/T21714.2-2015《雷电防护第 2 部分:风险管理》;

GB/T21714.1-2015《雷电防护第 1 部分:总则》;

GB/T21714.3-2015《雷电防护第 3 部分:建筑物的物理损害和生命危险》;

GB/T21714.4-2015《雷电防护第 4 部分:建筑物内电气和电子系统》;

GB50057-2010《建筑物防雷设计规范》;

GB50343-2012《建筑物电子信息系统防雷技术规范》;

GB/T17949.1-2000《接地系统的土壤电阻率、接地阻抗和地面电位测量导则第 1 部分:常规测量》;

GB50311-2016《综合布线系统工程设计规范》;

GB50016-2014《建筑设计防火规范》。

(4)风险评估的其他依据

1)工程项目设计文本;

2)项目总平面图;

3)项目建筑、强电、弱电等相关图纸及说明;

4)土壤电阻率;

5)可以接受的最大危害风险值。

5.5.2 项目概况

(1)项目环境勘察

勘察工程项目地理位置、建筑物及周边建筑物的环境情况等,包括建筑物面积、建筑结构及建筑高度等内容,进行详细的描述,可结合相关的图片加以说明,如图 5.10,图 5.11。

图 5.10　项目地块东侧

图 5.11　项目地块南侧

(2)雷电防护设计情况

1)建筑物的直击雷防护措施;

2)低压配电系统防雷措施;

3)信号系统防雷措施。

5.5.3 雷电安全风险评估

(1)雷击风险评估方法

损害和损失

雷电流是造成损害的主要原因,按雷击点的位置分为以下几种成因:

S_1:雷击建筑物;

S_2:雷击建筑物附近;

S_3：雷击线路；

S_4：雷击线路附近。

雷击可能造成损害，取决于需防护建筑物的特性，其中最重要的特性有：建筑物的结构类型、内部存放物品、用途、服务设施类型以及所采取的防护措施。雷击风险评估中将雷击引起的基本损害类型划分为以下 3 种：

D_1：电击引起的人和动物伤害；

D_2：物理损害；

D_3：电气和电子系统失效。

每种损害，不论单独出现或与其他损害共同作用，都会在被保护建筑物中产生不同的损失。可能出现的损失类型取决于建筑物本身的特性及其内存物。应考虑以下 4 种类型的损失：

L_1：人身伤亡损失（包括永久性伤害）；

L_2：公众服务损失；

L_3：文化遗产损失；

L_4：经济价值损失（建筑物及其内存物以及业务活动中断的损失）。

(2)风险类型和计算

1)风险类型

风险 R 是指因雷电造成的年平均可能损失的相对值。对建筑物中可能出现的各类损失，应计算其所对应的风险。建筑物中需估算的风险有：

R_1：人身伤亡损失风险（包括永久性伤害）；

R_2：公众服务损失风险；

R_3：文化遗产损失风险；

R_4：经济价值损失风险。

2)风险分量

每个风险都是各个风险分量的和，可能涉及到的各风险分量分别为：

R_A：雷击建筑物造成人和动物伤害的风险分量；

R_B：雷击建筑物造成建筑物物理损害的风险分量；

R_C：雷击建筑物造成内部系统失效的风险分量；

R_M：雷击建筑物附近引起的内部系统失效的风险分量；

R_U：雷击线路造成人和动物伤害的风险分量；

R_V：雷击线路造成建筑物物理损害的风险分量；

R_W：雷击线路造成内部系统失效的风险分量；

R_Z：雷击线路附近造成内部系统失效的风险分量。

3)风险值的计算

对于人身伤亡损失的风险，其风险分量组成表达式如下

$$R_1 = R_{A_1} + R_{B_1} + R_{C_1}^{①} + R_{M_1}^{①} + R_{U_1} + R_{V_1} + R_{W_1}^{①} + R_{Z_1}^{①} \tag{5.84}$$

对于公众服务损失的风险，其风险分量组成表达式如下

$$R_2 = R_{B_2} + R_{C_2} + R_{M_2} + R_{V_2} + R_{W_2} + R_{Z_2} \tag{5.85}$$

对于文化遗产损失的风险类型，其风险分量组成表达式如下

$$R_3 = R_{B_3} + R_{V_3} \tag{5.86}$$

对于经济价值损失的风险类型，其风险分量组成表达式如下

$$R_4 = R_{A_4}^{②} + R_{B_4} + R_{C_4} + R_{M_4} + R_{U_4}^{②} + R_{V_4} + R_{W_4} + R_{Z_4} \tag{5.87}$$

注：①仅指具有爆炸危险的建筑物及因内部系统故障立即危及性命的医院或其他建筑物；②仅指可能出现牲畜损失的建筑物。

(3)风险分量的评估

基本表达式

各个风险分量可以采用以下通用表达式来表达

$$R_X = N_X \times P_X \times L_X \tag{5.88}$$

式中，N_X 为每年危险事件次数；P_X 为建筑物的损害概率；L_X 为每一损害产生的损失率。

具体到各风险分量，即有

$$R_A = N_D \times P_A \times L_A \tag{5.89}$$

$$R_B = N_D \times P_B \times L_B \tag{5.90}$$

$$R_C = N_D \times P_C \times L_C \tag{5.91}$$

$$R_M = N_M \times P_M \times L_M \tag{5.92}$$

$$R_U = (N_L + N_{\mathrm{DJ}}) \times P_U \times L_U \tag{5.93}$$

$$R_V = (N_L + N_{\mathrm{DJ}}) \times P_V \times L_V \tag{5.94}$$

$$R_W = (N_L + N_{\mathrm{DJ}}) \times P_W \times L_W \tag{5.95}$$

$$R_Z = N_I \times P_Z \times L_Z \tag{5.96}$$

很多情况下，N_{DJ} 可以忽略。

(4)雷击引起的年平均危险事件次数 N_X

雷击引起的年平均危险事件次数 N_X 取决于需保护对象(即评估对象)所处区域的雷暴活动以及需保护对象的物理特性。普遍接受的 N_X 的计算方法是：将雷击大地密度 N_G 乘上需保护对象的等效截收面积，同时还要考虑需保护对象物理特性所对应的修正因子。

1)雷击建筑物的年平均危险事件次数 N_D

$$N_D = N_G \times A_D \times C_D \times 10^{-6} \tag{5.97}$$

式中，N_G 为雷击大地密度，是指每年每平方千米雷击大地的次数，单位：次/(km^2 · a)，

该数据综合考虑项目所在地的年均雷暴日数据分析得出；A_D 为孤立建筑物的截收面积，单位：m^2；C_D 为位置因子。

2)雷击毗邻建筑物的年平均危险事件次数 N_{DJ}

$$N_{DJ}=N_G\times A_{DJ}\times C_{DJ}\times C_T\times 10^{-6} \tag{5.98}$$

式中，A_{DJ} 为毗邻建筑物的截收面积，单位：m^2；C_{DJ} 为毗邻建筑物的位置因子；C_T 为线路类型因子。

3)雷击建筑物附近的年平均危险事件次数 N_M

$$N_M=N_G\times A_M\times 10^{-6} \tag{5.99}$$

式中，A_M 为雷击建筑物附近的截收面积，单位：m^2。

4)雷击线路的年平均危险事件次数 N_L

对于一段服务设施，N_L 可以计算为

$$N_L=N_G\times A_L\times C_I\times C_E\times C_T\times 10^{-6} \tag{5.100}$$

式中，N_L 为线路区段出现过电压幅值不小于 1 kV 的次数，单位：次/a；A_L 为雷击线路的截收面积，单位：m^2；C_I 为线路安装因子；C_E 为线路位置因子；C_T 为线路类型因子。

5)雷击服务设施附近的年平均危险事件次数 N_I

$$N_I=N_G\times A_I\times C_I\times C_E\times C_T\times 10^{-6} \tag{5.101}$$

式中，N_I 为线路区段出现过电压幅值不小于 1 kV 的次数，单位：次/a；A_I 为雷击线路附近的截收面积，单位：m^2；C_I 为线路安装因子；C_E 为线路位置因子；C_T 为线路类型因子。

(5)建筑物各种损失率 L_X 的估算

损失率 L_X 是指一次危险雷击事件导致的特定类型损害造成的平均损失相对量。根据损害的程度及后果，损失率 L_X 与考虑的损失类型有关，不同损失类型的损失分量计算方法也存在差异，损失率 L_X 主要包括：

L_A：雷击建筑物时人和动物因电击伤害的损失率；

L_B：雷击建筑物时建筑物中物理损害的损失率；

L_C：雷击建筑物时建筑物中内部系统失效的损失率；

L_M：雷击建筑物附近时内部系统失效的损失率；

L_U：雷击线路时建筑物内人和动物因电击伤害的损失率；

L_V：雷击线路时建筑物内物理损害的损失率；

L_W：雷击线路时内部系统失效的损失率；

L_Z：雷击线路附近时内部系统失效的损失率。

1)人身伤亡损失 L_1

$$L_A=L_U=r_t\times L_T\times n_z/n_t\times t_z/8760 \quad (5.102)$$

$$L_B=L_V=r_p\times r_f\times h_z\times L_F\times n_z/n_t\times t_z/8760 \quad (5.103)$$

$$L_C=L_M=L_W=L_Z=L_O\times n_z/n_t\times t_z/8760 \quad (5.104)$$

式中，L_T 为一次危险事件导致受害者遭电击伤害的典型平均相对量；L_F 为一次危险事件导致受害者遭物理伤害的典型平均相对量；L_O 为一次危险事件导致受害者因内部系统失效遭受伤害的典型平均相对量；r_t 为由土壤或地板表面类型决定的减少人身伤亡损失的缩减因子；r_p 为由防火措施决定的减少物理损害导致损失的缩减因子；r_f 为由建筑物的火灾危险或爆炸危险决定的减小物理损害导致损失的缩减因子；h_z 为特殊危险出现时，物理损害导致的人身伤亡损失的增加因子；n_z 为分区中的人数；n_t 为建筑物中的总人数；t_z 为人员每年在分区中停留的小时数。

2)公众服务损失 L_2

$$L_B=L_V=r_p\times r_f\times L_F\times n_z n_t \quad (5.105)$$

$$L_C=L_M=L_W=L_Z=L_O\times n_z/n_t \quad (5.106)$$

式中，L_F 为一次危险事件引起物理损害导致服务中断的用户数量的典型平均相对量；L_O 为一次危险事件引起内部系统失效导致服务中断的用户数量的典型平均相对量；r_p 为由防火措施决定的减少物理损害导致损失的缩减因子；r_f 为由火灾危险程度决定的减小物理损害导致损失的缩减因子；n_z 为分区中的服务用户数目；n_t 为建筑物中的服务用户总数目。

3)文化遗产损失 L_3

$$L_B=L_V=r_p\times r_f\times L_F\times c_z/c_t \quad (5.107)$$

式中，L_F 为一次危险事件引起物理损害导致文物损毁价值的典型平均相对量；r_p 为由防火措施决定的减少物理损害导致损失的因子；r_f 为由火灾危险程度决定的减小物理损害导致损失的因子；c_z 为分区中的文化遗产价值；c_t 为建筑物及其内存物的总价值。

4)经济价值损失 L_4

$$L_B=L_V=r_p\times r_f\times L_F\times (c_b+c_c+c_s)/c_t \quad (5.108)$$

$$L_C=L_M=L_W=L_Z=L_O\times c_s/c_t \quad (5.109)$$

式中，L_F 为一次危险事件导致货物遭物理伤害的典型平均相对量；L_O 为一次危险事件导致货物因内部系统失效遭受伤害的典型平均相对量；r_p 为由防火措施决定的减少物理损害导致损失的缩减因子；r_f 为由火灾危险决定的减小物理损害导致损失的缩减因子；c_b 为分区建筑物的价值；c_c 为分区中内存物的价值；c_s 为分区中内部系统及其所支持的各种业务活动的价值；c_t 为建筑物的总价值（所有分区中建筑物、内存物、内部系统及其所支持的各种业务活动的价值总和)。

(6)建筑物分区 Z_S 划分

为评估每项风险的组成,建筑物可划分为不同的分区 Z_S。分区 Z_S 的划分主要考虑以下因素:

1)土壤或地面类型(风险组成 R_A 和 R_U);

2)防火仓室(风险组成 R_B 和 R_V);

3)空间屏蔽(风险组成 R_C,R_M,R_W 和 R_Z)。

进一步的分区可根据下列条件确定:

1)内部系统的布局;

2)现有的或即将应用的防护措施;

3)损失数值 L。

对任一分区 Z_S,每一风险组成都应加以评估。任一分区 Z_S 的风险 R 是相关风险组成的总和。建筑物的总风险 R 是构成建筑物的分区相关的局部风险的总和。

(7)雷击风险评估结果分析方法

1)风险容许值

通过将风险 R 与风险容许值 R_T(典型取值见表 5.38)进行比较来确定建筑物是否需要防护:如果 $R \leqslant R_T$,则不需要防雷;如果 $R > R_T$,应采取防护措施减小建筑物的所有风险,使得 $R \leqslant R_T$。

表 5.38　容许风险的典型值 R_T

损失类型	R_T
人身伤亡损失	10^{-5}

2)雷电防护措施的选择

通过分析各种风险组成在总风险 R 中所占比重,同时考虑建筑物防护措施的可实施性,来选择最合适的防护措施,如图 5.12 所示。

5.5.4　雷击风险计算及结果分析

(1)主要区域划分

根据项目具体情况,进行区域划分,具体见 GB/T21714.2-2015 6.7 建筑物的分区 Z_S。

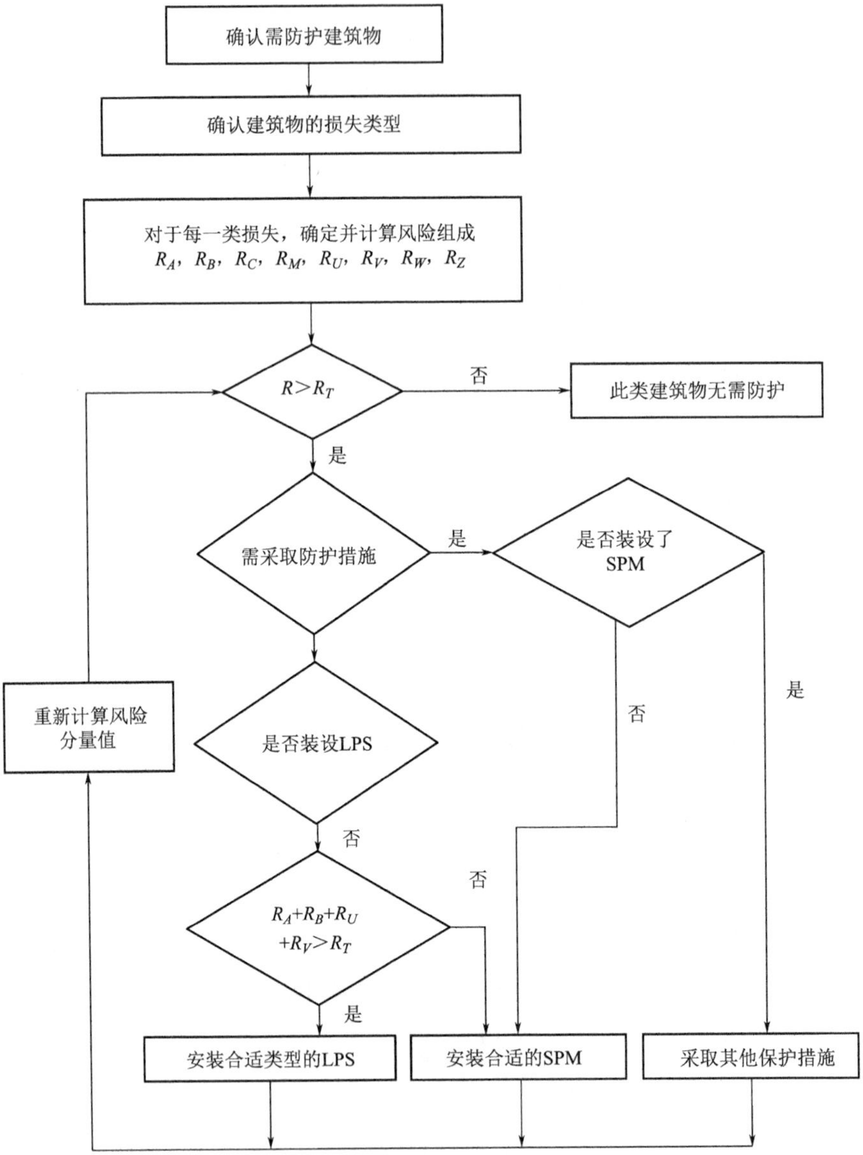

图 5.12　建筑物防护措施的选择流程

(2)各区特性因子(表 5.39—表 5.43)

表 5.39　建筑物特性因子

参数	注解	符号	量值
尺寸/m	空间尺寸	L_b, W_b, H_b	
位置因子	自定义	C_d	
LPS	建筑物具有金属屋顶或可能包含自然部件的接闪器,所有的屋顶装置都有着完善的直击雷防护,具有作为自然引下线的连续金属框架或钢筋混凝土框架	P_B	
建筑物边界屏蔽	0.12 W	K_{S_1}	
雷击密度	项目所在地	Ng	

表 5.40　Z_1 区特性因子

参数	注解	符号	量值
地表	沥青、油毯、木头	r_a	
LPS	有效的地面等电位连接	P_A	
接触和跨步电压损害	人员处于建筑物外	L_t	

表 5.41　Z_2 区特性因子

参数	注解	符号	量值
地板	大理石、陶瓷	r_U	
火灾风险	一般	r_f	
特殊损害	一般程度的惊慌(例如,为了文化或体育而设计的建筑物,同时,参加人员的数量在 100～1000 人之间)	h_z	
防火措施	以下措施之一:固定的自动灭火装置、自动报警装置	r_P	
空间屏蔽	无屏蔽	K_{S_2}	
内部电源系统	各用电终端连接到低压电力线路	—	
内部通信系统	连接到通信线路	—	
接触与跨步电压造成的损害 R_1	人员处于建筑物内	L_t	

续表

参数	注解	符号	量值
物质损害 R_1	工业建筑、商业建筑、学校	L_f	
室内设备失效 R_1	/	L_0	
接触与跨步电压造成的损害 R_4	人员处于建筑物内	L_t	
物质损害 R_4	自由值	L_f	
室内设备失效 R_4	医院、工业、办公楼、旅馆、经济性大楼	L_0	

表 5.42　内部电源及入户电力线路的特性因子与数据

参数	注解	符号	量值
土壤电阻率	单位：Ω·m	ρ	
至相邻第一个建筑节点长度	由市政电网引入（因评估对象还处于建设中无法确定其距离，按规范的典型值取值），单位：m	L_C	
线路入户方式	埋地进入户内	H_C	
高、低变压器	服务设施具有双绕组变压器	C_t	
电缆环境因子	自由值	C_e	
电缆位置因子	被更高的对象或树木所包围	C_d	
线路屏蔽两端接地	$1<Rs\leqslant5$	P_{LD}	
		P_{LI}	
配合的 SPD 保护	SPD 按照 LPL Ⅱ设计	P_{SPD}	
内部合理布线	有屏蔽的电缆，屏蔽层单位长度的电阻 $1<Rs\leqslant5$ Ω/km	K_{S_3}	
室内设备耐压	$1.5/Uw$	K_{S_4}	

表 5.43　内部通信系统及入户线路的特性因子与数据

参数	注解	符号	量值
至相邻第一个建筑节点长度/m	宽带网络、通信（电话）线从通信交换站引入，广播电视接入市政广播电视网络（因评估对象还处于建设中无法确定其距离，按规范的典型值取值）	L_C	

续表

参数	注解	符号	量值
线路入户方式	埋地进入户内	H_C	
电缆环境因子	自由值	C_e	
电缆位置因子	被更高的对象或树木所包围	C_d	
线路屏蔽两端接地	无屏蔽	P_{LD}	
		P_{LI}	
配合的 SPD 保护	SPD 按照 LPL Ⅱ设计	P_{SPD}	
内部合理布线	无屏蔽的电缆:为了避免形成回路而合理布线	K_{S_3}	
室内设备耐压	1.5/Uw	K_{S_4}	

(3)数据计算

根据表中的数据进行相应的计算。

1)被保护建筑物的截收面积

$$A_d = L\times W + 2\times(3\times H)\times(L+W) + \pi\times(3\times H)^2 \tag{5.110}$$

2)雷击建筑物附近的等效截收面积

$$A_m = L\times W + 2\times 250\times(L+W) + \pi\times 500^2 \tag{5.111}$$

3)雷击电力线路的截收面积

$$A_1(P) = 40\times L_L \tag{5.112}$$

式中,L_L 为线路区段的长度,单位:m。评估计算中与电力线路相关的参数或风险值以(P)表示,下同。

4)雷击电力线路附近的截收面积

$$A_i(P) = 4000\times L_L \tag{5.113}$$

5)雷击信号线路的截收面积

$$A_1(T) = 40\times L_L \tag{5.114}$$

评估计算中与信号线路相关的参数或风险值以(T)表示,下同。

6)雷击信号线路附近的截收面积

$$A_i(T) = 4000\times L_L \tag{5.115}$$

7)雷击建筑物的年均次数

$$N_D = N_G\times A_D\times C_D\times 10^{-6}\ \text{次/a} \tag{5.116}$$

式中,N_G 为雷击大地密度,是指每年每平方千米雷击大地的次数,单位:次/($\mathrm{km}^2\cdot\mathrm{a}$),该数据综合考虑项目所在地的年均雷暴日数据分析得出;A_D 为孤立建筑物的截收面积，单位：m^2；C_D 为位置因子。

8)雷击建筑物附近年均次数

$$N_M = N_G \times A_M \times 10^{-6}\ 次/a \tag{5.117}$$

式中，A_M 为雷击建筑物附近的截收面积，单位：m^2。

9)雷击电力线路年均次数

$$N_L(P) = N_G \times A_L(P) \times C_I \times C_E \times C_T \times 10^{-6}\ 次/a \tag{5.118}$$

式中，A_L 为雷击线路的截收面积，单位：m^2；C_I 为线路安装因子；C_T 为线路类型因子；C_E 为线路位置因子。

10)雷击电力线路附近年均次数

$$N_i(P) = N_G \times A_I(P) \times C_I \times C_E \times C_T \times 10^{-6}\ 次/a \tag{5.119}$$

式中，A_I 为雷击线路附近的截收面积，单位：m^2。

11)雷击信号线路年均次数

$$N_L(T) = N_G \times A_L(T) \times C_I \times C_E \times C_T \times 10^{-6}\ 次/a \tag{5.120}$$

12)雷击信号线路附近年均次数

$$N_i(T) = N_G \times A_I(T) \times C_I \times C_E \times C_T \times 10^{-6}\ 次/a \tag{5.121}$$

(4)人身伤亡损失的风险 R_1 计算

对于各个户外及户内分区，在假设没有采取任何雷电防护措施时，风险 R_1 的风险分量经计算如下：

1)雷击建筑物时人因电击伤害的损失率 L_A，雷击线路时建筑物内人因电击伤害的损失率 L_U 的计算：

$$L_A = L_U = r_t \times L_T \times n_z / n_t \times t_z / 8760 \tag{5.122}$$

式中，r_t 为由土壤或地板表面类型决定的减少人身伤亡损失的缩减因子；n_z 为分区中的人数；n_t 为建筑物中的总人数；t_z 为人员每年在分区中停留的小时数；L_T 为一次危险事件导致受害者遭电击伤害的典型平均相对量。

2)雷击建筑物导致人因电击伤害的概率 P_A 的计算：

$$P_A = P_{TA} \times P_B \tag{5.123}$$

式中，P_{TA} 为取决于附加的防止接触电压和跨步电压的防护措施；P_B 为取决于LPS设计所依据的GB/T 21714.3-2015的雷电防护等级(LPL)。

3)雷击建筑物造成人员伤害的风险分量 R_A 的计算

$$R_A = N_D \times P_A \times L_A \tag{5.124}$$

4)雷击建筑物时建筑物中物理损害的损失率 L_B，雷击线路时建筑物内物理损害的损失率的计算

$$L_B = L_V = r_p \times r_f \times h_z \times L_F \times n_z / n_t \times t_z / 8760 \tag{5.125}$$

式中，r_p 为由防火措施决定的减少物理损害导致损失的缩减因子；r_f 为由建筑物

的火灾危险或爆炸危险决定的减小物理损害导致损失的缩减因子；h_z 为特殊危险出现时，物理损害导致的人身伤亡损失的增加因子；L_F 为一次危险事件导致受害者遭物理伤害的典型平均相对量。

5)雷击建筑物造成建筑物物理损害的风险分量 R_B 的计算

$$R_B = N_D \times P_B \times L_B \tag{5.126}$$

6)雷击毗邻建筑物的年平均危险事件次数 N_{DJ} 的计算

$$N_{\mathrm{DJ}} = N_G \times A_{\mathrm{DJ}} \times C_{\mathrm{DJ}} \times C_T \times 10^{-6} \tag{5.127}$$

7)屏蔽、合理布线及设备耐受电压决定的 P_M 减小的概率 P_{MS} 的计算：

$$P_{\mathrm{MS}}(P) = (K_{S_1} \times K_{S_2} \times K_{S_3} \times K_{S_4})^2 \tag{5.128}$$

$$P_{\mathrm{MS}}(T) = (K_{S_1} \times K_{S_2} \times K_{S_3} \times K_{S_4})^2 \tag{5.129}$$

式中，K_{S_1} 为与建筑物屏蔽效能有关的因子；K_{S_2} 为与建筑物内部屏蔽体屏蔽效能有关的因子；K_{S_3} 为与内部线路特征有关的因子；K_{S_4} 为与系统的耐冲击电压有关的因子。

8)雷击建筑物附近导致内部系统失效的概率 P_M 的计算

$$P_M(P) = P_{\mathrm{SPD}} \times P_{\mathrm{MS}} \tag{5.130}$$

$$P_M(T) = P_{\mathrm{SPD}} \times P_{\mathrm{MS}} \tag{5.131}$$

式中，P_{SPD} 为安装协调配合的 SPD 系统时 P_C，P_M，P_W，P_Z 减小的概率，此时取值为 1。

9)雷击线路导致人员电击伤害的概率 P_U 的计算

$$P_U(P) = P_{\mathrm{TU}} \times P_{\mathrm{EB}} \times P_{\mathrm{LD}} \times C_{\mathrm{LD}} \tag{5.132}$$

$$P_U(T) = P_{\mathrm{TU}} \times P_{\mathrm{EB}} \times P_{\mathrm{LD}} \times C_{\mathrm{LD}} \tag{5.133}$$

式中，P_{TU} 为取决于接触电压的防护措施，例如遮拦物或者警示牌；P_{EB} 为取决于符合 GB/T21714.3-2015 要求的防雷等电位连接(EB)，以及设计 SPD 所依据的雷电防护等级(LPL)；P_{LD} 为雷击线路导致内部系统失效的概率，取决于线路的特征；C_{LD} 为取决于线路的屏蔽、接地和隔离条件的因子。

10)雷击线路造成人员伤害的风险分量 R_U 的计算

雷击电力线路造成的风险分量

$$R_U(P) = (N_L(P) + N_{\mathrm{DJ}}(P)) \times P_U(P) \times L_U \tag{5.134}$$

雷击信号线路造成的风险分量

$$R_U(T) = (N_L(T) + N_{\mathrm{DJ}}(T)) \times P_U(T) \times L_U \tag{5.135}$$

11)雷击线路导致物理损害的概率 P_V 的计算

$$P_V = P_{\mathrm{EB}} \times P_{\mathrm{LD}} \times C_{\mathrm{LD}} \tag{5.136}$$

$$P_V(T) = P_{\mathrm{EB}} \times P_{\mathrm{LD}} \times C_{\mathrm{LD}} \tag{5.137}$$

式中，P_{EB} 为取决于符合 GB/T21714.3-2015 要求的防雷等电位连接(EB)，以及设计 SPD 所依据的雷电防护等级 LPL；P_{LD} 为雷击电路导致内部系统失效的概率，取决于线路的特性；C_{LD} 为取决于线路的屏蔽、接地和隔离条件的因子。

12)雷击线路造成建筑物物理损害的风险分量 R_V 的计算

雷击电力线路造成的风险分量

$$R_V(P)=(N_L(P)+N_{DJ}(P))\times P_V(P)\times L_V \tag{5.138}$$

雷击信号线路造成的风险分量

$$R_V(T)=(N_L(T)+N_{DJ}(T))\times P_V(T)\times L_V \tag{5.139}$$

综上，在不设置防雷装置的情况下人身伤亡损失的风险 R_1 计算结果如下

$$R_1=R_A+R_B+R_U(P)+R_U(\mathrm{T})+R_V(P)+R_V(T) \tag{5.140}$$

5.5.5 防雷相关参数分析

(1)信息系统雷电防护等级评估

根据项目的相关资料，采用 GB50343-2012《建筑物电子信息系统防雷技术规范》第 4.2 款提出的建筑物电子信息系统雷电防护等级评估方法，对本项目的电子信息系统雷电防护等级进行评估。

GB500343-2012 规范 4.2.4 条，电子信息系统雷电防护等级见表 5.44。

表 5.44 电子信息系统雷电防护等级

序号	条件	防护等级
1	当 $E>0.98$ 时	A
2	当 $0.90<E\leqslant 0.98$ 时	B
3	当 $0.80<E\leqslant 0.90$ 时	C
4	当 $E\leqslant 0.80$ 时	D

注：E 为防雷装置的拦截效率

具体计算方法见：《建筑物电子信息系统防雷技术规范》GB50343-2012。

建筑物及入户设施年预计雷击次数 N 的算法

由计算得到的 N_1 和 N_2 的和得到的 N 值

$$N=N_1+N_2 \tag{5.141}$$

1)建筑物年预计雷击次数 N_1 的算法(该部分算法同 GB50057-2010)

在已经计算得到的 k，N_G，A_e 的值的情况下，三个因子的乘积得到 N_1 的值：

$$N_1=k\ N_G\ A_e \tag{5.142}$$

(a)建筑物年预计雷击次数的校正系数 k 的选择

用户根据建筑物的特性以及建筑物所处的地形、地质情况选择校正系数 k 的取值。

a)在一般情况下 k 值取 1；

b)位于河边、湖边、山坡下或山地中土壤电阻率较小处、地下水露头处、土山顶部、山谷风口等处的建筑物，以及特别潮湿的建筑物，k 值取 1.5；

c)金属屋面没有接地的砖木结构建筑物，k 值取 1.7；

d)位于山顶上或旷野的孤立建筑物，k 值取 2。

(b)雷击大地密度 N_G 的算法

输入年平均雷暴日 T_d，通过公式 $N_G=0.1T_d$，计算出 N_G。

(c)建筑物等效截收面积 A_e 的算法

输入建筑物的长、宽、高，根据建筑物的高度 H 和周边建筑物的情况，选择相应的截收面积的公式。

首先判断建筑物的高度

a)当 $H<100$ m 时，拓宽宽度 $D=\sqrt{H(200-H)}$，根据建筑物周边 $2D$ 范围内的情况选择相应的公式

$$A_e=[LW+2(L+W)\sqrt{H(200-H)}+pH(200-H)]\times10^{-6} \tag{5.143}$$

b)当 $H\geqslant100$ m 时，拓宽宽度 $D=H$，根据建筑物周边 $2H$ 范围内的情况选择相应的公式

$$A_e=[LW+2H(L+W)+\pi H^2]\times10^{-6} \tag{5.144}$$

非规则建筑物

对于非规则的建筑物，则采用建筑物各边拓宽宽度为 $\sqrt{H(200-H)}$ 的作图法计算出建筑物的截收面积。(该处可提供一个面积输入的按钮)

2)入户设施年预计雷击次数 N_2 的算法

在已得到的 N_G，A'_e 的情况下，通过公式计算得到 N_2 的值。

$$N_2=N_G*A'_e \tag{5.145}$$

(a)入户设施的截收面积 A'_e 的算法

输入相邻建筑物之间的线路长度 L 和埋地线路的等效宽度 d_s(L 的最大值为 1000 m，未知时取 $L=1000$ m；d_s 的值等于土壤电阻率的值，最大值取 500 m)。

入户设施的截收面积 $A'e$ 为电源线缆入户设施的截收面积 Ae'_1 和信号线缆入户设施的截收面积 Ae'_2 的和，$Ae'=Ae'_1+Ae'_2$。

入户设施的截收面积与设施的特性相关，可用表 5.45 及表 5.46 的表达式计算。

表 5.45　电源线设施的有效截收面积 Ae'_1

电源线设施的类型	有效截收面积①②/km²
低压架空电缆	$2000\times L\times10^{-6}$
高压架空电缆(至现场变电站)	$500\times L\times10^{-6}$

续表

电源线设施的类型	有效截收面积①②/km^2
低压埋地电缆	$2\times d_s\times L\times 10^{-6}$
高压埋地电缆(至现场变压器)	$0.1\times d_s\times L\times 10^{-6}$

注:① L 是线路从所考虑建筑物至电源网络的第一个分支点或相邻建筑物的长度,单位:m,最大值为1000 m。当 L 值不知时,应取 $L=1000$ m。

② ds,单位:m,数值上等于土壤电阻率(Ω·m),最大为500 m。

表 5.46 通信线路的有效截收面积 Ae'_2

数据线类型	有效截收面积①②/km^2
架空信号线	$2000\times L\times 10^{-6}$
埋地信号线	$2\times d_s\times L\times 10^{-6}$
无金属铠装或金属芯线的光纤电缆	0

注:① L 是线路从所考虑建筑物至电源网络的第一个分支点或相邻建筑物的长度,单位:m,最大值为1000 m。当 L 值不知时,应取 $L=1000$ m。

② ds,单位:m,数值上等于土壤电阻率(Ω·m),最大为500 m。

(b)雷击大地密度 N_G 的算法

输入年平均雷暴日 T_d,通过公式 $N_G=0.1T_d$,计算出 N_G。

3)可接受的最大年平均雷击次数 N_c 的计算方法

根据得到的各类因子 C 的值,利用以下公式计算得到 N_c 的值

$$N_c=5.8\times 10^{-1}/C \tag{5.146}$$

各类因子 C 的取值

C 为各类因子 C_1,C_2,C_3,C_4,C_5,C_6 的和,公式

$$C=C_1+C_2+C_3+C_4+C_5+C_6 \tag{5.147}$$

各类因子的取值见表5.47。

表 5.47 各类因子的取值

分项	内容	取值
C_1:电子系统所在建筑物材料结构因子	屋顶和主体结构为金属材料	0.5
	屋顶和主体结构为钢筋混凝土	1.0
	建筑物为砖混结构	1.5
	建筑物为砖木结构	2.0
	建筑物为木结构	2.5
C_2:电子系统重要程度因子	等电位连接、接地、屏蔽措施较完善的设备	2.5
	使用架空线缆的设备	1.0
	集成化程度较高的低电压微电流的设备	3.0

续表

分项	内容	取值
C_3:电子系统设备耐冲击类型和抗冲击过电压能力因子	一般:(指设备为 GB/T16935.1—1997 所指的Ⅰ类安装位置设备,且采取了较完善的等电位连接、接地、线缆屏蔽措施)	0.5
	较弱:(指设备为 GB/T16935.1—1997 所指的Ⅰ类安装位置设备,但使用架空线缆)	1.0
	相当弱:(设备集成化程度很高,通过低电压、微电流进行逻辑运算的计算机或通信设备)	3.0
C_4:电子系统设备所处防雷区的因子	LPZ_2 区或以上	0.5
	LPZ_1 区内	1.0
	$LPZ0_B$ 区内	1.5～2.0
C_5:电子系统发生雷击事故的后果因子	电子系统业务中断不会产生不良后果	0.5
	电子系统业务原则上不允许中断,中断无严重后果	1.0
	电子系统业务不允许中断,中断后会产生严重后果	1.5～2.0
C_6:所在地区的雷暴等级因子	少雷区:年平均雷暴日≤20 d	0.8
	多雷区:20 d<年平均雷暴日≤40 d	1.0
	高雷区:40 d<年平均雷暴日≤60 d	1.2
	强雷区:年平均雷暴日>60 d	1.4

4)电子信息系统雷电防护等级的确定

根据电子系统雷击风险评估,确定雷电防护分为四级。

(a)当 $N \leqslant N_c$ 时,可不安装雷电防护装置;

(b)当 $N > N_c$ 时,应安装雷电防护装置。

然后根据电子系统雷击风险评估,确定雷电防护分级。

计算防雷装置的拦截效率 E,$E=1-N_c/N$,按 E 值的大小进行分级

(a)当 $E>0.98$ 时　　定为 A 级;

(b)当 $0.90<E\leqslant 0.98$ 时　　定为 B 级;

(c)当 $0.80<E\leqslant 0.90$ 时　　定为 C 级;

(d)当 $E\leqslant 0.80$ 时　　定为 D 级。

(2)电源系统 SPD 选取方法

1)电源系统 SPD 通流量估算方法

对建筑物电源系统通过的雷电流的估算,依据 GB50057-2010《建筑物防雷设计规范》,如图 5.13 所示,建筑物在遭受雷击后的雷电流分流系数由下图计算。

当建筑物为单根引下线时,分流系数 k_{c_1} 应为 1;当建筑物为两根引下线及接

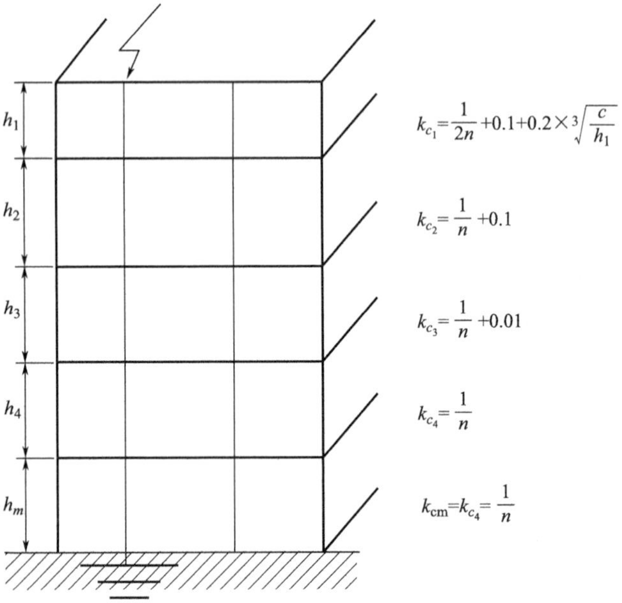

图 5.13　分流系数示意图

闪器不成闭合环的多根引下线时，分流系数 k_{c_1} 可为 0.66；当建筑物的接闪器成闭合环或网状的多根引下线时，分流系数 k_{c_1} 可为 0.44。

通过对某楼层处的分流系数 k_c 的计算，结合建筑物的防雷类别从而确定适合本次评估中该建筑物在遭受雷击时相应的雷电流幅值。针对进出建筑物管线的种类和数量，可得出电源系统 SPD 第一级的通流量。

(a)总配电系统 SPD 通流量

根据 GB50057-2010《建筑物防雷设计规范》4.5.4 条款的条文说明，通常 I_{imp} 与 8/20μsI_{max} 电流的换算可按 20 倍考虑。

$$I_{imp}=\frac{Ik_c}{m} \tag{5.148}$$

$$I_{max}\approx 20I_{imp} \tag{5.149}$$

$$I_n=0.5I_{max} \tag{5.150}$$

(b)屋面设备电源配电系统 SPD 通流量

$$I_{imp}=\frac{Ik_{c_1}k_{c_2}}{m} \tag{5.151}$$

$$I_{max}\approx 20I_{imp} \tag{5.152}$$

$$I_n=0.5I_{max} \tag{5.153}$$

式中，k_c，k_{c_1}，k_{c_2} 为分流系数；$h_1 \sim h_m$ 为连接引下线各环形导体或各层地面金属体之间的距离；I 为雷电流幅值；I_n 为标称放电电流；I_{max} 为最大放电电流；I_{imp} 为最大冲击电流；n 为评估单体引下线总数（一般不少于 4 根）；m 为线缆芯线数；

2）电源系统 SPD 参数选取

电源系统 SPD 通流量见表 5.48。

表 5.48　电源系统 SPD 通流量

输入	雷电流 I/kA	引下线总数 n	低压配电系统接地保护模式
	150	13	TN-S
输出	SPD_1 I_{imp}	SPD_1 I_n(8/20 μs)	
	2.31 kA	23.1 kA	

从安全可靠的角度考虑，同时考虑到由感应环路产生的感应电流，各级 SPD 的标称通流量预留一定的安全裕量。

3）电源系统 SPD 最大持续运行电压 U_c 值的选取

根据 GB50057-2010《建筑物防雷设计规范》附录 J 的规定，电源 SPD 最大持续工作电压应满足以下要求（见表 5.49）：

表 5.49　电源系统 SPD 的 U_c 值

电涌保护器接于	低压配电系统接地保护制式
	TN-S 系统
每一相线与中性线间	≥253 V
每一相线与 PE 线间	≥253 V
中性线与 PE 线间	≥220 V

4）电源系统 SPD 电压保护水平 U_p 值的选取原则

根据 GB50343-2012《建筑物电子信息系统防雷技术规范》及 GB50057-2010《建筑物防雷设计规范》等标准规范要求，一般做如下规定：电源系统浪涌保护器在各个位置安装时，电压保护水平 U_P 应低于相应电子信息设备能承受的冲击电压的水平，并留有 20%裕量。当无法确定电子信息设备耐冲击过电压额定值时，可参照"分配电箱处所安装的电涌保护器 U_P 值小于或等于 2 kV、设备机房配电箱或电源插座内所安装的电涌保护器 U_P 值小于或等于 1.2 kV"执行。

5.5.6　雷击风险评估结论及建议

通过对工程项目开展雷击风险评估，根据 5.5.4 节的计算结果，提出雷击风险评估结论，是否在可容许风险内，供防雷工程设计、施工时参考。

举例：1＃门诊综合楼

主要考虑人员损失风险 R_1，其风险评估计算结果如下：

1）1＃门诊综合楼在没有采取雷电防护措施时，人员损失风险 R_1 值为 4.74×10^{-5}，大于风险容许值 $R_T=1.0\times10^{-5}$。

2）风险主要来自于内部区域的 R_B，其他的风险主要来自于 R_A。其中：

（a）R_B 为雷击建筑物造成建筑物物理损害的风险分量，其主要影响因子有建筑物是否安装 LPS 及 LPS 级别、减小火灾后果的措施，可通过安装更高级别的直击雷防护措施、提高防火措施等降低此风险；

（b）R_A 为雷击建筑物造成人员损害的风险分量，其主要影响因子是否有防接触和跨步电压的措施、建筑物是否安装 LPS 及 LPS 级别，可通过采取防接触和跨步电压措施、安装更高级别的直击雷防护措施等降低风险。

3）若本建筑物的直击雷防护措施按第三类防雷建筑物标准设防，且安装雷电防护水平 LPLⅢ～LPLⅣ级的 SPD 系统，人身伤亡损失风险 R_1 为 8.80×10^{-6}，满足小于风险容许值的要求。

4）若本建筑物的直击雷防护措施按初步设计的第二类防雷建筑物标准设防，人身伤亡损失风险 R_1 为 6.68×10^{-6}，满足小于风险容许值的要求。

第 6 章　雷电安全风险的预防、控制与管理

一个完整的防雷减灾系统工程应包括灾害监测、风险评估、预报、预警、防灾、抗灾、灾情评估、救助、恢复与重建、保险与基金、教育与立法、规划与指挥。

防雷减灾工作原则是安全第一、预防为主、防治结合。

风险评估的最终目的是减轻灾害造成的损失和影响。一旦雷电灾害风险评估结论表明需要加强防雷技术措施，则可采取的措施主要有以下几方面：

1)准确预报，做好准备。建立灾害预警预报系统和应急广播、疏散、避灾系统；

2)制定工程、建筑的防雷抗灾标准；

3)着眼于建筑物保护的措施。增加防雷措施(抑或提高建筑物防雷级别)提高建筑物防雷抗灾能力；

4)重视重要工程的选点或采取灾害预防措施。进行雷电灾害风险区划。雷电风险区划应该建立在由闪电定位资料得出的雷击大地密度分布以及基于地理信息系统的人口分布、城市乡村建设、经济发展水平和发展规划等因素综合考虑得出；

5)改变自然灾害的特性，阻止自然灾害的改变(例如，使用激光或火箭进行人工消雷作业)；

6)制定、落实各项应急措施，紧急预案。为决策者提供信息和通信保障的指挥系统，以期做出有时效性的合理有效的灾害管理决策；

7)加强在全社会进行防雷减灾知识的宣传、普及工作，以期提高公众防灾意识。

下面几节的内容，就以上防雷减灾措施作介绍。

6.1　雷电安全监测预警

现代防雷技术第一个就是“Avoiding”，也就是“躲避”的意思。航天器由于天气原因推迟发射、雷雨即将来临时危险地带人员的疏散以及非不可中断业务的电子设备暂时拔掉电源和通信接口等都是利用了防雷躲避技术。躲的前提是要有基于遥感与地理信息系统的雷电监测预警方法。

一般来讲，遥感技术可以为雷电灾害风险预测提供致灾因子状态、灾情等数据，利用各种载有不同类型传感器的星载、机载或地面平台获得对地面的实时监测，并根据不同平台数据特点，结合遥感模型定量获得灾害风险预测及评价所需的

参数。如地面闪电定位网、雷达、卫星(闪电监测、高分辨率摄像)以及大气电场仪网等,为雷电监测预警及风险评估提供了极好的数据源。进而利用 GIS(地理信息系统)技术获取区域基础地理信息及相关社会经济背景数据,充分发挥 GIS 在空间数据处理、空间分析功能,对雷电灾害发生范围、强度和引起的损失进行预测和评估。

6.1.1 雷电监测预警系统

对闪电的监测乃至预报预警是非常必要和紧迫的,世界各国都在积极开展对闪电监测的研究。建设雷电灾害监测预警与应急系统工程是全面提升防灾减灾,提高应急响应能力的需要。随着国民经济和社会迅速发展、人口持续增加和社会财富的不断积累,我国现有雷电灾害监测预警和应急业务体系与国家防灾减灾以及经济社会安全保障的需求不相适应,雷电灾害监测预警和应急响应能力不足,表现在以下两个方面:

1)雷电灾害监测水平不高,尚未实现对灾害性强对流雷暴天气进行全天候无缝隙的实时监测,应急移动观测系统尚未建立,针对性观测尚未完全开展,尤其是一些重点地区,包括资料收集都不能满足突发雷电灾害事件的应急观测需要;

2)尚未建立客观的雷暴临近和短时预报业务系统,制约了突发气象灾害预警水平的提高。

雷电预警系统是一种能在雷暴发生前提供实时安全决策信息的系统,能够对雷暴进行预防性侦测,并在第一次雷击前探测到雷击即将发生并传输信息提示危险。

世界上的发达国家几乎都建立了全国范围的雷电监测定位网络。其中最为典型的就是美国国家闪电探测网(NLDN)。NLDN 由 113 个 IMPACTESP 探测器联网组成,探测精度优于 500 m,并与加拿大的闪电探测网络(CLDN)联网组成了 200 个探测站点的大范围探测网。NLDN 能区分一次闪电中的 20 多次闪击,并对其定位。与此同时,美国也已经在各种气象试验中使用综合探测系统(ISS:Integrated Sounding System)和移动综合探测系统(MISS:Mobile Integrated Sounding System)。

综合探测系统的建立可以有效地为应急气象环境监测提供保障。其中包括美国海军研究所 P23 探测飞机、超声波探测飞机、SMART 雷达(SR21)、移动探测车辆、区域协调车辆、移动中尺度自动气象站、车顶探路仪器(天线、采集器、传感器)等,都安装了雷电预警系统。美国、法国等国家还在局部地区,利用 VHF 定位探测技术(时间差定位法、干涉仪定位法)开展闪电过程的三维时空分布特征研究及其在雷暴预警上的应用。现阶段的主要仪器有 LDAR 系列应用 VHF 技术的全闪电探测仪器、LS8000 综合应用了 VHF 干涉技术、LFTOA 和 MDF 技术等。

国内的闪电定位技术自20世纪80年代末得到了迅速的发展。国内一些专业部门已经发展了一定规模的闪电定位系统，雷电监测网主要由气象、电力、电信、民航、部队等部门建设和使用。国家重点工程项目“大气监测自动化系统工程”2003年底已在气象部门建设拥有90个闪电探测子站的全国闪电监测网2022年大部分省(市)气象局建设了雷电定位系统，且多为覆盖全省(市)的联网系统，这大大提高了探测精度和效率。在京津冀地区、长江中下游地区、珠江三角洲地区建设了兼有云闪探测功能的区域性雷电监测系统。2004年，港澳粤地区雷电监测系统已经建成，对90%以上发生在珠三角地区的雷电进行定时监测。这些监测站网和系统在雷电及对流性灾害天气过程的监测、预测、人工影响作业指挥、雷电防护等多方面得到了广泛应用。

雷电预警系统不仅可以利用三维云(卫星技术、探空和气象雷达等)、地闪定位系统来确定雷电地闪通道的闪电放电信号所辐射出的电磁脉冲波强及信号的定向、定位，从而采取相应的预防措施，而且能更为灵活、快捷、及时地监测闪电、在短期内预报雷电灾害，将雷电自然灾害控制在最小范围，从而减轻国家财产损失，保护人民生命财产安全。

雷电灾害是强对流性天气造成的主要灾害之一，由于雷电形成迅速而给其预警预报带来了极大的困难。我国在雷电预警预报方面的工作相对薄弱，雷电预警预报业务工作水平有待提高。

完善的雷电预警系统必须将雷达、卫星、闪电定位仪、大气电场仪以及地面观测场、探空等设备相结合，将卫星资料、闪电定位系统资料、大气电场资料与雷达回波融合。采取联合探测方法揭示雷电活动规律，做好雷电预警的工作。

大气电场仪是测量大气静电场及其变化的设备，它能监测雷暴活动时近地面电场变化、预报雷暴活动的发生、监测和预报静电电荷的积累量。

雷电定位监测系统(闪电定位仪)是利用闪电回击辐射的声、光、电磁场特性来遥测闪电回击放电参数的一种自动化探测系统，该系统对大自然落雷情况进行监视、定位，能大范围实时遥测地闪发生的时间、地点、雷电流幅值、极性与回击次数，呈现雷电活动的实时动态图。这一系统具有较高的监测能力和定位精度，能实时对雷电发生的方位、强度、距离和频次进行准确测定，并建立雷电监测信息数据库，以便随时查阅与调用。监测落雷位置的精确度达到1km以内，强度准确率在95%以上，雷电探测率在95%以上。

将闪电定位仪组网以监测雷暴，这样监测精度更高、效果更好。要能快速实时地探测和记录数百千米以内雷电发生的时间、位置、强度和极性等雷电信息，并将有关信息直观地标注和显示在带有电子地图背景的计算机屏幕上。

中国气象局已经进一步规划布局和建设全国雷电监测系统。全国规划建设

300 多个云地闪探测站、在经济发达地区、大城市建设 10 个云间闪监测系统以及大气电场观测系统。我国第二代地球静止轨道气象卫星风云四号也将携带风云四号卫星闪电成像仪上天，对中国及邻近陆地和海洋区域的闪电，进行连续观测成像和定位，成为提供连续、实时、高探测率的雷电探测有效手段，是雷电监测新的生力军。

6.1.2 雷电潜势预报——逐步消空法在雷电潜势预报中的应用

我国雷电预警预报研究工作起步较晚，近几年在雷电诊断分析及预警预报技术和方法的研发工作方面取得了一些初步成果。各地已经逐步验收雷电预报预警系统。总体而言，我国在雷电预警预报方面的工作相对于风、雨预警预报等还相对薄弱，还不能完全满足现今社会经济发展对雷电监测预警预报业务的需求。

在小概率灾害性天气中，雷电的危害尤为严重。虽然提高雷电这种小概率风险事件的气象服务质量与许多环节有关，但提高预报成功率却是关键的一环。为此，国内外许多专家都提出了许多方法：Anthes 认为，中尺度天气现象，如飓风、强雷暴以及雹暴等都不是随机发生的现象，而是强烈地取决于大尺度环流系统以及有关的热力场与水汽场；刘玉玲(2003)分析了多种对流参数在强对流天气潜势预测中的作用。彭治班等(2000)提出了提高小概率事件预报成功率的方法，即“变小概率事件为条件概率下的大概率事件”。但将天气形势作为条件概率，结合对流参数，使用逐步消空法，将雷电这个小概率事件变为大概率事件，还未应用于雷电潜势预报中。同时逐步消空法在其他强对流天气，如雹云和暴雨的识别效果明显。因此，应该借鉴逐步消空法来进行雷电潜势预报。

(1)雷电潜势预报中逐步消空法的数学表述

根据 2017 年我国天气预报质量检验和评估的规定，引入临界成功指数(D_{TS})、命中率(D_{PO})与误警率(D_{NH})。根据表 6.1，有

$$D_{TS}=\frac{x}{x+y+z}$$

$$D_{PO}=\frac{x}{x+y}$$

$$D_{NH}=\frac{z}{x+z}$$

表 6.1 中引入的 D_{TS}、D_{PO}、D_{NH} 是衡量预报质量、预报指标或预报方法优劣很有用的参数。提高预报准确率，就是使 D_{TS} 的数值加大；寻找预报指标，就是寻找使表 6.1 中 y 和 z 减小、D_{TS} 变大的条件。而所谓的逐步消空法就是一种寻找

预报指标集的数学方法，就是使 $y=0$、使 z 逐步变小的方法，用命中率 D_{PO} 与误警率 D_{NH} 来表示就是

表 6.1　定义 D_{TS}、D_{PO}、D_{NH} 用表

预报(雷电)	观测(雷电)		总计
	有	无	
有	x	z	$x+z$
无	y	w	$y+w$
总计	$x+y$	$z+w$	N

注：D_{PO} 代表事件发的总次数中，发出警告的次数所占的比率，$D_{PO}=x/x+y$。TAR 代表发出警告的总次数中事件没有发生的次数所占的比率，$D_{NH}=z/x+y$。过多的报警会使 D_{PO} 的值较高，同时 D_{NH} 值也会较高。过少的报警会使 D_{NH} 值较小，但会导致较小的 D_{PO} 值。用成功指数的参数 D_{TS}(也就是通常的 TS 评分)来代表 D_{PO} 和 D_{NH} 的综合效应，$D_{TS}=x/x+y+z$。

$$D_{PO}=100.0\% \tag{6.1}$$

$$100.0\% > D_{NH}=m > 0 \tag{6.2}$$

$$[(D_{NH})_{i-1}-(D_{NH})_i] > m_i\% > 0 \tag{6.3}$$

式(6.3)中，$(D_{NH})_i$ 表示为第 i 个指标的误警率。其中式(6.1)表示“勿漏”；式(6.2)、式(6.3)表示“宁空”；式(6.1)至式(6.3)共同表示“宁空勿漏”，也就是“逐步消空法”的数学表述。

(2)雷暴特征——以上海地区为例

利用上海市 1999—2007 年的历史天气图对上海地区雷暴日天气形势进行分类(以 500 hPa 和 850 hPa 天气图为主)，大体可以划分为五种天气类型：高空槽型(59.5%)、中低空切变线型(15.0%)、东风波型(包括台风外围影响)(9.4%)、热对流型(13.6%)、复合型(热对流与高空槽共同作用)(2.5%)。每种类型后面圆括号中的百分率为雷暴日中该类型雷暴日所占的百分比。这里的雷暴日定义为：上海地区 11 个地面观测站一天内有一站或多于一站观测到闪电或者闻雷。通过对 1999—2007 年的地面观测资料的统计和分析：这 9 年中共出现了 382 个雷暴日。其中 6—8 月所占的百分比共为 67.7%，6 月为 13.72%，7 月为 24.34%，8 月为 29.64%。由此可见，上海地区的雷暴日有将近 6 成发生在高空槽型，同时 6—8 月为雷暴活动高发时段，将近 7 成在夏季发生。因此，本书以高空槽型 6—8 月份的雷暴日为例进行分析。

(3)利用天气型消空

雷电等强对流天气，必须在有利的大尺度环境条件下才有可能发生、发展。因为特定的大尺度环境能够提供强对流天气发生、发展的能源、触发条件和组织机制，也能提供制约强对流天气系统移动的基本流场及强天气发展的不稳定机制。

中尺度天气现象，如强雷暴、雹暴等都不是随机发生的现象，而是与大尺度环流系统以及有关的热力场与水汽场密切相关。研究认为，美国局地强风暴室(SELS，1953—1995 年)制作预报强对流事件的原理开始于大尺度天气系统。可能正是出于以上考虑，美国局地强风暴室非常看重天气型识别在强天气事件潜势预测中的作用。因此，首先将大尺度环流形势作为逐步消空法的第一个因子。

高空槽型是指高空(500 hPa)影响系统为较明显低压槽，中低层(700 hPa、850 hPa)也多表现为低压槽，而非切变线，如图 6.1 所示(以 2005 年 6 月 27 日天气图为例)。这种高低空形势配置，不但有利于层结不稳定的进一步发展，而且有利于出现抬升作用，有一定的触发机制同时又有较为充足的水汽条件，很好地满足了雷暴天气发生的三个基本条件。

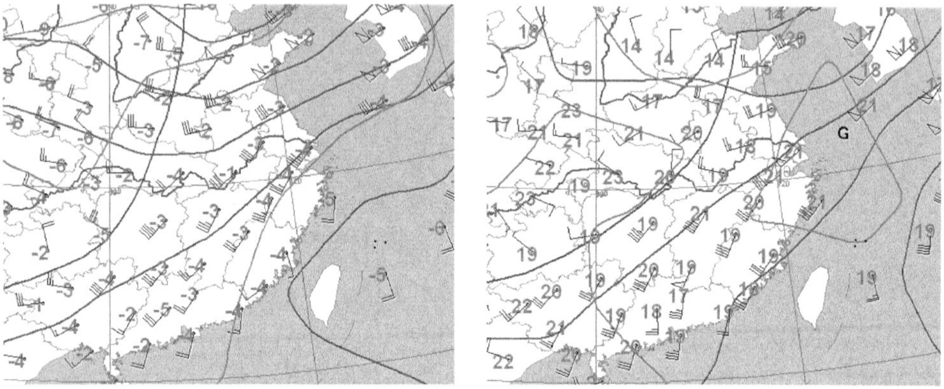

图 6.1　高空槽型天气图 2005 年 6 月 27 日 08 点 500hPa(左)和 850hPa(右)形势场
(资料来源：中国气象台天气图)

1999—2007 年的 6—8 月中，共有 248 个雷暴日，雷暴日的发生概率为 248/828≈30%，而高空槽型共有 288 d，在高空槽共出现 147 个雷暴日，雷暴日的发生概率为 147/288≈51%。空报次数为 $N_{空}=7+11+18+15+12+18+22+19+19=141$ d，如表 6.2。由此可见，增加高空槽型的条件后，雷暴日的概率增加了 21%，使较小概率事件变为较大概率事件的效果比较明显。因此，将高空槽型天气形势作为第一个预报因子，记为 X_b。

表 6.2　高空槽型雷暴日表

时间/(月/年)	高空槽型出现天数/d	雷暴日/d	高空槽型作用下出现的雷暴日/d
6—8/1999	21	22	14
6—8/2000	25	23	14
6—8/2001	34	31	16

续表

时间/(月/年)	高空槽型出现天数/d	雷暴日/d	高空槽型作用下出现的雷暴日/d
6—8/2002	29	25	14
6—8/2003	29	34	17
6—8/2004	34	23	16
6—8/2005	37	22	15
6—8/2006	39	34	20
6—8/2007	40	34	21

(4)利用 K 指数消空

国外研究认为，下列三个条件有利于雷暴的发生、发展和维持：

1)层结不稳定。理论和实践都证明不稳定的层结有利于强对流性天气的发生。分析表明，条件性对称不稳定(D_{TS})在雷暴的产生中起了重要作用。早在 20 世纪 50 年代，人们提出大量表示条件性不稳定的指数，例如：沙氏指数 SI 和抬升指数 LI，20 世纪 70 年代又引入对流有效位能(CAPE)；

2)较好的低空水汽条件。湿度的垂直分布影响到层结稳定度，低层湿空气的存在是雷暴产生的一个有利条件；

3)有适当的触发因子。当高空环流形势、水汽条件、对流稳定度三个条件适合的情况下，一旦有切变、冷锋、强对流天气区等触发因子入侵启动，则非常有利于雷暴天气的发生。

Johns 等(1992)指出，几乎所有的局地强风暴事件(包括雷暴)都与深对流有关。而要达到深对流必须具备下列三个条件：

1)在对流层的下部有足够的潮湿层；

2)有足够强的温度直减率；

3)潮湿层的气块能充分抬升以达到自由对流高度。

K 指数很好地定量表示了前两个条件。K 指数的定义为

$$K=(T_{850}-T_{500})+T_{d850}-(T-T_d)_{700} \tag{6.4}$$

式中，T_{850}，T_{500}，T_{d850}，$(T-T_d)_{700}$ 分别表示 850 hPa 温度、500 hPa 温度，850 hPa 露点以及 700 hPa 温度露点差。式(6.4)中右边第一项表示温度直减率，第二项表示低层水汽条件，第三项表示中层饱和程度。由此可以看出 K 指数反映了高低空温度、湿度差异，是反映大气层结稳定性的参数。通常当 K 指数大于 35℃时，层结就相当不稳定了。

由 1999—2007 年 6—8 月的探空资料得出，所有高空槽型雷暴日的 K 指数(所用的 K 指数是雷暴发生前 08 时和 20 时探空资料所得)，它们的值均≥30。于

是，选取 $K \geqslant 30$ 作为一个预报因子，并记为 X_1。

1999—2007 年 6—8 月满足 X_1 高空槽型共有 20＋18＋26＋17＋18＋20＋22＋26＋30＝197 d，而且该 197 d 中雷暴日共出现 147 d，雷暴日发生的概率为 147/197≈74.6%。由此得出，增加预报指数 X_1 后，雷暴日概率增加了约 23.6%，使空报次数从上一次的 141 减少为 6＋4＋10＋3＋1＋4＋7＋6＋9＝50 d，显示出 X_1 在消空及使小概率事件变为大概率事件方面有一定作用。

(5)用沙氏指数 S_i 消空

郝莹等(2007)曾指出，沙氏指数能对强对流天气的发生有较好的指示作用，并且利用沙氏指数等对流参数作为预报因子，对雷暴有较好的指示意义。

沙瓦特指数(S_i)也称沙氏指数，其值等 850 hPa 等压面上的湿空气团沿干绝热线上升，到达凝结高度后再沿湿绝热线上升至 500 hPa 时所具有的气团温度与 500 hPa 等压面上的环境温度的差值，即

$$S_i = (T_{500} - T_{850}) \tag{6.5}$$

式中，T_{500}，T_{850} 分别表示 500 hPa 等压面上的环境温度和 850 hPa 等压面上的湿空气团抬升至 500 hPa 所具有的气团温度。沙氏指数也是一种反映大气稳定程度的参数，常与 K 指数一起使用。一般 $S_i < 0$ 时，大气层结不稳定，且负值越大，不稳定程度越大。反之，则表示气层是稳定的。

根据 1999—2007 年 6—8 月所有高空槽型雷暴日的探空资料得出(所用的 S_i 指数是雷暴发生前 08 时和 20 时探空资料所得)，它们的 S_i 指数均小于等于 0.72。因此，选取 $S_i \leqslant 0.72$ 作为第二个预报因子，记为 X_2。

同时满足 X_1 与 X_2 的高空槽型共有 16＋15＋17＋15＋18＋17＋18＋23＋25＝164 d，其雷暴日概率为 147/164≈89.6%。由此得出，增加预报指标 X_2 后，雷暴日概率增加了约 15%，同时使空报次数从上一次的 50 d 减少为 2＋1＋1＋1＋1＋1＋3＋3＋4＝17 d，显示出 X_2 在消空及使小概率事件变为大概率事件方面的作用非常明显。

(6)利用对流有效位能(CAPE)消空

对流有效位能(CAPE)是一个与环境联系最为密切的热力学变量，广泛应用于国内外强对流天气诊断分析。郑栋等(2005)用北京地区闪电定位资料和探空资料，分析了大气不稳定参数与闪电活动的关系，发现对流有效位能与闪电活动具有较好的相关性，并提出了闪电活动预报的诊断指标；Petersen(1996)用探空资料发现 CAPE 与 24 h 内的闪电次数存在弱的正相关，CAPE 越大、对流负能量(CIN)越小、对流层垂直风切变越弱，会对应越大的对流降水比例、越强的闪电密度、越强的对流垂直发展结构；Halverson(2002)用探空资料对闪电活动进行了分析，发现巴西地区 CAPE 大于 1500 J/kg 时，对流闪电活动活跃。

当气块的重力与浮力不相等且浮力大于重力时，一部分位能可以释放，由于这部分能量对大气对流有着积极的作用，并可转化成大气动能，故称其为对流有效位能。其表达式为：

$$\mathrm{CAPE}=g\int_{z_f}^{ze}\frac{1}{T_{ve}}(T_{va}-T_{ve})\mathrm{d}z \tag{6.6}$$

式中，T_v 为虚温，下标 a 为地面上升量，Z_f 为自由对流高度，是 $T_{va}-T_{ve}$ 由负值转正值的高度。下标 e 为环境相关量在平衡高度处，环境对气块的浮力加速度为 0，在此高度之上，对流将因为环境的负浮力作用而受到削弱。CAPE 为在自由对流高度之上，气块可从正浮力做功而获得的能量。它从理论上反映出上升运动受环境浮力做功所能达到垂直运动的强度，这种能量对大气对流发展有积极意义。

由上海地区 1999—2007 年 6—8 月高空槽型雷暴日的探空资料得出（所用的 CAPE 指数是雷暴发生前 08 时和 20 时探空资料所得），它们的对流有效位能均大于等于 511.89 J/kg。因此，选取 CAPE≥511.89 J/kg 作为一个预报因子，记为 X_3。同时满足 X_1，X_2，X_3 的高空槽型共有 147 d，其雷暴日概率为 100%。由此得出，增加指标 X_3 后，雷暴日概率增加了 10.4%，使空报次数从上一次的 17 d 减少为 0 d，X_3 具有一定的消空作用与使小概率事件变为大概率事件的作用。

由上述结果得出 X_b，X_1，X_2 和 X_3 为上海地区 6—8 月高空槽天气型下雷电潜势预报识别的指标集。

（7）预报流程

利用逐步消空法得出的指标集（以高空槽型为例）：

先从当天的 MICAPS 天气图资料（一般为 08 时和 20 时的 500 hPa 和 850 hPa 形势场）判断天气类型是否属于满足雷暴发生的形势场，满足则用下一指标 K 指数来判别；不满足则判断为无雷暴。

再以 K 指数作为判别条件，如果 K 指数大于等于 30，则进入下一个指标 S_i 的判断；如不满足则为无雷暴。

同样再判断第 3 个指标 S_i 指数，如果满足 S_i 指数小于等于 0.72，则进入下一个指标 CAPE 的判别，否则为无雷暴。

最后当 CAPE 的值大于等于 511.89 J/kg，才能判断有雷暴，否则为无雷暴。

通过 4 个指标的层层筛选，在逐步减小空报率的同时增加预报准确率，直到雷电预报指标集合中每一个临界值都达到时，才预报未来有雷暴，具体的预报流程如图 6.2 所示。

（8）效果检验

为了检验逐步消空法在雷电潜势预报中的使用效果，利用上述得出的指标集，使用 1998 年 6—8 月上海地区的资料进行检验（以高空槽型为例）。1998 年 6—8

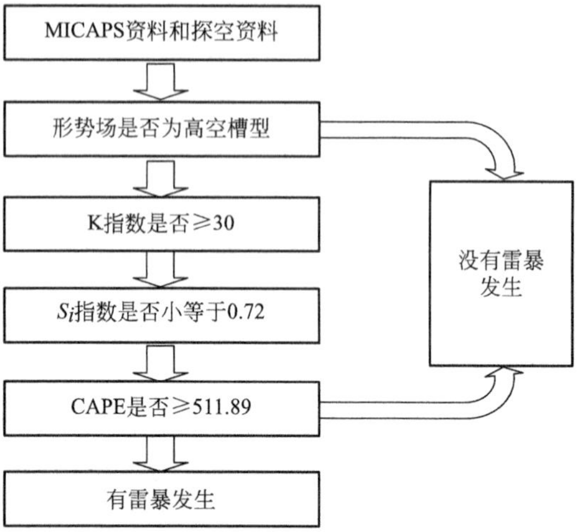

图 6.2 雷暴预报流程图

月高空槽型天气有 34 d,雷暴日 32 d,高空槽型雷暴日 19 d。逐步消空法预报的结果是雷暴日 22 d,没有漏报,只有 3 d(分别是 1998 年 7 月 1 日、7 月 20 日和 8 月 10 日)指标集识别为雷暴日,但实际不是,属于空报,$D_{TS}=19/22=86\%$。结果表明,其成功率较高,对雷电的潜势预报识别效果明显。

在今后的研究中,还可结合闪电定位仪资料、雷达资料和卫星资料,将它们与雷电潜势预报有机地结合起来,以期达到更好的效果。

6.1.3 雷电预警信号

雷电预警信号分三级,分别以黄色、橙色、红色表示。图标分别如图 6.3 所示:

图 6.3 雷电预警信号三级图标

(1)雷电黄色预警信号

标准:6 h 内可能发生雷电活动,可能会造成雷电灾害事故。

防御指南:

1)政府及相关部门按照职责做好防雷工作;

2)密切关注天气,尽量避免户外活动。

(2)雷电橙色预警信号

标准:2 h 内发生雷电活动的可能性很大,或者已经受雷电活动影响,且可能持续,出现雷电灾害事故的可能性比较大。

防御指南:

1)政府及相关部门按照职责落实防雷应急措施;

2)人员应当留在室内,并关好门窗;

3)户外人员应当躲入有防雷设施的建筑物或者汽车内;

4)切断危险电源,不要在树下、电杆下、塔吊下避雨;

5)在空旷场地不要打伞,不要把农具、羽毛球拍、高尔夫球杆等扛在肩上。

(3)雷电红色预警信号

标准:2 h 内发生雷电活动的可能性非常大,或者已经有强烈的雷电活动发生,且可能持续,出现雷电灾害事故的可能性非常大。

防御指南:

1)政府及相关部门按照职责做好防雷应急抢险工作;

2)人员应当尽量躲入有防雷设施的建筑物或者汽车内,并关好门窗;

3)切勿接触天线、水管、铁丝网、金属门窗、建筑物外墙,远离电线等带电设备和其他类似金属装置;

4)尽量不要使用无防雷装置或者防雷装置不完备的电视、电话等电器;

5)密切注意雷电预警信息的发布。

6.2 雷电安全风险控制

6.2.1 防雷的基本原则

1)防雷技术措施优先考虑减少人身伤亡损失,关系到重大人身安全的场合要提高防雷级别;

2)尊重科学,实事求是,经济合理;

3)高效的系统性防雷工程;

4)防雷设施建设与防雷管理并重。

6.2.2 现代防雷技术措施

现代防雷技术措施简单地归结为 A,B,C,D,E,G,S 七个字母,即 Avoiding,Bonding,Conducting,Dividing,Eliminating,Grounding and Shielding,中文意思是

躲避、等电位连接、传导(接闪)、分流、消雷、接地和屏蔽。可以讲,防雷工程是一个系统性工程,必须综合使用所有防雷技术才能最大限度地减轻雷电造成的损失。不可能只用其中的某些技术就可解决所有防雷问题。例如入户服务设施(线路)的防雷只考虑安装电涌保护器而忽视屏蔽、接地、等电位连接等措施,其效果将大打折扣。

6.2.3 防雷技术措施的选择

采取防雷保护技术措施的目的是应对各种损害类型以减小损失风险。只有当保护措施符合现代防雷技术理念、符合相关标准的要求时,才认为是有效的。可以参考的主要防雷技术标准有:

1)IEC62305-3 用于减少建筑物中的物理损害和人身伤害的保护;

2)IEC62305-4 用于减少内部系统失效的保护;

3)IEC62305-5 用于服务设施的保护。

应注意,各 IEC 成员国可能已经将防雷国际标准转化为本国强制性标准,在选择使用防雷技术方案时,应优先执行本国强制性防雷标准。

具体的防雷技术保护措施选择应当由有资质的防雷设计师按照以下情况来选择最适当的保护措施:

1)各个风险分量在总风险中所占的比例;

2)各种保护措施的技术性和经济性。

必须要确定关键的参数以决定减少风险 R 的更有效的措施。

对于每种损失类型,有着多种单独或共同使用,选择所采用的解决方案应当考虑到技术和经济方面的情况。图 6.4 中的流程示出了为建筑物选择保护措施的简化程序,图 6.5 中的流程示出为服务设施选择保护措施的简化程序。在任何情况下,安装人员或设计人员都要识别并减小最重要的风险分量,同时还要考虑到经济方面的情况。

为确保所采取的防雷技术措施有效,必须确认:

1)防雷设计和施工单位的资质是否符合规定;

2)防雷设计所依据资料的完整性和可靠性;

3)防雷设计方法和设计参数的合理性;

4)防雷设计选择方案的可行性;

5)保证工程环境安全措施的可靠性;

6)防雷安全知识的教育与培训;

7)防雷装置定期检查和检测。

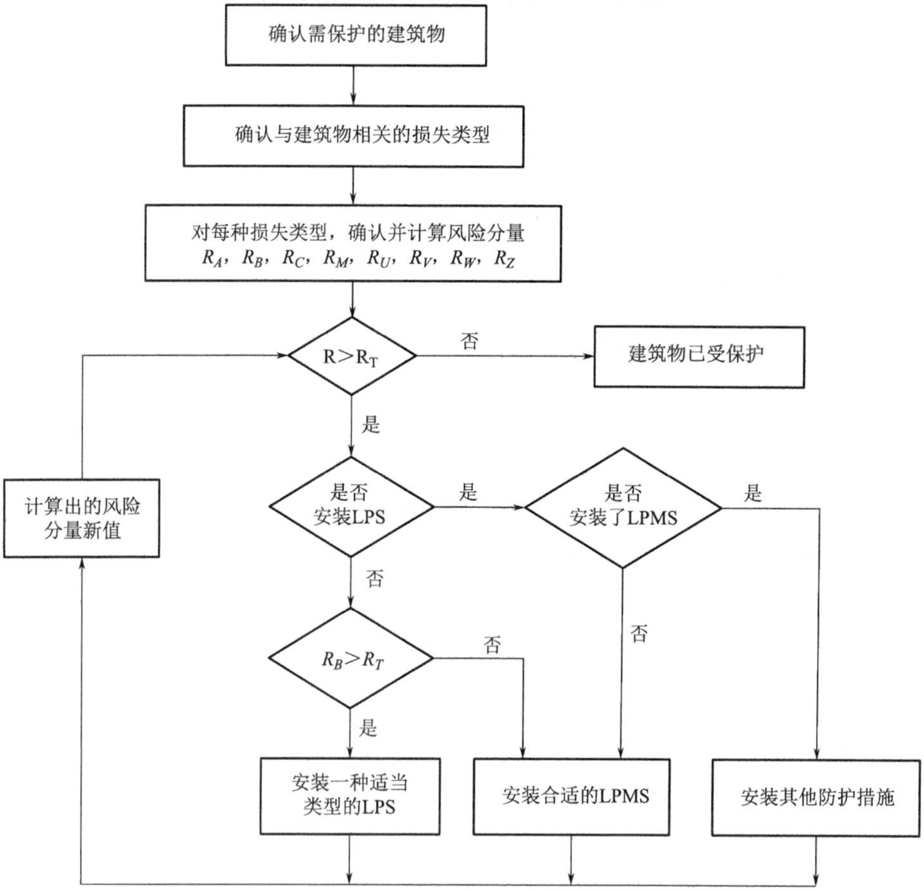

图 6.4　为建筑物选择保护措施的简化程序

6.2.4　防雷技术

(1)针对建筑物的防雷技术

针对建筑物的物理损害最主要及最有效的防护措施为雷电防护系统(LPS)。通常由外部 LPS 和内部 LPS 构成。

外部 LPS 的目的包括：

1)使用接闪器防止雷电直击建筑物；

2)使用引下线使接闪的雷电流的安全接地；

3)使用接地极迅速分散入地雷电流。

内部 LPS 通过使用等电位连接带以及保证外部 LPS 与建筑内部导体的隔离距离，防止危险火花。

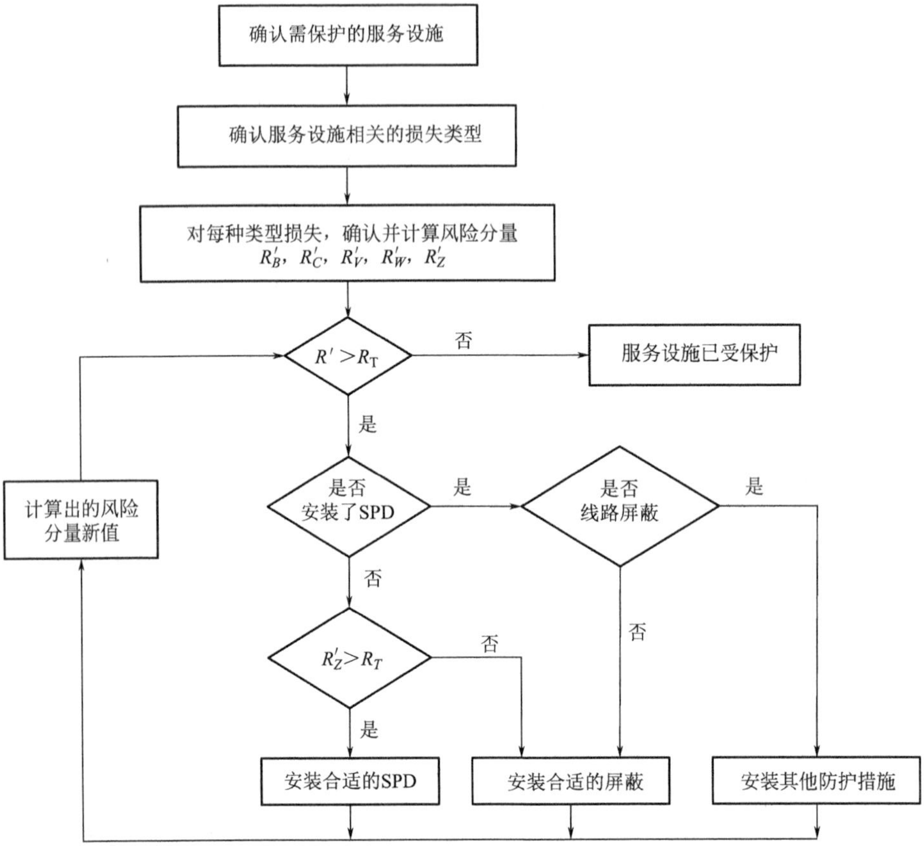

图 6.5　为服务设施选择保护措施的简化程序

防止由于接触和跨步电压导致的人身伤害的主要措施包括：

1)通过绝缘可接触导体表面或增大可接触导体表面电阻减小通过人体的电流；

2)通过物理限制或警告标识降低危险接触和跨步电压的发生机会。

LPS 的位置及类型应考虑新建筑的初始设计，充分利用建筑电气导通性上的优势。考虑到上述因素，整个 LPS 的设计和结构能够实现最小投资和最大功效。整体外观也更符合美学标准。如果 LPS 的设计施工能与建筑物的设计施工步骤相互协调，这种设计无论技术上还是经济上都是最优的。特别注意的是，在建筑物设计时应事先考虑将建筑物内金属部件作为 LPS 的一部分的可能性。

必须在建筑开始施工之前考虑接地通道以及有效地利用建筑的埋地钢筋构成地网。因此，在 LPS 项目实施的初始阶段应考虑土壤的电阻率。土壤电阻率对于地网的设计是关键性的且影响建筑的地基设计。

LPS 的设计者施工人员应定期讨论以达到最小投资和最大功效的目的。

如需在现有建筑物内加装新的防雷装置，应尽可能使新装置符合国家标准的相关准则，另外，LPS 的类型和位置应考虑到现有建筑物的特点。

图 6.6 是符合 IEC 防雷标准的 LPS 设计流程图。LPS 设计过程要求建筑师、电气工程师和防雷设计人员进行全面合作。

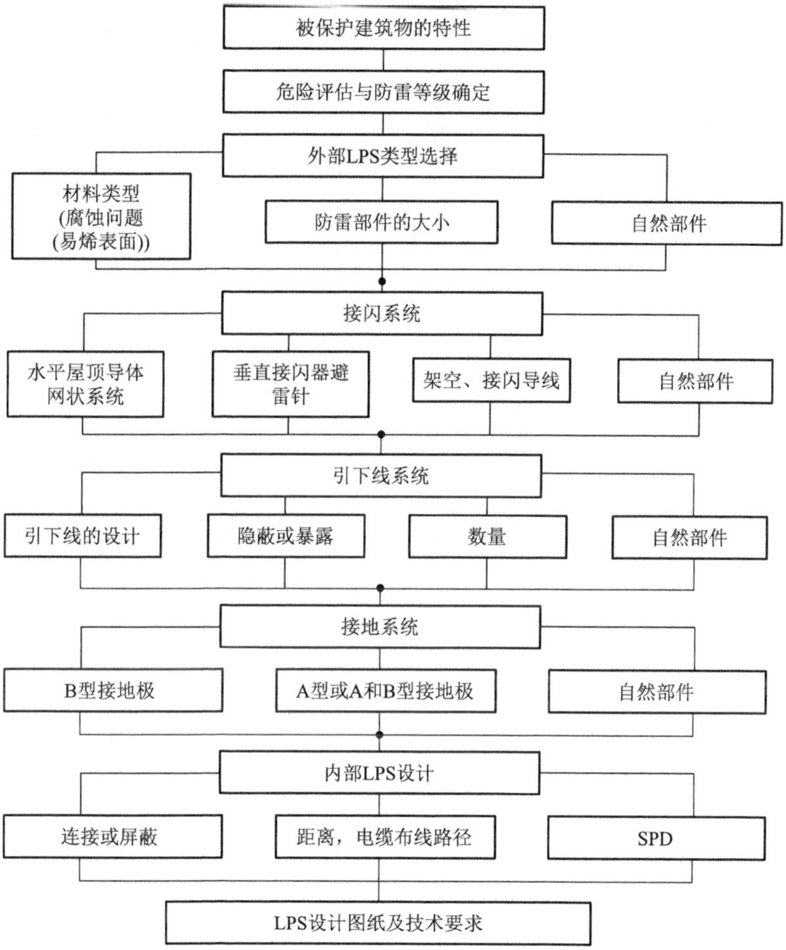

图 6.6　LPS 设计流程图

(2)针对建筑物内部电气和电子系统的防雷技术

雷电电磁脉冲(LEMP)会危及电气和电子系统，因此应采取 LEMP 防护措施以避免建筑物内部的电气和电子系统失效。

对 LEMP 的基本防护措施包括：

1)接地和搭接

接地装置将雷电流传导并泄放到大地。搭接网络将最大程度地降低电势差，减少磁场。

2)磁屏蔽和布线

空间屏蔽衰减了雷电直击建筑物或其附近而在LPZ内部产生的磁场，并减少了内部浪涌。

使用屏蔽电缆或屏蔽电缆管道屏蔽内部线路，最大限度地减少了感应浪涌。内部线路合理布线能够最大限度地减少感应回路，从而减小内部浪涌。

注：空间屏蔽、内部线路屏蔽和合理布线可以同时使用，也可以单独使用。进入建筑物的外部线路屏蔽减少了传导到内部系统的浪涌。

3)协调配合的SPD防护

协调配合的SPD防护限制了外部和内部浪涌。

应始终确保接地和搭接，特别是在进入建筑物的入口处，将每个导电设施直接或通过等电位连接的SPD进行搭接。

雷电等电位搭接(EB)仅能对危险放电进行防护。内部系统对浪涌进行防护需要协调配合的SPD防护。其他LEMP防护措施可以单独或配合使用。

LEMP防护措施应能耐受安装地点的各种工况影响(例如温度、湿度、大气污染、震动、电压和电流的影响)。

确定选择最合适的LEMP防护措施，应基于雷电灾害风险评估的结果，充分考虑技术和经济因素。

实现LEMP防护措施的进一步资料可在IEC60364-4-44中找到。

6.3 雷电安全风险管理

雷电灾害风险管理专业性极强，特别需要发挥学科专业科技成果的作用来降低风险，制定综合减损对策，有针对性地指导各个环节上的防雷减灾工作。

自《气象法》实施以来，防雷法规和标准体系不断完善。中国气象局相继发布了多部部门规章，全国各省(自治区、直辖市)在地方性法规中对防雷减灾工作进行了规定；大部分省(自治区、直辖市)、计划单列市专门制定了政府规章或以政府规范性文件的形式颁布了防雷减灾的管理办法。为了推进防雷标准化建设，国家成立了“全国雷电防护标准化委员会”，中国气象局成立了“气象行业标准化委员会雷电专业委员会”，许多专业部门都在抓紧制定防雷技术规范、标准，有力地促进了防雷减灾工作的规范发展。

按照《气象法》等有关规定，我国已基本形成了防雷管理机构、雷电科研、基础业务、防雷技术服务等管理和业务体系。中国气象局作为全国防雷减灾工作的组织管理和指导部门，成立了中国气象局雷电防护管理办公室，负责全国雷电防护的组织管理工作，省、地、县分别成立了行使防雷减灾管理职能的管理机构。

通过科学、有效的宣传和正确引导，提高了广大群众的防雷意识。2022 年，防雷工作已经引起了各级政府的高度重视和广大人民群众的密切关注，全社会防雷减灾的知识水平有所提高，利用科学技术防雷减灾的意识不断增强。

随着国内防雷技术应用领域的扩展和防雷技术水平的提高，与雷电防护相关的市场需求迅速增大，截至 2022 年，全国防雷安全重点单位 13 万余家，雷电防护装置检测资质单位 1700 余家，全社会从事防雷专业技术工作的人员有数万人。在现今和未来一段时间内，国家有关部门要坚持依法加强行政管理，履行社会管理职能，深化雷电业务技术体制改革，提升雷电防御能力和水平，进一步加强部门、行业间合作与交流，广泛组织防雷减灾知识宣传，提高社会防雷减灾意识，特别要重视和加强农村防雷减灾工作。

6.3.1　防灾减灾是一个系统工程

评价灾害的聚集、发展、生成的过程，需要有统一的思想、统一的标准、统一的规范。随着市场机制的逐步完善，社会综合减灾事业已经不单纯是一项社会公益性事业，也不单纯是研究灾害形成的因果关系，而是要主动地综合研究灾害造成的社会影响、经济关系与经济利益问题。这不仅涉及自然灾害的技术问题，也涉及人文、社会、环境因素；不仅要提出防灾减灾对策，而且还要认真核算防灾减灾投入与效益。因此，综合减灾不仅是一项自然科学的研究，而且是一项自然科学与社会科学密切协调、系统配合的实践。这无疑是一项十分浩繁的工作，不仅涉及社会面广，而且时限性很强，必须通过建立全社会综合防灾减灾系统工程才能完成。

2022 年，我国防雷减灾体系初步形成，国家各防雷减灾机构发挥着测、报、防、抗、救、援六大环节的专业功能。但由于种种原因，防雷减灾工作水平还亟待提高。完善综合减灾机制，实现高效、规范、综合减灾决策指挥，提高防灾减灾管理水平，必然是一项在政府统一领导下的系统工程建设。只有实施政府统一、科学的防灾减灾方案，才能实现国家可持续发展的战略目标。

综合减灾的社会功能不仅需要制定长远综合减灾规划，而且要求快速提供综合防灾、救灾的行动方案。每个城市和乡村防灾、减灾能力的大小，不但取决于经济实力的大小，更重要的是取决于城市和乡村范围内是否存在一个综合有效的防灾减灾社会机制。这个社会机制需要整个社会具有防灾减灾知识、基础设施作为保证。

6.3.2 雷电灾害管理业务流程

雷电灾害风险管理业务主要有雷电监测业务，包括全国雷电监测网建设以及雷电监测业务；雷电预警预报，包括雷电预警预报业务和预警信息发布；雷电研究开发，主要包括以各种监测资料为基础，开展雷电机理和应用理论、监测技术、预警、防护技术的研究，以及防护产品研发和其他技术开发等；雷电防护技术服务，主要包括开展防雷装置检测、防雷装置检测技术标准研究、防雷产品测试、雷电灾害的调查和分析以及雷击风险评估和技术鉴定等；防雷管理协调业务，主要包括组织防雷立法和标准化制修订工作，依法开展防雷的行政许可和行政执法，实施防雷行业管理等。

(1)雷电灾害趋势预报

雷电灾害趋势预报内容应包括：雷电灾害等级；雷电灾害评估；雷电灾害影响区域；雷电灾害出现时间范围；雷电灾害未来发展趋势预报及预报的理由。

(2)雷电灾害预警

一旦出现可能威胁人身和财产安全的雷暴天气，需要按照《气象灾害预警信号发布与传播办法》的规定发布雷电灾害警报。在收到雷电灾害警报解除指令时，雷电灾害警报解除；或者在雷电灾害警报发布范围内，后期收到同类别雷电灾害警报，原雷电灾害警报随着同类别新雷电灾害警报的发布自动解除。

雷电灾害管理部门在得到雷电灾害警报后，应及时上报上级气象灾害管理部门和通知下级气象灾害管理部门，并在第一时间对公众发布。

(3)雷电灾情监测和调查

雷电灾情监测包括灾情实时监测和灾情核查。应由当地气象主管机构负责。

雷电灾情实时监测内容主要包括：雷电灾害发生地址、灾情发生时间、灾情持续时间、灾情范围、灾情等级等。

灾情等级按照《国家突发公共事件总体应急预案》中附件《特别重大、重大突发公共事件分级标准(试行)》的规定划分。也可参考中华人民共和国气象行业标准《雷电灾害调查技术规范》(建议稿)简单地将雷电灾害的等级分为 A，B，C，D 四级：

A 级灾害：雷击造成人员死亡、爆炸起火、重要信息系统瘫痪、为公众服务系统瘫痪、企业全面停产，造成经济损失百万元以上或造成重大社会影响；

B 级灾害：雷击造成建筑物局部受损，部分设备损坏造成部分通信、网络中断，企业局部停产经济损失在 20 万～100 万元；

C 级灾害：雷击造成少部分设备损坏，经济损失在 20 万元以下；

D 级灾害：雷击造成轻度损害，经济损失在 1 万元以下。

雷电灾害调查应由气象主管机构指定的专业防雷机构组成调查组或直接派出调查组负责实施。调查组人员应具有较全面的雷电防护理论与较丰富的实践经验。需要时可聘请相关人员参加调查组。

雷电灾害调查内容和方法包括：

1)雷电发生时的日期及初始和终止时间、雷电移动路径、风向、风速、降水量、云的类型，与发生雷电灾害地点的水平距离、方位、防雷技术人员的描述等；

2)调查气象卫星云图资料、天气雷达回波资料；

3)调查闪电监测定位系统的资料包括雷电灾害发生的时间、位置、强度、极性等；

4)查阅大气电场仪记录的电场强度、电场变化曲线、电场分布曲线、电荷分布的位置等数据。

在进行雷电灾害事故现场调查时，对雷击受损情况拍摄现场照片。对现场熔珠、熔痕导体，应近距离拍照并提取样品留作进行"金相法"检查。对人及其他生物体伤亡应拍摄相关照片，必要时调取医院或公安法医检验报告。应认真听取现场相关人员的口头描述并可取得其笔录，以了解事故发生时现场的情况。

应运用"剩磁法"测量接闪器、引下线、接地装置及现场铁磁体的剩磁。确认雷击点位置。查看受损设备现场状态，拍摄现场照片，对于能在现场观察到的雷击痕迹宜拆开设备外壳观察，对于现场难以判断设备损坏部位的情况，宜运用替换方法判断故障的准确部位。

(4)雷电灾情评估

通过实地调查、抽样调查、典型调查和专项调查等形式对灾情进行专家评估。灾情评估内容包括：雷电灾情等级；人员伤亡；生活供电、供水、供气和通信损失情况；房屋损毁；灾区直接经济损失和间接经济损失等。灾情监测调查评估要求参考表6.3。

表6.3　雷电灾情监测调查评估要求

序号	项目	要求
1	伤亡人数	A. 受伤人数(人)；B. 死亡人数(人)
2	损坏房屋	损坏房屋指近一年内有人居住超过30 d或有人员活动超过90d的现用房屋损坏 分倒塌、损坏现用房屋二类： A. 倒塌现用房屋：现用房屋受损程度超过65%视为倒塌(间数) B. 损坏现用房屋：现用房屋受损程度低于65%视为损坏(间数)
3	牲畜伤亡	牲畜伤亡数(头或只)
4	电力设施	电力设施包含电力供应和电力设施两部分 A. 电力供应：电力供应正常、限制供电时间(h)和中断供电时间(h) B. 电力设施：发电厂受损(个)、供电线路受损(km)及变电站受损(个)

续表

序号	项目	要求
5	生产和生活供水状况	分生产供水状况和生活供水状况两部分 监测内容：供水状况正常、限制供水时间段(h)和中断供水时间(h)
6	生产和生活供气状况	分生产供气状况和生活供气状况两部分 监测内容：供气状况正常、限制供气时间段(h)和中断供气时间(h)
7	通信状况	通信状况分电信、移动、网络三类 每一类以正常、中断(h)两种方式表述
8	直接经济损失	因雷电灾害所造成的直接经济损失(万元)
9	间接经济损失	因雷电灾害所造成的间接经济损失(万元)
10	其他	依据实际情况作记录说明

6.3.3 突发雷电灾害事件的应急响应

6.3.3.1 应急处置管理

(1)雷电灾害的应急处置管理应按照“政府主导、部门联动、社会参与”的防灾减灾机制，建立健全雷电灾害应急处置预案。

(2)地方各级人民政府应负责雷电灾害应急处置工作的领导和协调。

(3)气象主管机构负责雷电灾害的管理，协助同级人民政府做好雷电灾害的现场应急处置工作

(4)地方各级人民政府的其他有关部门应按各自职责做好雷电灾害的应急处置工作。

(5)雷电灾害发生单位承担雷电灾害的主体责任，并按雷电灾害应急预案进行处置。

6.3.3.2 应急处置原则

(1)雷电灾害应急处置采取分级处置的原则。

(2)雷电灾害发生单位应启动雷电灾害应急处置预案，组织自救，并及时上报有关部门。

(3)地方各级人民政府组织有关部门按各自职责开展雷电灾害应急处置工作。

(4)气象主管机构要协助同级人民政府按雷电灾害等级进行分级处置。具体分级规定如下：a)特大和重大雷电灾害发生后，省级气象主管机构报同级人民政府应急管理机构，同时报上一级气象主管机构备案；b)较大雷电灾害发生后，地(市)级气象主管机构报同级人民政府应急管理机构，同时报上一级气象主管机构备案；c)一般雷电灾害发生后，县级气象主管机构报同级人民政府应急管理机构，同时报

上一级气象主管机构备案。

6.3.3.3　应急处置要求

(1)灾害上报

雷电灾害发生后，由当事人、发现人或发生单位及时报当地人民政府应急管理机构或气象主管机构。

上报雷电灾害应真实、客观，并简单描述雷电灾害发生时间、地点和受灾情况。

气象主管机构在发现雷电灾害或接到灾害报告后，应及时向同级人民政府应急管理机构报送灾情信息，同时报上一级气象主管机构。

雷电灾害应急处置有关部门应将搜集到的最新资料、灾害的最新发展变化、处置进程等信息及时向当地人民政府应急管理机构报送，并对初次报告的情况进行补充和修正。

对特大和重大雷电灾害或由雷电引起的特大次生灾害，应在两个工作日内核定灾情并向有关部门报送。

(2)处置程序

雷电灾害发生后，当事人或发现人应采取如下措施：a)应采取有效措施控制灾情，并尽可能保护现场或通过拍照、摄像等方式记录下现场破坏之前的情况；b)有人员伤亡、火灾、爆炸时，应当迅速报告消防、医疗等有关部门并开展救援。

雷电灾害发生后，所在单位应采取如下措施：a)所在单位接到报告后，应立即采取措施控制灾情和开展应急救援，并尽可能保护现场或通过拍照、摄像等方式记录下现场破坏之前情况；b)立即启动应急预案，并向当地人民政府应急管理机构、气象主管机构报告；c)有人员伤亡、火灾、爆炸时，应当迅速报告消防、医疗等有关部门，并组织抢救人员和财产。

(3)处置措施

(a)先期处置

雷电灾害发生后，气象主管机构应组织有关人员根据气象信息提出后续处置建议，并协助当地人民政府应急管理机构进行现场应急处置。

雷电灾害发生后，当地人民政府应急管理机构应根据雷电灾害的不同等级及时组织有关人员成立雷电灾害应急处置小组，赶赴灾害现场，进行现场应急处置。

有关部门应了解掌握灾害情况，核实灾害上报信息，共同分析灾害发展态势，并及时报告事态状况及趋势。

(b)现场处置

雷电灾害现场应急处置包括组织营救、伤员救治、疏散撤离和妥善安置受到威胁的人员，及时上报灾情和人员伤亡情况，分配救援任务，协调各级各类救援队伍的行动，查明并及时组织力量消除次生、衍生灾害，组织公共设施的抢修和援助物资的接收与分配等工作。

现场处置人员应根据不同类型事故的特点，配备相应的专业防护装备，采取安全防护措施，严格执行应急人员出入事发现场的有关规定。

因抢救人员、防止灾害扩大、恢复生产以及疏通交通等原因，需要移动现场物件的，应当做好标志，采取拍照、摄像、绘图等方法详细记录灾害现场原貌，妥善保存现场重要痕迹和物证。

雷电灾害现场处置规定如下：a)特大和重大雷电灾害，由省级及省级以上人民政府应急管理机构组织有关专家成立雷电灾害应急处置小组；b)较大雷电灾害，由地(市)级及地(市)级以上人民政府应急管理机构参照上述应急处置措施执行，并报上级气象主管机构；c)一般雷电灾害，由县级及县级以上人民政府应急管理机构参照上述应急处置措施执行，并报上级气象主管机构。

(c)后期处置

现场灾情处置结束后，气象主管机构应立即组织开展雷电灾害调查和鉴定，进行防雷安全隐患排查，并开展雷电灾害防护知识科普教育。

(d)应急总结

雷电灾害应急处置结束后，气象主管机构应及时将应急处置的工作总结和技术总结报送上级气象主管机构和同级人民政府应急管理机构。

6.3.4 雷电灾害风险区划

对雷电灾害而言，灾害的发生是由致灾环境的危险性和承灾体的易损性决定的。致灾环境危险性的存在和产生在很大程度上是自然的。雷电灾害的孕育、发生、发展与区域环境状况有密切关系，与地理地貌、地质条件、纬度、海拔高度、气候环境等有关。而承灾体的易损性主要由人为因素支配，与人类活动方式、建筑物或构筑物形状、结构形式、施工质量、使用性质、人文环境以及经济发展水平等有关。相同强度的雷电流作用在不同的承灾体上会造成不同的损失和后果。

(1)灾害风险评价与区划一般方法

1)概率和统计方法

a)用概率和统计方法进行雷电事件的频数分布

对于发生频率相对较大的雷电事件，研究其发生频率与强度具有重要的意义。其常用的方法有泊松分布分析法。

b)等级排序统计与幂次定律分布分析

幂次定律分布(power law distribution)对复杂的自然和社会现象能够很好地表达。自然灾害损失样本作为一种概率事件满足幂次定律分布。用幂次定律分布来说明灾害损失数据样本达到一定的数量以后，其经济损失与等级排序二者间的对数值呈线性关系。对美国飓风和洪水灾害的等级规模和幂次定律分布研究中的发现证实了美国飓风灾害和洪水灾害存在着幂次定律分布现象。

等次排列统计的第一步需要将样本进行排序

$$L_1 > L_2 > L_3 > \cdots > L_x > \cdots > L_{n-1} > L_n$$

其中，L_1 为最大值，L_n 为最小值。这种排序统计对分析经济损失的最小值和最大值很有帮助，而一般关心最大值的分布。根据一般统计经验，等级为 x 的损失值 L_x 和 x 的大小有关，而且他们之间近似呈指数分布关系，即

$$L_x \sim Fx^{-\frac{1}{\alpha}}$$

根据齐普夫排序法则，两边取对数得

$$\lg L_x \sim \lg F - \frac{1}{\alpha}\lg x$$

可见，只要能确定参数 α 的大小，就能对样本分布进行一定的评估。幂次函数定律用来分析今天很多的复杂现象。

对幂次定律分布尺度的范围进行了分析，发现尺度的改变并不影响其分布的形式，这种形式不变的性质体现了自然界的相关性。

从上面的关系中得知，幂次函数的均值 $E(L)$ 和方差 $\mathrm{Var}(L)$ 为

$$E(L) = \frac{\alpha L_{\min}}{\alpha - 1} \tag{6.7}$$

$$\mathrm{Var}(L) = \frac{\alpha L^2_{\min}}{(\alpha - 1)^2(\alpha - 2)} \tag{6.8}$$

式中，若 $\alpha < 1$，则均值不存在，若 $\alpha < 2$，则方差不存在。

2)灾害风险区域评价指数法

自然灾害风险是危险性、暴露性和易损性以及防灾减灾机制和能力相互综合作用的结果。所以，自然灾害风险的程度应该与这四个因素相关：

自然灾害风险度＝f(危险性、暴露性、易损性、减灾能力)

3)灾害风险区域综合评价法

综合评价法包括层次分析法、模糊综合评判法、灰色关联度分析法、人工神经网络评价法、灰色综合评价法、加权综合评价法、主成分分析评价法、因子分析法、定量化理论以及最优分割法。

4)LEC 评价法(人身生存环境风险评价法)

LEC 评价法认为，影响环境风险的主要因素有三个：灾害事故发生的可能性大小 L；暴露于危险环境的频繁程度 E；灾害事故可能造成的后果 C。

环境风险的大小可用下式表达

$$R = L \cdot E \cdot C \tag{6.9}$$

R 值越大，说明环境的风险越大，需要增加风险防范措施，或减少发生事故的可能性，或减少人体暴露于危险环境的频繁程度，或减轻事故损失，直至调整到允许范围。

5)基于信息扩散理论的风险评价法

信息扩散是为了弥补信息不足而考虑优化利用样本模糊信息的一种对样本进行集值化的模糊数学处理方法。该方法可以将一个有观测值的样本，变成一个模糊集，也就是将单值样本变成集值样本，最常用的模型是正态扩散模型。

6)基于地理信息系统的风险评价与区划方法

利用 GIS 具有的强大空间分析和图形表达能力可以直接为灾害监测预警、风险评价与区划和减灾工作提供决策服务，本书前几章多次介绍到有关内容。

(2)主成分分析法进行雷电灾害风险评价与区划的主要评价指标

雷电灾害风险区域风险度是雷电风险与处理风险的社会和经济能力的综合量度。根据风险评价与区划方法中常用的主成分分析法，考虑雷电自然发生的危险性、承灾体的暴露性、经济易损性和社会易损性等方面的内容，从雷电灾害发生的自然背景(区域雷电活动规律、雷电灾害的时空分布等)、承灾体属性(结构、用途、抗雷电能力等)、社会经济背景(区域经济发展水平、区域人口分布等)大致可以确定以下几个评价指标：

1)区域雷击大地密度 N_g：是指一定时间内(1 a)单位面积上的雷击大地的年平均次数。N_g 可以直接是多年的雷电定位网闪电监测统计数据，也可以根据区域雷暴日换算而得，例如，$N_g=\alpha T_d^{1+c}$ 。具体使用公式可参考本书第 5.2.6 节相关内容。

2)区域强雷击密度 N_y：区域强雷击密度是指一定时间内单位面积上发生超过该区域一般类型建筑物所能承受的最大雷电流强度阈值的地闪次数。这里的一般类型建筑物所能承受的最大雷电流强度与该区域主要的建筑结构有关。一般砖混结构的建筑物可选取 50 kA 为该建筑物所能承受的最大雷电流强度。钢筋混凝土框架结构建筑物可选取 100 kA 为该建筑物所能承受的最大雷电流强度。若重点考虑雷电流对电气电子设备的损害，可以更多地考虑以失效电流 I_a 为可承受的最大雷电流强度。区域强雷击密度 N_y 可用强地闪次数与区域面积的商来确定，即 N_y 等于强地闪次数/区域面积，单位：次/km^2。这里，以 10 km×10 km 或为 5 km×5 km 雷电灾害风险区划基本单元较为合理，因为闪电定位系统的定位精度为数千米。

3)雷电灾害频数 N_Z：雷电灾害频数是指区域内发生雷电灾害的年平均次数，可用 N 年区域雷电灾害次数/N 来确定，单位：次/a。应注意发生雷击地闪不一定产生雷电灾害。

4)经济损失指标 L_j:经济损失指标是指一定时期内区域单位区域面积上的雷电灾害经济损失数额,可用区域雷电灾害经济损失数额/区域面积来确定,单位:万元/km^2。

5)人员伤亡损失指标 L_r:人员伤亡损失指标是指一定时期内区域单位面积上的雷电灾害中人员伤亡人数,可用区域雷电灾害人员伤亡人数/区域面积来确定,单位:人/km^2。

6)人员密度指数 N_r:人员密度反映了雷电灾害发生时的人员伤亡隐患,人口密度越大,社会结构越复杂,雷电灾害发生时可能造成的损失就越大,单位:人/km^2。

7)人均国内生产总值指标 N_G:区域人均国内生产总值直接反映了区域经济发展水平的差异,是区域易损性的重要指标,单位:万元/人。

以上指标中前三个指标反映了区域受灾的可能性;第四、第五指标反映历年受灾程度;最后两个指标反映了区域受灾隐患以及抵御灾害的能力。

在确定了评价指标后,可以使用雷电风险评估预先分析法等方法进行雷电灾害风险评价与区划。雷电风险评估预先分析法等方法参见第 2 章相关内容。

6.3.5 防雷减灾有关法律法规

防雷减灾是我国防灾减灾可持续发展战略的重要内容之一,关系到国民经济建设、社会发展与稳定和人民生命财产安全。为了加强防雷减灾管理工作,国家出台了一系列法律法规来加强防雷减灾的管理,规范雷电灾害风险评估、防雷工程检测、设计、施工、审核验收等工作。

这些法律法规为增强我国气象灾害防御能力,防止和减轻气象灾害损失,提供了有力的法律保障。是完善自然灾害防御体系,积极应对气候变化,实现人与自然和谐相处的一项重大举措。标志着我国气象灾害防御工作进入了法治化、制度化、规范化的新阶段。

(1)中华人民共和国气象法

长期以来,尽管雷电灾害防御工作得到了各级人民政府及其有关部门的高度重视,雷电灾害防御工作取得了明显的成效,但是,也有许多亟待解决的突出问题。为了明确职责,理顺关系,完善法治建设,强化依法管理,有效地防御和减轻雷电灾害造成的损失,1999 年 10 月 31 日,第九届全国人民代表大会常务委员会第十二次会议通过《中华人民共和国气象法》(简称《气象法》)(中华人民共和国主席令第 23 号),自 2000 年 1 月 1 日起施行。自此,国家首次明确气象部门作为防雷减灾工作的主管机构,负责指导全国防御雷电减灾防灾工作。截至 2023 年,中华人民共和国气象法已更新至 2016 修正版。

雷电管理主要是指对全社会防雷减灾活动的各个方面的规范性管理，主要包括：

组织制定防雷减灾方面的管理法规；

制定全国防雷减灾规划、计划；

组织建立全国雷电监测网；

组织对雷电灾害的研究、监测、预警、灾情调查与鉴定；

对防雷工程的专业设计、施工、检测的监督管理。

此外，为了防御雷电灾害造成的损失，对可能遭受雷击的建筑物、构筑物和其他设施应按规定安装雷电灾害防护装置。但是，这些防护装置是否合格并能真正起到防雷作用，需要定期对其进行检测，为了保证雷电灾害防护装置检测工作的顺利进行，国家要求气象主管机构会同有关部门指导对可能遭受雷击的建筑物、构筑物和其他设施安装的雷电灾害防护装置的检测工作。

《气象法》同时要求安装的雷电灾害防护装置应当符合国务院气象主管机构规定的使用要求。安装或者使用不符合使用要求的雷电灾害防护装置应承担法律责任。

(2)《防雷减灾管理办法(修订)》(中国气象局第24号令)

依据《中华人民共和国气象法》《中华人民共和国行政许可法》和《气象灾害防御条例》等法律法规的有关规定，制定本办法。

该办法要求国务院气象主管机构应当组织有关部门按照合理布局、信息共享、有效利用的原则，规划全国雷电监测网。地方各级气象主管机构应当组织本行政区域内的雷电监测网建设；要求气象主管机构加强雷电灾害预警系统的建设，开展雷电监测、预报业务并及时向社会发布。

《办法》还提出了防雷专业资质认定制度，由省级气象主管机构负责资质认定，授权省级制定具体办法。实现防雷工程专业设计、施工的三级管理。

《办法》还提出了防雷装置设计审核和竣工验收制度、防雷装置检测制度、雷电灾害调查、鉴定和评估制度、防雷产品管理制度和专业技术人员管理制度。

其中雷电灾害调查、鉴定和评估制度主要内容是针对大型建设工程、重点工程、爆炸危险环境开展雷击风险评估，向当地人民政府和上级气象主管机构上报本行政区域内的重大雷电灾情和年度雷电灾害情况。有关组织和个人的义务须及时报告，协助调查与鉴定。

第7章 雷电安全应急管理

7.1 雷电安全公共危机

7.1.1 我国雷电灾害现状及数据分析

本书通过统计与数量分析，对我国2002—2012年10年间的雷电灾害次数、趋势、分布及由此造成的火灾、供电、建筑物损毁用图表的方式更加直观地体现出来。

(1)雷电灾害的月变化特征分析

由图7.1可以看出2002—2012年间我国的雷电灾害月变化特征。从图中可以明显看出，2002—2012年间我国雷电的多发月份集中在每年4—9月，4—9月期间我国的雷电灾害总数达到40687次，占雷灾总数的96%。其中雷电灾害发生最频繁的月份出现在6—8月，总共发生了28396次雷电灾害，占雷电灾害总数的67%，造成这一现象的主要原因是，我国范围内各个地区的强对流天气主要集中发生在每年的6—8月。其中7月发生雷电灾害的次数最多，达到9856次，占到雷电灾害总数的23.25%，这是因为每年7月我国的强对流性天气更为旺盛。对流性天气是雷暴频繁发生的主要原因，因此每年6—8月我国全国范围内的雷暴灾害次数明显高于其他月份。由图7.1可见，我国2002—2012年雷电灾害的月分布呈现出正态分布曲线。

(2)雷电灾害的年变化特征分析

由图7.2可以看出我国雷电灾害的年变化趋势。从图中可以看出，2002—2012年我国雷电灾害数量在整体上呈现增长，2005年呈现突然上升趋势，2005—2012年，我国的雷电灾害总数量波动较大，我国2002—2012年雷电灾害的平均值为3719次，其中2009年雷电灾害总数为5362次，2010年的雷电灾害总数为6261次。

图7.3表示我国雷电灾害距平图，由图中可以看出，自2002年以后，我国雷电灾害次数相对于雷电灾害总数的平均值呈现增长趋势，雷电灾害次数的平均值与2007年的雷电灾害次数基本持平。造成我国雷电灾害总数不断增长的原因有多方面，比如高耸建筑的不断兴建及大量电子设备的大规模使用，建筑物的高度不断增加，提高了其被雷击的概率，而电子设备耐压值偏低，为闪电接地提供有利条件，

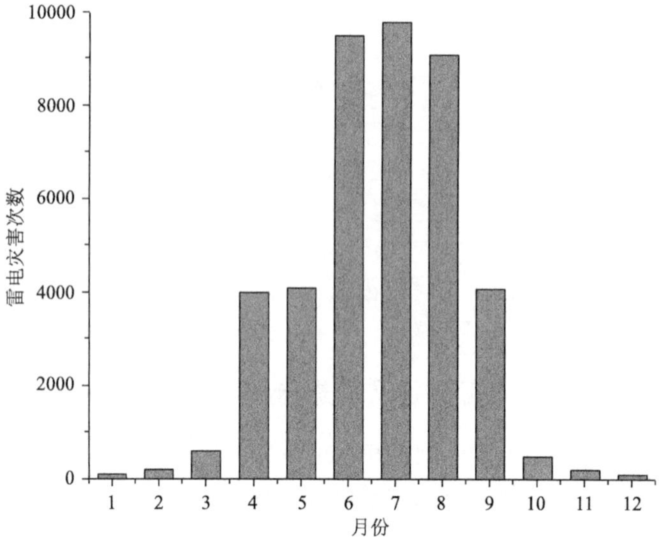

图 7.1　我国雷电灾害(2002—2012 年)月变化趋势图

资料来源:中国气象年鉴(2003—2013)

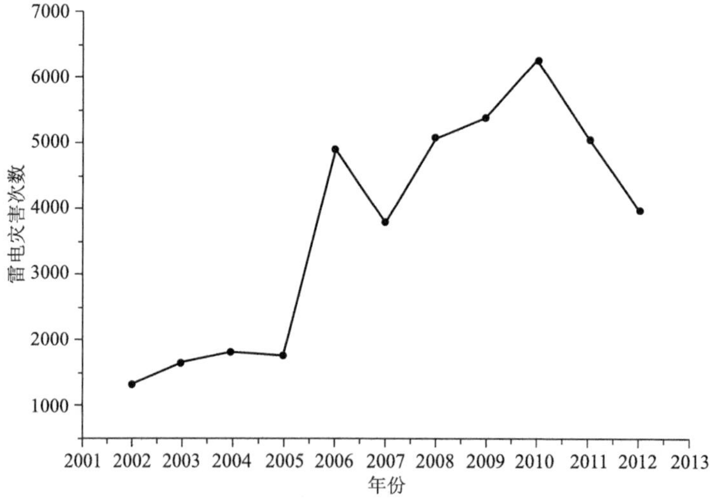

图 7.2　我国雷电灾害年变化趋势图

资料来源:中国气象年鉴(2003—2013)

因此近年来全国雷电灾害总体上呈现出上升的趋势。

(3)雷电灾害的地域分布特征分析

我国根据气候特征可将地区划分为八个区域,图 7.4 表示的是各区域的雷电

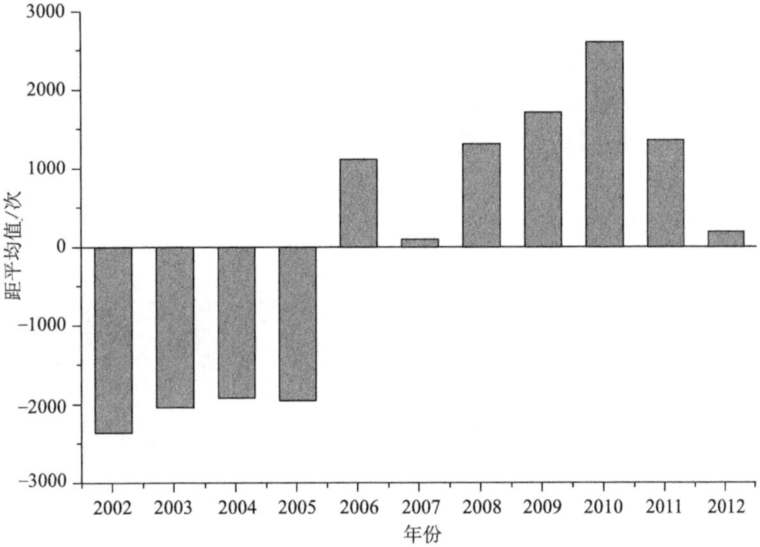

图 7.3 我国雷电灾害距平图

资料来源:中国气象年鉴(2003—2013)

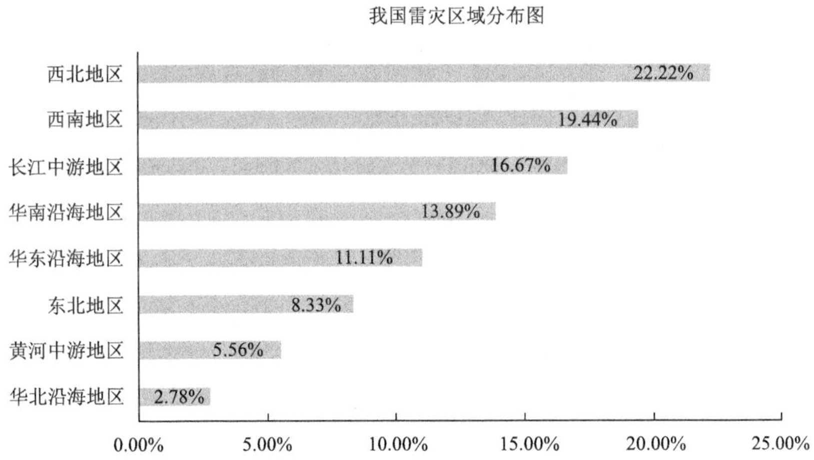

图 7.4 我国雷灾区域分布图

资料来源:中国气象年鉴(2003—2013)

灾害分布图。由图可以看出,2002—2012 年,全国雷灾的多发区域为西南地区、华东沿海地区以及华南沿海地区,各占全国雷电灾害总数的 12%、22%、41%,我国雷电灾害发生较少的区域是西北地区,仅占我国雷电灾害总数的 2%。

(4)雷灾事故分类及其经济损失对比分析

根据我国范围内雷电灾害根据雷电灾害事故的特点,可被划分为人员伤亡、建筑物损害、供电故障、火灾爆炸和设备损害等类型。根据统计,设备损害类型占雷电灾害事故总数的比重最大,但是从单纯的雷电灾害事故来说,雷电所引发的设备损害所带来的危害性要远远小于建筑物损害、供电故障及火灾爆炸所造成的危害性。图 7.5 和图 7.6 中主要分析了我国 2002—2012 年,因雷电所引起的建筑物损害、供电故障及火灾爆炸的次数以及由此而引发的经济损失。

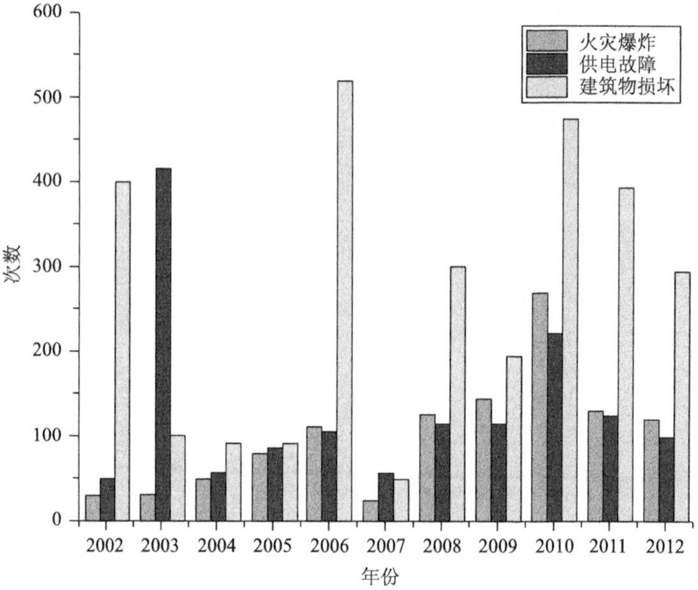

图 7.5　我国雷电灾害所导致的供电故障、建筑物损害及火灾爆炸次数柱形图

资料来源:中国气象年鉴(2003—2013)

图 7.5 表示了 2002—2012 年雷电造成建筑物损害、供电故障、火灾爆炸这三种损害的雷电灾害的次数。从图 7.5 可以看出,2006 年由雷电灾害所引发的事故中,建筑物损害达到了极值且占这三种雷电灾害的比重多;2007 年由雷电引发的这三种损害也达到了历史最低点,这与当年的气候气象条件及雷电发生次数多少相匹配。

图 7.6 表示由这三种损害造成的经济损失。由图 7.6 可以看出,雷电导致的供电故障、建筑物损害及火灾爆炸等事故造成的经济损失在 2010 年达到高峰,相应的经济损失分别为 4615.72 万元、6534.35 万元和 9034.5 万元,分别占 2010 年总体经济损失的 26.1%、36.95%和 51.08%,近 10 年来我国因雷电灾害所导致的火灾爆炸、供电故障和建筑物损害事故的次数比例为 4 ∶ 5 ∶ 8,相应损失总数为

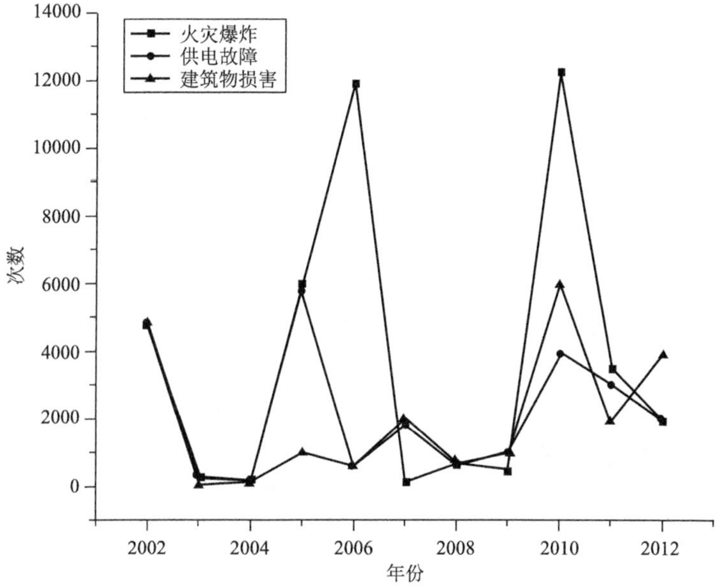

图 7.6　我国雷电灾害所导致的供电故障、建筑物损害及火灾爆炸次数经济损失折线图

资料来源：中国气象年鉴(2003—2013)

43493.96 万元、18087.03 万元和 27069.47 万元，其中以火灾爆炸的经济损失最为严重。

由以上可见，我国的雷电灾害主要多发于每年 4—9 月，雷电灾害次数总体趋于增多态势，雷电灾害多分布于我国的华南、华东沿海及西南地区，引发的火灾、供电及建筑物损害随当年的雷电灾害次数的多少而变化趋于增多，但由此造成的经济损失是逐年增多的，同时也反映出雷电灾害所带来的社会影响和可能引发的危机事件也都趋于增多增大的态势。

通过对我国雷电灾害数量分析，能够为我国的雷电灾害管理工作提供科学依据和数据支撑，在雷电灾害管理的实际工作中，能够对雷电、雷电灾害发生的重点时间段，重点区域及重点行业进行有效的监督和管理，为今后更好的开展雷电灾害管理工作指明方向。

7.1.2　我国雷电灾害公共危机管理现状

(1)雷电灾害管理的法律法规体系从建立到不断完善

在改革开放之前，我国气象事业管理的法治化建设几乎是一片空白。改革开放后，随着我国经济社会的快速发展和各项事业建设水平的提高，我国对自然灾害的防御能力不断增强，相关气象公共服务水平不断提高。但是，涉及雷电等自然灾害管理的法规建设依然未能与我国社会经济发展水平相适应。

1994 年 7 月 4 日国务院通过并发布了《中华人民共和国气象条例》标志着是我国气象事业法治化进程中重要的一步。1998 年我国由于强降雨引发全流域特大洪水灾害，此时的《中华人民共和国气象条例》远远不能够满足处置重特大突发性气象灾害公共危机的需要。另外，由于气象法律法规尚不够完善，与我国改革开放中期社会各项事业高速发展的需要有较大差距。1999 年 10 月 31 日第九届全国人民代表大会常务委员会第十二次会议通过了《中华人民共和国气象法》，则从法律层面上为我国的气象管理工作提供了依据和保障。

2000 年《中华人民共和国气象法》实施以来，我国气象法律法规体系逐步形成。我国陆续颁布实施了与《气象法》相配套的三部行政法规，分别是在 2002 年颁布实施了《人工影响天气管理条例》，具体规范了我国人工影响天气的活动；2010 年颁布实施了《气象灾害防御条例》，旨在加强气象灾害防御，避免、减轻气象灾害造成的损失，保障人民生命财产安全；2012 年颁布实施了《气象设施和气象探测环境保护条例》，细化了《气象法》的有关气象设施和探测环境的规定，进一步明确了气象设施和气象探测环境保护的主体与职责。经过十多年的发展，到 2012 年为止，我国已基本形成了以一部《气象法》为主体，三部配套气象行政法规，多部地方性气象法规、政府规章及规范性文件，我国的气象法律法规体系已初步形成。

同时，我国针对雷电灾害管理的法律法规体系不断加强完善。我国在 2000 年由中国气象局首次出台并发布了《防雷减灾管理办法》并予以实施，在实施过程中根据实施情况和工作需要分别在 2005 年、2011 年和 2013 年做了相应的修定和补充。我国现行的《防雷减灾管理办法》是中国气象局依据《中华人民共和国气象法》《中华人民共和国行政许可法》和《气象灾害防御条例》等法律、法规的有关规定，于 2013 年 6 月 1 日起施行的。此办法中“安全第一、预防为主、防治结合。”这已成为我国各级政府开展雷电灾害管理工作的主要方针政策和指导原则。另外，该办法对雷电灾害的监测与预警、防雷工程审核验收、雷电灾害风险评估、防雷装置设备定期检测、灾后调查鉴定及相关惩处等都有明确的实施细则及规定，便于指导和开展雷电灾害的管理工作。

《防雷减灾管理办法》在很大程度上增强了我国雷电灾害公共危机管理的法治化，有效地提高了我国雷电灾害管理工作水平。各级地方政府也把雷电灾害的预防、监测、救灾等一系列管理工作纳入到社会发展规划当中，根据各地的不同条件，因地制宜完善各地区的雷电灾害管理，这些也体现了我国正在逐步建设完善雷电灾害管理的法律法规体系。

(2)灾害分级管理工作具体化系统化

在灾害管理过程中，党中央和国务院总体指挥统揽全局；由地方各级政府和党委统一领导；相关的职能部门分别负责相关事务，把地方雷电灾害管理的主体责任和主要工作落实到具体部门。实行各级党委和政府统一领导的灾害管理机制，并协调各级政府机构和辖区内各种救灾力量和资源，明确任务，形成国家和人民合力救灾，有利于发挥我国的政治和组织优势，这是我国在救灾过程中积累的宝贵经验。在建立协调运行的减灾抗灾机制时，不仅中央建立特定部门来进行救灾工作，各级政府也分别设立特定部门来承担灾害的具体实践工作。各个部门各司其职而又协同合作，在开展灾害公共管理方面，相关部门的资金、物资以及人员都提供了比较可靠的保障，并形成了良好的灾害管理的工作网络。

近些年，我国的灾害性公共危机管理事业的改革不断深入，迎来了改革的新时期。灾害性公共危机管理更加科学化且更具理性，开始逐渐建立和完善各方面的保障应急及善后管理制度，公共危机管理日益走进实务，公共危机管理开始更加重视保护人民的生命安全以及财产安全。随着社会的不断发展，灾害性公共危机管理在党中央和国务院的领导下已经逐渐走向制度化、全面化。无论在防灾、救灾的实践方面还是在制度的建设方面，都有一定的改善。

(3)雷电防御科研工作科技化，宣传教育形式多样化

近些年由于全球自然环境遭到破坏，气候变化异常，极端气象灾害频繁出现，严重影响和制约了社会的稳定、经济的发展，我国也没能幸免，严重阻碍了我国转型跨越的高速发展。与此同时，我国加大了气象科研力度，并投入巨资发展气象卫星，截至2023年8月，有9颗气象卫星在轨运行，气象卫星发射与布局构架逐步完善，并已基本建成覆盖全国的、世界一流的多普勒天气雷达网，气象、雷电预报准确率逐年提升，预警信息发布渠道更加畅通，能够为我国政府在面临重大气象灾害之前提供更加可靠准确的预报资料和预警信息，在灾害来临之前争取更多的时间做好灾前预防管理等相关工作，降低和减少气象灾害带来的各种损失，保障我国的社会稳定及经济运行发展。

气象灾害种类繁多，致灾原因和后果也大相径庭，因此，在面对不同的气象灾害面前要学会与之相对应的应对措施和自救办法，这就需要我国政府及气象部门加大宣传和教育的力度，科学地、系统地受教育人。我国在中央、省级以及地方的广播电视频道都有定时播放的气象预报及预警节目，更是开通了中国气象卫视频道，全天24 h滚动播出气象预报、预警信息、气象科普宣传等节目，网络(平面)媒体、手机短信及智能客户端、声讯电话等新兴媒体也都投入到气象科普宣传行列当中。义务教育阶段的中小学生课本教材上也加大了气象科普及防灾自救的学习教育篇幅。通过“3·23”世界气象日、“5·12”防灾减灾日、“12·4”法治宣传日等为契机，通过召开新闻发布会、开放气象台站、设点散发宣传材料等形式，向社会公众广泛宣传气象法律法规。可以说，我国的气象灾害宣传教育工作的开展工作是值

得肯定的,为政府灾害管理中前期预警阶段及后期恢复自救阶段的工作迈出了坚实的一步。

7.1.3　我国雷电灾害公共危机管理存在的问题

我国在雷电灾害公共危机管理当中取得了较大的成就,但是在雷电灾害公共危机管理机制即系统结构及其运行机理上还存在许多的问题,主要表现在以下几个方面:

(1)预防机制尚不完善

我国雷电灾害遵循安全第一、预防为主、防治为主的原则,预防工作在雷电防治中占主导地位。

1)宣传教育力度需加强

我国在防灾、减灾及自救方面的宣传力度逐年加大,在课堂教育、社区宣传、网络媒体等都已涵盖,但在雷电灾害的宣传教育方面,涉及的较少且过于肤浅,民众的防雷危机意识较弱,雷电发生时依旧我行我素,从众、侥幸心理较强,雷电灾害的紧急避险与防自救更是薄弱环节。如 2004 年发生在浙江临海市杜桥镇的雷击事故,雷雨发生时有 30 多人在树下避雨,随即发生雷击事故,共造成 17 人死亡,多人受伤的惨剧。受伤者中部分人并不知道雷雨天在树下避雨的危险性,一部分伤者是知道的,但从众、侥幸心理较强。这也反映出我国在雷电灾害宣传教育等方面的缺失。

2)雷电灾害风险评估机制未得到有效落实

风险评估能根据地区雷电灾害特性对新建项目的选址、功能分区布局、防雷类别(等级)与防雷措施确定、雷灾事故应急方案等提出建设性意见,从而预防雷电灾害的发生,减少和避免雷电灾害带来的损失。我国在没有实施防雷设施审核制度之前,多数的建筑及生产设施、设备为节省建设成本,并没有按照图纸或要求建设和安装防雷设施,导致现阶段雷电事故的频发。在预防机制建设中,要针对这一状况合理并有效的引导和组织其重建和完善雷电防护措施。如 2007 年重庆市开县义和镇兴业小学雷击事件,造成 46 名学生被雷电击中,7 死 39 伤,造成重大人员伤亡。其主要原因是校舍的建设选址布局不合理,防雷设施不完备雷击所致。此事件中,校舍的建设要早于防雷设施审核制度实施及之前,建设中没有考虑建筑物防雷设施的安装,同时也反映出,雷电灾害风险评估机制开展及落实的必要性和重要性。

(2)监测及预警机制尚不够科学严谨

科学严谨的监测结果和信息,直接影响着预警信息发布的及时、准确、有效性。雷电灾害的监测、预警更是如此。由于雷电的特性,雷电灾害监测在时间、时空、地域预报等方面不好把控,我国现阶段在此方面也较为欠缺,由于受到监测设备、科技水平、人员素质等因素的影响监测结果的准确性较差,这就要求在监测机制上更加地科学和严谨，从而确保预警机制的有效运行和预警信息的准确发布。

(3)应急处置机制不健全

我国雷电灾害的应急处置机制还不健全，就气象主管部门而言，当雷电天气发生时，致灾所涉及的部门和单位较多，如航空(天)、军事、石化、通信、网络、电力等，从救灾角度又涉及公安、消防、救护、林业等部门，现有的联动机制还很不完善，不能够全部覆盖和涉及，并且缺乏演练和实际操作，与其他部门或单位的信息沟通保障机制也不健全。

(4)恢复机制未有效执行

雷电灾害的恢复阶段包括恢复重建和调查总结，恢复阶段当中对于受损的单位和部门，由于缺乏雷电知识，不能及时辨别灾害是否是雷电所引发的，对能够辨别是雷电引发的由于损失较小，都没能够及时上报气象主管部门，气象部门不能够及时掌握有效信息，并督促其改扩建防雷设施和设备，造成隐患。

对于气象主管部门或机构，在调查取证上难度较大，一是由于受损设施设备损毁严重，给确定雷击点的调查带来难度，二是由于受损单位或部门场所设计规划不合理，私搭乱建现象严重，各种线缆未按要求布局规划，取证调查工作量大。这就需要制定一份科学合理、行之有效的恢复机制并加以执行。

7.2　雷电安全管理机制建设

7.2.1　雷电灾害公共危机管理决策机制的建设

公共危机管理体系的核心就是公共危机决策机制。决策水平的高低能够反映出公共危机管理的能力、质量和效果。政府的决策机制的正确与否，将直接关系到对雷电灾害公共危机事件的控制水平，也关系到雷电灾害公共危机处理的成败。强化以政府为主导的雷电灾害公共危机管理的决策机制建设，尽快形成更为全面的、科学的、系统的雷电灾害公共危机决策机制。

(1)提高危机决策者整体素质

在雷电灾害公共危机决策过程中，决策者的个人素质起到决定性作用。高素质的决策者必须具备以下特征和能力：

1)迅速及时的反应能力

公共危机具有突发性特点，这就要求决策者能够做出准确判断，并具备能够及时迅速地做出正确合理决策的快速反应能力。

2)统筹全局的调控能力

公共危机的爆发会面临二次、三次危机的延续，也面临着抢险保障、救护保障、生产生活秩序保障等多重任务的同时开展，这就要求决策者能够具备统筹全局协调配合的调控能力。

3)良好的沟通能力

处理公共危机事件，是一个多组织多部门共同协调协助开展的救助工作，这就需要各个部门之间能够正确地、及时地、有效地传递信息并反馈给决策者，确保决策者能够根据反馈信息及时做出决策，用于应对救助工作当中出现的新问题和突发情况，这就要求决策者必须具备良好的沟通能力。

4)勇于创新的开拓能力

在处置公共危机事件当中，决策者时时刻刻都会面临新出现的状况和问题，甚至是以前从未遇到的棘手状况和问题，在处理这些状况的时候，就必须要求决策者具备勇于创新的开拓能力，以保障处置公共危机事件的顺利进行。

5)临危不乱的心理能力

危机事件的发生过程中，多数会伴随着人们生产生活及公共秩序的紊乱，救援部门内部和外部相互协调配合之间存在的混乱现象，同样也需要决策者具备强大的心理能力。此外，对于决策群体而言，同样要具备以上甚至更多能力和素质。这就要求在选拔任用决策人员时应该注重以上素质要求，并经常性地组织以上人员进行系统的学习和培训，逐步提高决策者的整体素质。

同时由于雷电灾害具有很强的随机性、瞬时性和突发性，因此，在雷电灾害公共危机决策时，要求决策者和决策群体具有快速反应观念、及时沟通观念、效率优先观念等，要求决策者要充分运用科学先进的决策方法，雷电灾害危机决策的实质就是非程序化的公共决策，需要根据雷电灾害危机的规模范围、可控制程度、破坏程度等选择相适应的危机决策模式；雷电灾害突发性强，不可能在发生的时候做出最合理的公共决策，决策者只能够根据实际情况做出最有效的公共决策；同时决策者要根据事件的发生情况不断的对最初的决策进行修改和调整，来适应不断变化的灾害危机情况。在雷电灾害公共危机状态下，相关部门在执行决策的过程中，要跟进有效信息的反馈，对决策的合理性、有效性做出判断和调整。遵循科学的理论和方法对雷电灾害公共危机进行决策。

(2)完善危机决策核心指挥机构

目前我国现有的雷电灾害公共危机决策中枢指挥机构绝大部分都是在地级市一级。由政府统一领导的有国家、省级和地市级雷电防护中心(站)，县级政府有派出机构防雷监测站且实行的是地方政府和气象机构双重领导。这种结构设置本身没有任何问题，雷电防护中心(站)主要的职责是雷电灾害的统计研究、雷电预警、科研以及应急管理；防雷检测站负责该区域内的防雷设施、设备的检测审核验收工作，不负责应急管理等方面的工作。但在实际运行中各级雷电防护中心与防雷设施监测站(中心)在工作性质、工作内容、工作职责相互混淆、不明晰,给实际的管理工作带来很大的不便。这样就造成了决策指挥机构的管理混乱,要尽快优化结构设置和人员配置,最大力度地完善雷电灾害公共危机管理的决策核心指挥机构。

7.2.2　雷电灾害公共危机管理预防机制的建设

雷电灾害公共危机预防机制是避免危机发生的第一道防线。以现在的科技手段,大部分的雷电天气发生之前是可以预测和预报出来的。这就给在雷电灾害危机发生之前争取了大量的时间,能够提前做好各种预防措施,以防止发生重特大危机事件的发生。但是由于雷电的随机性较强,还无法完全避免和防止雷电灾害的发生。所以,建设雷电灾害公共危机管理预防机制就是在常态社会中对雷电自然灾害进行宣传、教育、预测和评估,防患于未然,降低灾害给人们的生活和人身带来损失和伤害。

(1)建立预防教育机制

防灾教育与宣传是指由有关部门向社会普及宣传有关灾害,灾害成因、灾害前征兆、避险自救、防灾救灾措施的各种知识,以及国家减灾工作的方针、政策、法律、法规。“警示宣传是国家为增强公民的危机意识而对公民采取的普及性宣传”通过宣传相关警示雷电灾害所带来的威胁及安全隐患,使人们掌握相关的防雷减灾和自救知识,增加人们应对雷电灾害的预防能力,在行为上塑造抵御雷电灾害常识习惯。学校应强化危机教育公共课程,培养学生的防范能力,加强学生的抗灾救灾意识。通过媒体的宣传开展危机教育,使人们能够掌握基本的危机知识和技能,增强防范意识。同时,加强灾害应急演练等一系列手段强化和培养危机意识,增强自救互救的能力。雷电灾害知识的普及和宣传能够增加灾害预警的有效性,对提高雷电灾害危机管理政策实施也有一定帮助。

(2)雷电灾害预防建设机制

2004 年湖南常德市的雷电灾害事故,2007 年山西长治壶关雷击停水事故都是对我国的防雷基础设施的一次严峻考验,也都反映出我国防雷基础设施建设的不规范、不完善。由于防雷设备安装、调试、验收在建设和建筑审批制度中介入得比较晚,早期建设的构筑物及生产生活设备并没有安装防雷设备设施,也没有完善和履行防雷验收审批手续。这就要求对早期的构筑物及各种设施进行改造,增加或新建防雷设施设备,对于新建构筑物及各种设施要提高防雷设施的设计标准,严格执行防雷验收工作,确保防雷审批制度的顺利开展和实施。此外,还要对雷电灾害统计数据等信息进行登记备份,建立好雷电灾害观测科研实验室,充分利用气象卫星等高科技手段对雷电及雷电灾害进行科学分析和研究,进一步提高我国雷电灾害抗灾设施的预防能力。

(3)推进风险评估机制的开展

雷电灾害先期处置最有效的办法是开展和落实风险评估的机制。主要体现在：

1)雷电发生时不能主动地迎击和抵御；雷电是一种自然现象从地球的诞生之时就已开始产生并伴随着人类从古至今，直到科技高度发达的今天，人类也无法直接迎击或抵御雷电现象的发生。

2)雷电灾害不能完全消除和消减；雷电的随意性不确定性很强，就在防雷设施、设备健全的情况下，人类无法准确预测、判断雷电灾害即将发生的时间和地点。

雷电灾害风险评估是指根据项目所在地雷电活动时空分布特征及其灾害特征，结合现场情况进行分析，对雷电可能导致的人员伤亡、财产损失程度与危害范围等方面的综合风险计算，从而为项目选址、功能分区布局、防雷类别(等级)与防雷措施确定、雷灾事件应急方案等提出建设性意见的一种评价方法。通过此种方法减少和降低雷电灾害带来的风险。

雷电灾害风险评估是多种科学技术相互交叉于一体的综合性的管理评价体系，对应用者的素质要求较高，由于缺乏该方面的人才，我国只有南方少部分地区开展了此项工作。这就需要国家要注重培养和引进相关人才，政策和激励制度上予以优待，从而有利于推进和开展雷电灾害风险评估工作，更好的促进我国雷电灾害预防保障工作。

7.2.3 雷电灾害公共危机管理监测与预警机制的建设

在可持续发展战略的观点被提出来之前，我国经济和社会的高速发展是以牺牲自然环境和资源为代价创造出来的，自然环境的破坏无疑加重了雷电灾害型公共危机爆发的可能性。雷电灾害型公共危机来无影去无踪，它的频繁发生往往给人们日常生活带来很大的损失，因此，建设以检测和预警为主的灾害管理显得尤为重要。

(1)完善雷电灾害公共危机管理监测机制

雷电灾害危机管理监测机制的建立，主要是雷电灾害危机预警系统的建立和完善。“危机预警系统是以先进的信息技术平台，通过预测和仿真等技术对危机态势进行有效的动态监测，做出前瞻性的分析判断，及时评估各种灾害的危险程度，并给出参考性的对策建议提高政府危机管理的效率和科学性。”建立危机预警系统的目的是要从根本上预防和减少危机的形成或爆发，评估危机发生的严重程度，降低危机发生带来的损失，达到防患于未然的目的。

大多数雷电天气用现代化的科技手段如气象观测设备、气象卫星等是可以监测到的。少部分的雷电天气由于发生地理位置偏远、突发性较强、随意性较大是不能被监测到的。雷电灾害公共危机监测机制的实施要求气象科技人员从观测、数据收集及筛选、分析过程当中要科学严谨地落实工作水准和流程,这样才能为相关应急管理及决策机构提供可靠的信息预警保障。

(2)提高雷电灾害公共危机管理预警水平

在面对雷电灾害型公共危机时,需要建设以"预防为主"的预警机制。由于我国国土面积地域广阔,地貌及地理环境各不相同,自然环境有很强的差异性,因此在强调国家气象机构在总体把控的同时,需要各地气象机构研究分析本地区历年来所发生的雷电灾害,根据本地的气候条件和地理环境,制定出适合本地区的雷电灾害公共危机预警方案。如何做好雷电灾害公共危机管理预警的工作,主要是把控好预警工作当中的每一个环节:

1)预警的时效性

雷电天气预警工作的时效性包含三方面的内容,分别是预警开始的时间、预警持续的时间、预警结束的时间。

预警开始时间。是指预知判断某些事件发生的时间,并向社会公众提前发出警告信息的全过程。由于雷电形成具有突发性,雷电预警工作目前还不能完全做到提前预判并及时发出预警信息。随着气象科学技术的进步和发展,这一状况也会逐步得到改善。

预警持续时间。是指某些事件发生发展过程所持续的全部时间,并向社会公众告知事件发展所需的时间。雷电天气从发生、持续的时间以现在的科技水平很难做到预判和估计。

预警结束时间。是指某些事件发生、发展过程全部结束,并向社会公众发出解除警告的信息。另外,预警的时效性要把握好时间,无论是超前还是推后,预警也就变得没有任何意义了。

2)预警的地域性

预警的地域性很强,它的范围很有可能是全球的、某个国家的、某个地区的或某个特殊区域内的。所以预警信息一定要告知预警范围的义务和责任。雷电天气的预警区域很难判断,可大可小,甚至会出现无法判断的情况,这是由于它的随机性造成的。

3)预警的真实性

预警的真实性,这一点非常重要,发出预警之前一定要慎之又慎。错误的预警信息可能会引起社会、民众的恐慌引发混乱局面,生产生活及社会秩序受到严重影响。由于雷电的特点,雷电天气预警信息的真实性不能够百分之百地把握,极有可能出现迟报、误报、漏报的情况,要及时进行更正并说明。

4)预警的解除

预警的解除是预警事件结束后,及时向社会民众发出解除预警信息的告知义务。有些预警信息的解除是必须告知的,比如防空警报;有些预警信息的解除是可以不告知的,可自动消除和解除的,比如气象(雷电)预报方面的一些预警。

7.2.4 雷电灾害公共危机管理处置机制的建设

面对雷电灾害公共危机事件时,决策机制、预防机制及预警机制起到了至关重要的作用,但是也不能完全避免雷电灾害公共危机事件的发生,此时就需要有一套完善的雷电灾害公共危机处置机制了。

(1)完善部门联动机制

1)与雷电灾害可能涉及的部门和单位,根据其工作性质和责任逐一建立相关的联动保障机制和操作流程,确保雷电灾害发生时,能第一时间及时有效全面地开展消防、救助、救护等危机处置工作。

2)与所涉及的部门或单位开展应急演练,实现演练常态化,对应急人员高标准严要求,保障在雷电灾害危机处置过程中不慌乱且及时高效。

(2)优化信息沟通保障机制

雷电灾害的发生会产生多样性的后果,主要有直接后果和间接(衍生)后果两类。直接后果如人员伤亡、火灾、爆炸、构筑物损毁、电力、交通、金融、网络及通信系统崩溃瘫痪等。间接(衍生)后果主要是由直接后果造成的人员恐慌、社会秩序混乱等情况。由于气象机构的工作职责和范围主要是信息的沟通与保障,不直接参与救援工作,这就需要雷电灾害可能被波及的单位、直接参与救援的单位和机构应与气象管理单位保持良好的信息沟通与保障,以便在第一时间内做好预防措施和救援准备。

7.2.5 雷电灾害公共危机管理恢复机制的建设

雷电灾害危机在发生、救援保障之后就是恢复阶段了,这一阶段内的工作的是围绕恢复重建和调查总结来开展进行的。这一阶段也是气象部门主要介入并开展的。

(1)落实恢复重建机制

雷电灾害危机发生后,各种防雷的基础设施设备都会被击损、烧毁或失灵。气象部门要落实相关方面的检测检查制度,全面系统地进行指导相关部门进行防雷设备设施的修缮、更换等工作。保障雷电灾害受损对象能够及时快速的恢复到灾前状态,逐步过渡到平稳有序的进行正常生产生活。对于灾后受损严重的构筑物,受损对象需要重新规划建设的,气象部门要对其严格执行雷电灾害风险评估政策,对选址、布局不合理的规划不予审批。对审批通过的项目要进行实时跟踪，在建设过程当中要做科学严谨的指导，严格按照防雷设计规范、防雷设计图纸进行施工。在布局防雷设施设备的施工当中，要高标准严要求科学合理地安装调试防雷设备设施。对已施工完成的项目要进行防雷检测工作，检测合格之后予以投入生产或使用。此外要求使用单位定期对防雷设备设施进行保养和维护，气象部门每年定期进行检测和检查。从而有效防止大规模雷电灾害的再次发生，维护使用者或公共设施的利益。

(2)建立调查总结机制

在雷电灾害发生过后，气象部门要在第一时间介入调查，认真分析雷灾形成的原因，并调查取证。内容包括调查雷击切入点、防雷设备设施是否完善并正常运转、使用单位对其保养维护是否到位以及事故责任等，并及时做出调查报告予以公布。在总结阶段，气象部门要对形成雷电事故的成因，如发生时地点、气象气候条件、地质(土壤电阻率)等做出科学分析并总结经验。在之后工作当中科学合理地规避雷电灾害，以减少事故的发生及损失，保障经济社会的平稳运行。

参考文献

郝莹，姚叶青，陈焱，等，2007. 基于对流参数的雷暴潜势预报研究[J]. 气象，33(1)：51-56.

刘玉玲，2003. 对流参数在强对流天气潜势预测中的作用[J]. 气象科技，31(3)：147-151.

马明，吕伟涛，张义军，等，2008. 我国雷电灾害及相关因素分析[J]. 地球科学进展，23(8)：856-865.

彭治班，吴宝俊，江剑民，等，2000. 提高小概率事件预报成功率的一条途径[J]. 气象，26(2)：3-5.

张义军，葛正谟，陈成品，等，1998. 青藏高原东部地区的大气电特征[J]. 高原气象，17(02)：26-32.

郑栋，孟青，吕伟涛，等，2005. 北京及其周边地区夏季地闪活动时空特征分析[J]. 应用气象学报，16(5)：638-644.

AIGNER V，1935. Induzierte blitzuberspannungen und ihre beziehung zum ruckwartigen uberschlag[J]. ETZ，56：497-500.

ALIZADE A S，KULIEV D A，KALANTAROV V A，1968. Current slope and amplitude in direct lightning strokes on transmission lines[L]. Elektrichestvo，7：73-77.

ANDERSON J G，1975. Lightning performance of EHV-UHV lines[J]//Transmission line reference book on 345 kV and above. Palo Alto，California：Electric Power Research Institute.

ARMSTRONG H R，WHITEHEAD E R，1968. Field and analytical studies of transmission line shielding[J]. IEEE Transactions on Power Apparatus and Systems，87(1)：270-281.

BARTHOLD L O，CARTER G K，1961. Digital Traveling-Wave Solutions I-Single-Phase Equivalents[J]. Transactions of the American Institute of Electrical Engineers Part Ⅲ Power Apparatus and Systems。PAS-80(3)：812-818.

BELLASCHI P L，ARMINGTON R E，SNOWDEN A E，1943. Impulse and 60-cycle characteristics of driven grounds—Ⅲ. Effect of lead in ground installation[J]. Electrical Engineering，62(6)：396-397.

BERGER K，1934. Die Gewittermessungen der Jahre 1932 und 1933 in der Schweiz[J]. Schweiz elektrotech，25：213-229.

BERGER K，1946. The behavior of earth connections under high intensity impulse currents[J]. International Council on Large Electric Systems，No. 215.

BEWLEY L V，1929. Traveling Waves Due to Lightning[J]. American Institute of Electrical Engineers Transactions of the，48(3)：1050-1064.

BEWLEY L V，1933. Traveling Waves on Transmission Systems[M]. New York：John Wiley and Sons，Inc.，London：Chapman and Hall L.

BREGRE K，1936. Resultate der Gewittermessungen in den Jahren 1934/35[J]. Suisse des Electriciens，27(6).

BROWN G W, WHITEHEAD E R, 1969. Field and analytical studies of transmission line shielding: Part[J]. IEEE Transactions on Power Apparatus and Systems, 88(5): 617-626.

BURGSDORF V V, 1969. Lightning protection of overhead transmission lines[J]. Elektrichestvo, 8: 31-38.

CALDWELL R O, DARVENIZA M, 1973. Experimental and Analytical Studies of the Effect of Non-Standard Waveshapes on the Impulse Strength of External Insulation[J]. IEEE Trans, 92 (4): 1420-1428.

CHOWDHURI P, GROSS E T, 1967. Voltage surges induced on overhead lines by lightning strokes[J]. In Proceedings of the Institution of Electrical Engineers, 114(12): 1899-1907.

CHOY L A, DARVENIZA M, CURRIE J R, 1971. Monte carlo determination of the frequrncy of lightning strokes and shielding failures on transmission lines[J]. IEEE Transactions on Power Apparatus and Systems, (5): 2305-2312.

CLAYTON J M, YOUNG F S, 1964. Estimating Lightning Performance of Transmission Lines [J]. Power Apparatus and Systems IEEE Transactions on, 83(11): 1102-1110.

CREIGHTON E E F, 1922. Questions on the Economic Value of the Overhead Grounded Wire [J]. Transactions of the American Institute of Electrical Engineers, 41(11): 127-138.

DARNENIZA M, POPOLANSKY F, WHITEHEAD E R, 1975. Lightning protection of UHV transmission lines[J]. Electra, 41(7): 39-69.

FRANTSEK POPOLANSKY, LEILA LAITINEN, REIN F, 1972. Thunderstorm days, thunderstorm duration and the number of lightning flashes in Czechoslovakia and in Finland[J]. 16 (1), 103-106.

GILMAN D W, WHITEHEAD E R, 1973. The mechanism of lightning flashover on high-voltage and extra-high-voltage transmission lines[J]. electra, 27: 69-89.

GOLDE R H, 1945. The Frequency of Occurrence and the Distribution of Lightning Flashes to Transmission Lines[J]. Transactions of the American Institute of Electrical Engineers, 64 (12): 902-910.

GOLDE R H, 1946. Lightning currents and potentials on overhead transmission lines[J]. Electrical Engineers-Part Ⅱ: Power Engineering, Journal of the Institution of, 93(36): 559-569.

GOLDE R H, 1954. Lightning Surges on Overhead Distribution Lines Caused by Indirect and Direct Lightning Strokes[J]. Transactions of the American Institute of Electrical Engineers Part Ⅲ Power Apparatus and Systems, 73(1): 437-447.

GOLDE R H, 1966. Lightning performance of British high-voltage distribution systems[J]. Electrical Engineers Proceedings of the Institution of, 113(4): 601-610.

HALVERSON J B, RICKENBACH T, ROY B, et al, 2002. Environmental Characteristics of Convective Systems during TRMM-LBA[J]. Monthly Weather Review, 130(6): 1493-1509.

HARDER E L, CLAYTON J M, 1950. Line design based upon direct strokes[J]//Electrical Transmission and Distribution Reference Book. East Pittsburgh Pa: Westinghouse Electric Corporation.

JACOTTET P, WEICKER W, 1940. Ueberschlag-Wechselspannungen und 50%

JOHNS R H, DOSWELL C A I. 1992. Severe Local Storms Forecasting[J]. Weather and Forecasting, 7(4): 588-612.

LIEW A C, DARVENIZA M, 1971. A Sensitivity Analysis of Lightning Performance Calculations for Transmission Lines[J]. IEEE Transactions on Power Apparatus and Systems, PAS-90(4): 1443-1451.

LIEW A C, DARVENIZA M, 1974. Dynamic model of impulse characteristics of concentrated earths[J]. Electrical Engineers Proceedings of the Institution of, 121(2): 123-135.

LINCK H, SARGENT M A, 1974. Lightning Performance of Modern Transmission Lines[J]. In proc. CIGRE 1974 session: 33-09.

LINCK H, 1975. Striking distance, leader approach angle and strokes to tallobjects, WG 33.01, SC33[R]. Ottawa, Canada: Report to Conf. int. grands Res. Elect.

LUNDHOLM R, 1955. Induced overvoltages on transmission lines and their bearing on the lightning performance of medium voltage networks[J]. Duplic Göteborg.

MASWELL E L, STONE D L, CROGHAN R D, er al, 1970. Development of a VLF Atmospheric Noise Prediction Model, Contract N00014-69-C-0150[R]. Boulder, Colorado: Westinghouse Georesearch Laboratory, 121-125.

MCCANN G D, 1943. The Effect of Corona on Coupling Factors Between Ground Wires and Phase Conductors[J]. Transactions of the American Institute of Electrical Engineers, 62(12): 818-826.

NONE, 1950. A method of estimating lightning performance of transmission lines[J]. American Institute of Electrical Engineers, Transactions of the, 69(2): 1187-1196.

NORINDER H, 1939. Undersökningar av indirekta blixt-överspänningar på kraftledningar[J]. Teknisk tidskrift Elektro-teknik, häfte, 7.

PERRY F R, WEBSTER G H, BAGULEY P W, 1942. The measurement of lightning voltages and currents in Nigeria. Part 2: 1938—1939[J]. Electrical Engineers - Part I: General, Journal of the Institution of, 89(9), 185-203.

PETERSEN W A, RUTLEDGS S A, ORVILLE R E, 1996. Cloud-to-Ground Lightning Observations from TOGA COARE: Selected Results and Lightning Location Algorithms[J]. Monthly Weather Review, 124(4): 602-620.

POPOLANSKY F, 1970. Measurment of lightning currents in Czechoslovakia and application of obtained parameters in the prediction of lightning outages EHV transmission lines, Report No. 33-0[R]. Conf. Int. grands Res. Elect.

RUSCK S, 1958. Lightning over-voltages and over-voltage protection in low-voltage networks [J]. ASEA J, 31(6): 75-81.

SARGENT M A, DARNENIZA M, 1967. The Calculation of Double Circuit Outage Rate of

Transmission Lines[J]. IEEE Transactions on Power Apparatus and Systems, PAS-86(6): 665-678.

SARGENT M A, 1972. The Frequency Distribution of Current Magnitudes of Lightning Strokes to Tall Structures[J]. IEEE Transactions on Power Apparatus and Systems, PAS-91(5): 2224-2229.

SCHLOMAN R H, PRICE W S, JOHNSON I B, et al, 1958. 1956 Lightning Field Investigation on the Ovec 345-Kv System[J]. Electrical Engineering, 76(3): 1447-1456.

SZPOR S, 1948. A new theory of the induced overvoltages, Report, 308[R]. CIGRE.

Ueberschlag-Stosspannungen von Stabfunkenstrecken[J]. Elektrotech Z, 61: 565-566.

VALLEY S L, WEBER R L, 1966. Handbook of Geophysics and Space Environments[J]. Physics Today, 19(10): 91.

WAGNER C F, MCCANN G D, 1942. Induced voltages on transmission lines[J]. Electrical Engineering, 61(12): 916-929.

WHITEHEAD E R, 1942. Design transmission lines for inherent lightning protection[J]. Elect Lt Pr 20, 78, 32-37.

WHIREHEAD E R, 1974. CIGRE survey of the lightning performance of extra high-voltage transmission lines[J]. Electra; 33: 63-89.